普通高等教育规划教材

◉ 史国生 鞠勇 居茜 编著

电气控制与
可编程控制器技术
实训教程

第三版

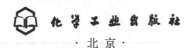

化学工业出版社

·北京·

内容简介

本书是教材《电气控制与可编程控制器技术》（第四版）（ISBN：978-7-122-33906-5）的姊妹篇。本书立足于本科电气工程类和自动化类应用型人才培养目标，在理论学习的基础上，强调理论与实践应用相结合，集实验、工程实训、设计、调试于一体，突出应用能力、工程设计能力和创新开发能力的培养。

本书共分四篇，十一章：基础实验篇三章，内容包括电气控制实验、PLC 编程软件 GX Works2 的使用、PLC 编程控制实验，使学生通过实验达到一定的构建系统能力和编程调试能力；工程实践篇两章，内容包括电动机的 PLC 控制实践和 PLC 工程应用实践，旨在提高学生的分析问题和解决问题的能力，进一步训练学生的控制系统编程和调试能力；工程综合阅读训练与设计篇两章，内容包括电气 PLC 控制系统综合阅读训练和各种 PLC 控制系统的综合设计，加强学生的程序阅读理解能力和中大型控制系统的构建和程序综合设计、调试能力；特殊功能模块实践应用篇四章，内容包括 FX$_{3U}$-4AD/4DA 转换模块与实践应用、触摸屏 GT-Desinger3 软件的使用和实践应用、变频器及其实践应用、伺服控制器及其实践应用，加强学生掌握这些常用特殊功能模块的使用及训练，以满足工业领域对掌握这些方面应用技术人才的需求。

本书可作为工科电气、机电一体化、机械工程及其自动化、化工、冶铁等相关专业的电气控制与 PLC 控制课程的实训教材，也可作为相关工程技术人员学习 PLC 工程实践应用与设计的参考。

图书在版编目（CIP）数据

电气控制与可编程控制器技术实训教程/史国生，鞠勇，
居茜编著. —3 版. —北京：化学工业出版社，2021.2（2023.5 重印）
普通高等教育规划教材
ISBN 978-7-122-38467-6

Ⅰ.①电… Ⅱ.①史… ②鞠… ③居… Ⅲ.①电气
控制器-高等学校-教材②可编程序控制器-高等学校-教材
Ⅳ.①TM571.2②TM571.6

中国版本图书馆 CIP 数据核字（2021）第 018973 号

责任编辑：廉　静 　　　　　　　　　　　　装帧设计：刘丽华
责任校对：边　涛

出版发行：化学工业出版社（北京市东城区青年湖南街 13 号　邮政编码 100011）
印　　装：涿州市般润文化传播有限公司
787mm×1092mm　1/16　印张 16½　字数 404 千字　2023 年 5 月北京第 3 版第 2 次印刷

购书咨询：010-64518888 　　　　　　　　　售后服务：010-64518899
网　　址：http://www.cip.com.cn

凡购买本书，如有缺损质量问题，本社销售中心负责调换。

定　　价：49.00 元

前　言

随着电气自动控制技术在现代社会各领域的深入广泛应用，推动了 PLC、触摸屏、变频器、各种功能控制模块等产品向多元化、智能化、网络化的方向发展和综合应用。本实训教材旨在介绍这些产品中，突出使用训练，让读者通过案例进行实践训练，学会使用的方法，能够在工程控制系统中达到综合应用的目的。

本次修订，坚持立足于高等工科院校应用型人才培养目标和课程教学大纲要求，在保留原来第二版实训教材的体系上，着重介绍了当前广泛应用的 FX$_3$ 系列、Q 系列、L 系列 PLC 的编程软件 GX Works2 的使用与编程、转换模块 FX$_{3U}$-4AD/4DA 原理与实践应用、触摸屏 GT-Desinger3 软件的使用及实践应用、变频器的操作及实践应用、伺服控制系统及其实践应用等内容。书中的实验、实训、控制系统设计内容均取材于工业控制，解决工业控制，坚持由浅入深，边操作边实践，不断提升实际操作能力、控制工程的分析与解决能力，不断提高 PLC 程序的阅读理解分析能力和控制程序的设计、调试能力。

本书是与《电气控制与可编程控制器技术》（第四版）（ISBN：978-7-122-33906-5）教材配套的实训教程。根据教育部本科应用型人才培养目标，为满足本科相关专业对电气控制与可编程控制器学习的实验、实习和工程实践应用能力培养的要求，本教材内容涵盖了基础实验、工程实践、工程综合阅读训练与设计、特殊功能模块实践应用四个部分，共计十一章，各高校在使用本教材时可以根据专业需要、课程培养特色和学时要求，选择相关内容进行实验、课程实训和课程设计教学。

本书所编写的有关 PLC 实训及设计项目均是以教材介绍的三菱 FX$_{3U}$ 系列 PLC 和本实训教材介绍的各功能模块为实训机，使用中均可查阅，其编程指令的解释及意义均以《电气控制与可编程控制器技术》（第四版）（ISBN：978-7-122-33906-5）教材为准，应用指令可在附录二的指令索引中，找到查阅指令的相关页了解使用说明和方法。在本教材的实训中，对同一实训课题，编者希望学生采用不同的方法编写程序，只要通过实践证明能够实现控制要求的程序都是对的。程序的多样性，通过比较总结，可以丰富编程的方法，不断提高自己解决控制问题的策略和编程水平。

本书由南京师范大学电气与自动化工程学院史国生、鞠勇、居茜编著，第一～五章由鞠勇编写，第六～八章由史国生编写，第九～十一章由居茜编写，全书由史国生统稿。

由于编著者水平有限，书中不足之处在所难免，敬请广大读者批评指正。

编著者
2021 年 1 月

前 言

第一版前言

随着科学技术的进步与现代社会各领域自动控制方式向多元化、智能化、网络化发展，促进了可编程序逻辑控制器（简称 PLC）的器件多品种、小型或大型化、智能化、网络化发展和广泛应用。它与当今的数控技术、CAD/CAM 技术、工业机器人技术并称为现代工业自动化技术的四大支柱。

本教材立足于本科应用型人才培养目标，适应社会各领域的电气自动控制发展需要，提高学生工程实践能力和创新应用能力，教材的编写内容取材广泛，由浅入深，着重培养学生实验动手、工程实践问题的分析与解决能力，加强中大规模控制系统 PLC 程序的阅读分析能力训练与程序设计、调试能力锻炼，同时也对工业控制中的常用特殊功能模块与应用（除了教材中已作介绍的特殊功能模块以外）作了详细介绍，以方便学生设计中的应用与查阅。

本教材是与《电气控制与可编程控制器技术》教材配套的实训教程。根据教育部本科应用型人才培养目标的精神，为满足本科电类相关专业对电气控制与可编程控制器的实验、实习和工程实践能力培养的需要，教材内容涵盖了基础实验、工程实践、工程综合阅读训练与设计、特殊功能模块与应用，共四部分。

1. 基础实验篇共三章，内容包括电气控制、PLC 编程软件 GX Developer 使用和简单的 PLC 实验。学生通过熟悉电气实验装置和 PLC 实验装置及各种实验模块的使用，由学生独立完成预先自拟的接线图和在编写的控制程序完成实验模块的实验控制，使其达到一定的实验动手能力和调试能力。

2. 工程实践篇共两章，内容包括电动机的 PLC 控制和中、小型 PLC 控制系统模块的实训，旨在培养学生对电动机的电气控制转换为 PLC 程序控制的能力以及对中、小型 PLC 控制系统模块的控制要求有一定的分析和解决思路，进一步提高学生的编程和调试能力。

3. 工程综合阅读训练与设计篇共两章，内容包括机床电气 PLC 控制程序的阅读训练和各种 PLC 控制系统的综合设计。工程综合阅读训练以工程常用机床电气 PLC 控制程序为例，介绍了阅读 PLC 程序的方法与步骤，旨在提高学生的阅读程序能力，理解程序的控制思想和方法，启发设计开发思路，为提高程序设计能力打下基础。本篇还介绍了设计步骤和方法，提供了各种 PLC 控制系统的综合设计，供学生进行课程设计和毕业设计，以进一步开发学生的程序综合设计和调试能力。

4. 特殊功能模块应用篇，介绍的各种常用特殊功能模块及应用是为第七章 PLC 控制系统综合设计服务的，旨在为学生设计的控制系统需要的各种特殊功能模块提供一定的资料及接线与编程应用的方法，扩大学生的知识应用面，以适应社会各领域电气自动控制系统应用需要。

本书所编写的有关 PLC 实训及设计选题均是以三菱 FX_{2N} 系列为实训样机，其编程语言（包括梯形图及语句表）均以《电气控制与可编程控制器技术》教材为准。但是所编写的程序不是唯一的，也不一定是最优的。对于熟悉其他 PLC 编程语言的读者也可以用自己的编程思路和自己熟悉的指令去编程。这些实训和设计选题，在明确任务要求的前提下，用其他机型的 PLC 也同样可以完成控制。

本书由南京师范大学电气与自动化工程学院史国生、鞠勇编写，第一～五章由鞠勇编写，第六～八章由史国生编写，全书由史国生统稿。同时在编写过程中居荣、吉同舟等同志提供了帮助和支持。本书的出版得到了南京师范大学泰州学院的大力支持和关心，在此深表感谢！

由于编者水平有限，书中不足之处在所难免，敬请广大读者批评指正。

编　者

2009 年 8 月

第二版前言

随着科学技术日新月异的发展，在各领域的自动控制中，电气控制也比其他的控制方法使用得更为普遍。而现代大规模集成电路的问世和微处理机技术的应用，使得可编程序逻辑控制器（简称PLC）的多品种、小型化或大型化、智能化、网络化得到发展和广泛应用，使电气控制技术进入了一个崭新的阶段。因此，了解和学习电气控制与可编程序控制器的应用，对高等学校电气工程类专业的学生来说，已是必不可少的一门必修课程了。

本教材是与第三版《电气控制与可编程控制器技术》教材配套的实训教程。教材立足于本科电气工程类专业应用型人才培养目标，为适应社会各领域的电气自动控制发展需要，通过实验、阅读控制线路和PLC程序、课程实践和课程设计的课题训练，着力培养学生的电气控制与可编程序控制器的工程应用能力和实践创新应用能力。教材编写的实训课题取材广泛，实验、阅读内容、实训和设计课题由浅入深，不断强化学生的实验动手能力、加强中大规模电气控制系统PLC程序的阅读分析能力训练与程序设计、调试能力锻炼，达到提高工程控制问题的分析与解决的能力。本实训教材同时也对工业控制中的常用特殊功能模块与应用（除了教材中已作介绍的特殊功能模块以外）作了详细介绍，以方便学生在工程设计中的应用与查阅。

根据教育部本科应用型人才培养目标的精神，为满足本科电类相关专业对电气控制与可编程控制器应用的实验、实习和工程实践能力培养的需要，本教材第二版内容仍然涵盖了基础实验、工程实践、工程综合阅读训练与设计、特殊功能模块应用，共四部分。仅在基础实验篇的第二章对PLC编程软件GX Developer Version 8.26C（SW8D5C-GPPW-C）版本的编程软件使用进行了全面的介绍，旨在让学生能够全面了解和熟悉该编程软件，方便学生在工程编程、修改和调试中应用。

本书所编写的有关PLC实训及设计选题均是以三菱FX系列为实训样机，其编程语言（包括梯形图及语句表）均以《电气控制与可编程控制器技术》教材介绍的指令为准。

本书由南京师范大学电气与自动化工程学院史国生、鞠勇编著，第一～五章由鞠勇编写，第六～八章由史国生编写，全书由史国生策划和统稿。

由于编者水平有限，书中不足之处在所难免，敬请广大读者批评指正。

编　者
2014年1月

目 录

基础实验篇

工程实践篇

工程综合阅读训练与设计篇

特殊功能模块实践应用篇

参 考 文 献

基础实验篇

第一章　电气控制实验

第一节　三相异步电机点动、单向启动及停止控制

一、实验要求

① 熟悉三相异步电机点动、单向启停线路中各电器的结构、工作原理、型号规格、使用方法及其在线路中的作用。

② 掌握三相异步电机点动、单向启停的工作原理、接线方法、调试及故障排除的技能。

二、实验线路

三相异步电机点动、单向启停实验线路如图 1-1 所示。

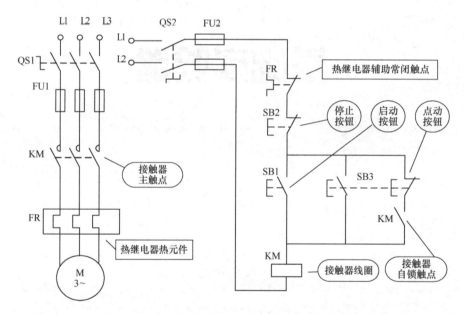

图 1-1　三相异步电机点动、单向启停的主电路和控制线路

三、实验线路的工作原理

三相异步电机点动和单向启停的工作原理如下所述：先合上控制电路和主电路的电源开关 QS1 和 QS2。

1. 电机连续运行控制

启动过程：

停止过程：

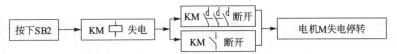

2. 点动运行控制

启动过程：

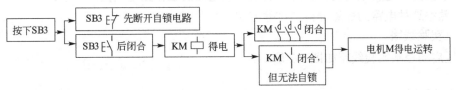

停止过程：

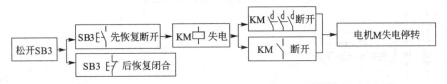

四、实验设备及电气元件

① 三相异步电动机 1 台。

② 实验台上配有关电器：开关 QS1、QS2；熔断器 FU1、FU2；按钮 SB1、SB2、SB3；接触器 KM；热继电器 FR。

③ 电工工具及导线。

五、实验步骤

① 熟悉各种电气设备及电气元件。

② 按控制线路接线，同组同学应互相检查接线是否正确。

③ 通电操作时，先操作控制电路，当控制电路一切正常时，再操作主电路。这样做可以有效地防止由于接线错误而引起的故障扩大的现象。由于主电路电流较大，一旦有故障会引起很大的故障电流。同时，也可有效地防止由于控制线路的接线错误引起主线路的错误动作而导致的故障。

④ 合上控制电路电源开关 QS2，操作 SB1、SB2，观察各个电器是否正常工作，是否按控制要求动作，如发现故障应立即断开电源，分析原因，排除故障后再送电。

⑤ 合上主电路电源开关 QS1，操作 SB1、SB2，观察电机是否按控制要求运转。

⑥ 点动操作时，观察电机点动动作情况。

六、要注意的问题

① 接线时应遵循"先主后控、从上到下、从左到右"的原则。

② SB3 的常闭、常开触点注意不能接错。

③ 热继电器的整定电流必须按电机的额定电流进行整定。

七、思考题

① 若电源一接通，不按按钮，电机即启动，是何原因？

② 说明按下 SB3 时，为何是点动工作？

③ 若自锁常开触点错接成常闭触点，会发生什么现象？

④ 改变电源进线的相序，将发生什么现象？为什么？

⑤ 画出实验中出现故障时的电路，并分析出现故障的原因。

第二节　三相异步电机调压器降压启动控制

一、实验要求

① 掌握异步电机采用调压器降压启动控制电路的工作原理及接线方法。

② 熟悉这种电路的故障分析与排除方法。

二、实验线路

降压启动控制实验线路如图 1-2 所示。

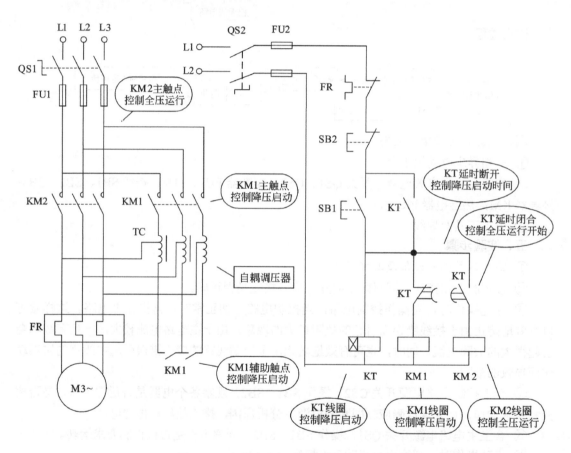

图 1-2　三相异步电机调压器降压启动控制

三、实验线路的工作原理

降压启动的控制是采用自耦调压器来降低加在电动机定子绕组上的启动电压，启动到一定时间电机正常转速后，自动切除自耦调压器，使电动机的定子绕组直接接在电源上全压运行。

图 1-2 中 KM1 和 KM2 是分别控制电动机降压启动和全压运行的接触器，KT 是用以控制调压器 Y 形降压启动的时间继电器。

三相异步电动机降压启动控制的工作原理如下所述：先合上控制电路和主电路的电源开关 QS1 和 QS2。

启动过程：

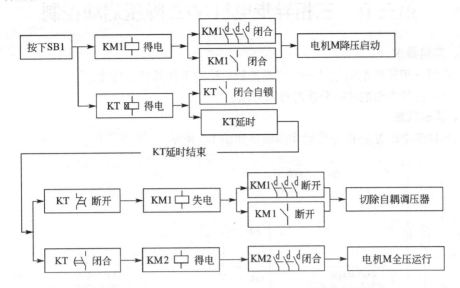

停止时，按下 SB2 即可实现。

四、实验设备及电气元件

① 三相异步电机 1 台。

② 三相自耦调压器 1 台。

③ 实验台上配有关电器：电源开关 QS1、QS2；熔断器 FU1、FU2；按钮 SB1、SB2；接触器 KM1、KM2；时间继电器 KT；热继电器 FR。

④ 电工工具及导线。

五、实验步骤

① 检查各电器元件的质量情况，了解其使用方法。

② 按电气原理图接线。

③ 检查线路，确认无误后，再合闸通电试验。

④ 通电操作时，先操作控制电路，当控制电路一切正常时，再操作主电路。这样做可以有效地防止由于接线错误而引起的故障扩大现象。由于主电路电流较大，一旦有故障会引起很大的故障电流。同时，也可有效地防止由于控制线路的接线错误引起主线路的错误动作而导致的故障。

⑤ 合上控制电路电源开关 QS2，操作启动按钮 SB1，观察各个电器是否正常工作，各电器是否按逻辑控制关系动作，如发现故障应立即断开电源，分析原因，排除故障后再送电。

⑥ 合上主电路电源开关 QS1，操作 SB1、SB2，观察电动机启停情况。

六、思考题

① 若时间继电器断电延时闭合常开触点与延时断开常闭触点接错，电路工作状态怎样？

② 如果电机降压启动时的运转方向和全压运行时的运转方向相反，分析故障的原因。

③ 叙述在实验中发生的故障，你是如何分析原因并排除故障的？

④ 自行设计一个断电延时继电器控制的自耦调压器降压启动的控制电路。

第三节　三相异步电机 Y/△ 降压启动控制

一、实验要求

① 掌握三相异步电机 Y/△ 降压启动控制电路的工作原理及接线方法。
② 熟悉这种电路的故障分析与排除方法。

二、实验线路

三相异步电机 Y/△ 降压启动实验线路如图 1-3 所示。

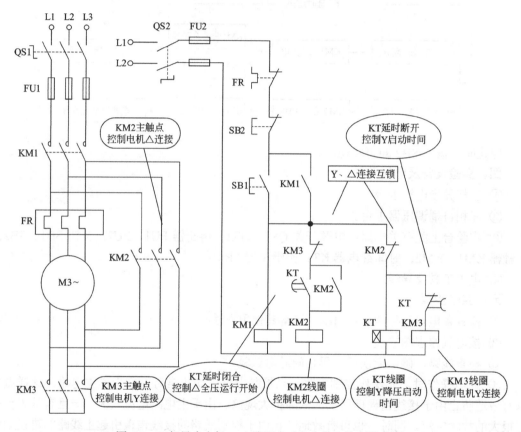

图 1-3　三相异步电机 Y/△ 降压启动主电路和控制线路图

三、实验线路的工作原理

　　Y/△ 降压启动控制是先把电机定子绕组接成 Y 形，以降低启动电压，限制启动电流。当电机进入额定转速时，再把电机定子绕组改为 △ 形连接，使电机进入全压运行状态。凡是在正常运行时定子绕组是 △ 形连接的异步电动机，均可采用这种 Y/△ 降压启动方式。

　　电动机启动时接成 Y 形，加在每相定子绕组上的启动电压只有 △ 形接法的 $1/\sqrt{3}$，从而减小了启动电流，但是启动转矩也只有 △ 形接法的 1/3。因此，降压启动控制只适合于轻载或空载情况下启动。

　　图 1-3 中，KM3 和 KM2 接触器主触点在主电路中是分别控制电动机定子线圈 Y 形连接和 △ 形连接的接触器，同时，在控制回路中，利用它们的辅助常闭触点互锁，确保 Y→△ 顺利实施 KT 是用以控制 Y 降压启动时间的时间继电器。

三相异步电动机 Y/△降压启动控制的工作原理如下所述：先合上主电路和控制电路的电源开关 QS1 和 QS2。

启动过程：

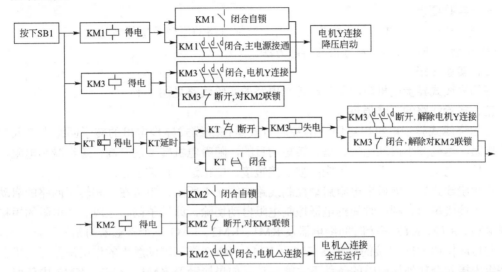

停止时，按下停止按钮 SB2，所有接触器、继电器电流被切断，所有接触器的触点复位，电机的电源被切断并停止运行。

四、实验设备及电气元件

① 三相异步电机 1 台。

② 实验台上可供使用的有关电器：开关 QS1、QS2；熔断器 FU1、FU2；按钮 SB1、SB2；接触器 KM1、KM2、KM3；时间继电器 KT；热继电器 FR。

③ 电工工具及导线。

五、实验步骤

① 检查各电气元件的质量情况，了解其使用方法。

② 按图 1-3 实验线路接线。

③ 检查线路，确认无误后，再合闸通电试验。

④ 通电操作时，先操作控制电路，当控制电路一切正常时，再操作主电路。这样做可以有效地防止由于接线错误而引起的故障扩大的现象。由于主电路电流较大，一旦有故障会引起很大的故障电流。同时，也可有效地防止由于控制线路的接线错误引起主线路的错误动作而导致的故障。

⑤ 合上控制电路电源开关 QS2，操作启动按钮 SB1，观察各个电器是否正常工作，各电器是否按逻辑控制关系动作，如发现故障应立即断开电源，分析原因，排除故障后再送电。

⑥ 合上主电路电源开关 QS1，操作 SB1、SB2，观察电机启停情况。

六、思考题

① Y/△启动适合什么样的电机？

② 若时间继电器延时闭合常开触点与延时断开常闭触点接错，电路工作状态怎样？

③ 如果电机降压启动时的运转方向和全压运行时的运转方向相反，分析故障原因。

④ 叙述在实验中发生的故障，你是如何分析原因并排除故障的？

⑤ 自行设计一个断电延时继电器控制的 Y/△降压启动的控制电路。

第四节　三相绕线式异步电机串电阻启动控制

一、实验要求

① 掌握三相绕线式异步电机串电阻启动控制电路的原理及接线方法。

② 学会这种电路的故障分析与排除方法。

二、实验线路

三相绕线式异步电机串电阻启动控制电路的实验线路见图 1-4。

三、实验线路的工作原理

三相绕线式异步电机串电阻启动控制方式是在绕线式异步电机的转子回路中串入三相对称电阻，达到减小启动电流、增大转矩的目的，随着电机转速的升高，逐级减小电阻，启动完毕后，电阻减小为零，转子绕组被直接短接，电机进入正常运行。

三相绕线式异步电机串电阻启动控制线路如图 1-4 所示，串接在三相转子回路的启动电阻，一般接成星形。利用时间继电器控制电阻自动切除，即转子回路三段启动电阻的短接是依靠 KT1、KT2、KT3 三个时间继电器及 KM1、KM2、KM3 三个接触器的相互配合来实现。

与启动按钮 SB1 串接的接触器 KM1、KM2、KM3 常闭辅助触点的作用是保证电机在转子绕组中接入全部外加电阻的条件下才能启动。如果接触器 KM1、KM2、KM3 中任何一个触点没有恢复闭合，则启动电阻就没有被全部接入转子绕组中，电机就不能启动。

三相绕线式异步电机串电阻启动控制的工作过程如下所述：先合上主电路和控制电路的电源开关 QS1 和 QS2。

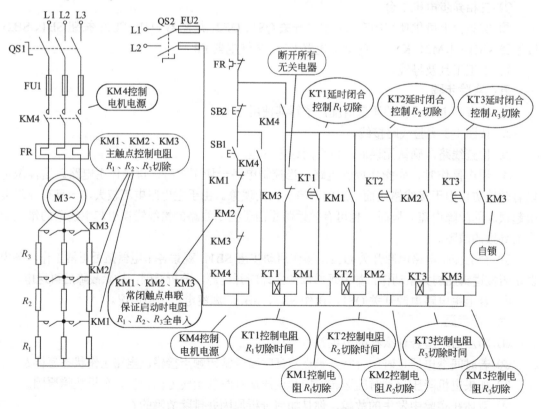

图 1-4　三相绕线式异步电机串电阻启动控制

启动过程如下：

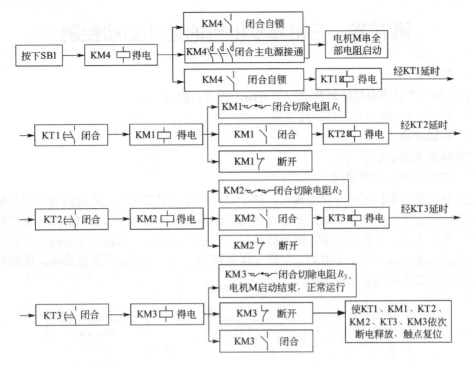

停止时，按下 SB2 即可。

四、实验设备及电气元件

① 三相绕线式异步电机 1 台。

② 低压控制柜上有关电器：开关 QS1、QS2；熔断器 FU1、FU2；按钮 SB1、SB2；接触器 KM1、KM2、KM3、KM4；时间继电器 KT1、KT2、KT3；热继电器 FR；大功率电阻 R_1、R_2、R_3 等。

③ 电工工具及导线。

五、实验步骤

① 检查各电气元件的质量情况，了解其使用方法。

② 按电气原理图接线。

③ 检查线路，确认无误后再通电试验。

④ 通电操作时，先操作控制电路，当控制电路一切正常时，再操作主电路。这样做可以有效地防止由于接线错误而引起的故障扩大的现象。由于主电路电流较大，一旦有故障会引起很大的故障电流。同时，也可有效地防止由于控制线路的接线错误而引起主线路的错误动作而导致的故障。

⑤ 合上控制电路电源开关 QS2，操作启动按钮 SB1，观察各个电器是否正常工作，各电器是否按逻辑控制关系动作，如发现故障应立即断开电源，分析原因，排除故障后再送电。

⑥ 合上主电路电源开关 QS1，操作 SB1、SB2，观察电动机启停情况。

六、思考题

① 线路中 KT1、KT2、KT3 的作用是什么？

② 控制线路中 KM3 的常开和常闭接点的作用是什么？

③ 设计一个串两级电阻启动的线路。

④ 叙述在实验中出现的故障，你是如何分析原因并排除故障的？

第五节　三相异步电机的能耗制动控制

一、实验要求

① 掌握三相异步电机能耗制动控制电路的原理及接线方法。

② 学会这种电路的故障分析与排除方法。

二、实验线路

实验线路见图 1-5。

三、实验线路的工作原理

能耗制动是当电机切断交流电源后，转子仍沿原方向惯性运转，随后向电机定子绕组通入直流电，使定子中产生一个恒定的静止磁场，则惯性运转的转子因切割磁力线而在转子绕组中产生感应电流，又因受到静止磁场的作用，产生电磁转矩，正好与电机的转向相反，使电机制动而迅速停转。图 1-5 中的二极管 VD 是用来进行半波整流产生直流电，供能耗制动时在定子中产生恒定的静止磁场的。

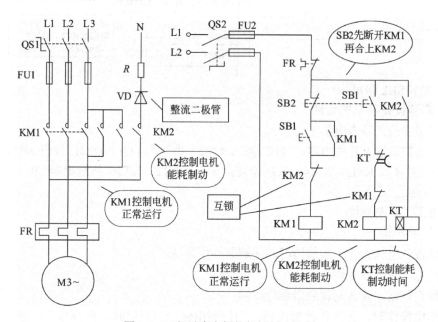

图 1-5　三相异步电机的能耗制动控制

三相绕线式异步电机能耗制动控制的工作过程如下所述：先合上控制电路和主电路的电源开关 QS1 和 QS2。

（1）电动机运行过程

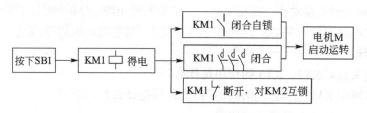

（2）电机制动过程

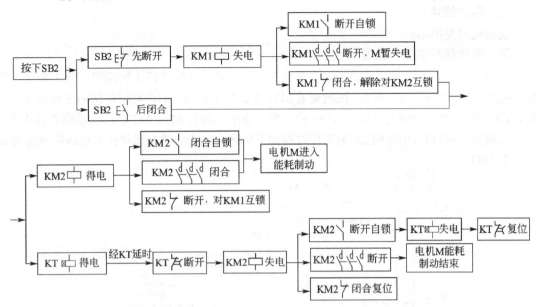

四、实验设备及电气元件

① 三相绕线式异步电机 1 台。

② 低压控制柜上有关电器：开关 QS1、QS2；熔断器 FU1、FU2；按钮 SB1、SB2；接触器 KM1、KM2；时间继电器 KT；热继电器 FR；大功率整流二极管 VD 等。

③ 电工工具及导线。

五、实验步骤

① 检查各电气元件的质量情况，了解其使用方法。

② 按电气原理图接线。

③ 检查线路，确认无误后再通电试验。

④ 通电操作时，先操作控制电路，当控制电路一切正常时，再操作主电路。这样做可以有效地防止由于接线错误而引起的故障扩大的现象。由于主电路电流较大，一旦有故障会引起很大的故障电流。同时，也可有效地防止由于控制线路的接线错误而引起主线路的错误动作而导致的故障。

⑤ 操作启动和停止按钮，观察电机启停情况，各电器是否按逻辑控制关系动作。

六、思考题

① 主回路中 KM2 主触头的作用是什么？

② 控制线路中 KM2 的常开和常闭接点的作用是什么？

③ 设计一个断电延时控制能耗制动的控制电路。

④ 叙述在实验中出现的故障，你是如何分析原因并排除故障的？

第六节 三相异步电机自动顺序控制

一、实验要求

① 掌握三相异步电机自动顺序控制电路的原理及接线方法。

② 学会这种电路的故障分析与排除方法。

二、实验线路

实验线路见图1-6。

三、实验线路的工作原理

顺序控制是为了满足一定的工艺要求而进行顺序启动或顺序停止的控制。图1-6是三相异步电机自动顺序控制的线路，控制要求M1、M2顺序启动，启动间隔时间由定时器KT控制，KM1的一个常开触点串接在KM2的线圈回路中，起到M1、M2顺序启动联锁的作用。

三相异步电机自动顺序控制的工作过程如下所述：先合上主电路和控制电路的电源开关QS1和QS2。

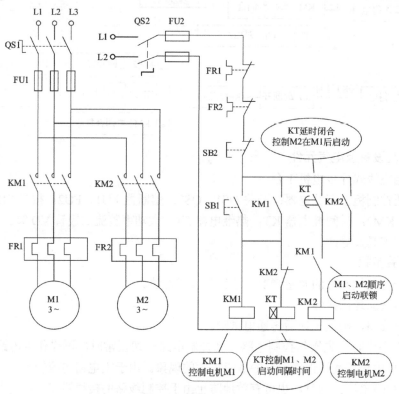

图1-6 三相异步电机自动顺序控制

电机启动过程：

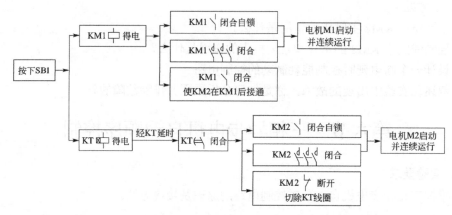

停止时，按下 SB2，所有电器均失电释放，电机 M1、M2 同时停止。

四、实验设备及电气元件

① 三相绕线式异步电机 2 台。

② 低压控制柜上有关电器：开关 QS1、QS2；熔断器 FU1、FU2；按钮 SB1、SB2；接触器 KM1、KM2；时间继电器 KT；热继电器 FR1、FR2 等。

③ 电工工具及导线。

五、实验步骤

① 检查各电气元件的质量情况，了解其使用方法。

② 按图 1-6 实验图接线。

③ 检查线路，确认无误后再通电试验。

④ 通电操作时，先操作控制电路，当控制电路一切正常时，再操作主电路。这样做可以有效地防止由于接线错误而引起的故障扩大的现象。由于主电路电流较大，一旦有故障会引起很大的故障电流。同时，也可有效地防止由于控制线路的接线错误而引起主线路的错误动作而导致的故障。

⑤ 合上控制电路电源开关 QS2，操作启动按钮 SB1，观察各个电器是否正常工作，各电器是否按逻辑控制关系动作，如发现故障应立即断开电源，分析原因，排除故障后再送电。

⑥ 合上主电路电源开关 QS1，操作 SB1、SB2，观察电机启停情况。

六、思考题

① 控制电路 KM1 的两个常开辅助触点各有什么作用？ KM2 的一个常开辅助触点和一个常闭辅助触点各有什么作用？

② 如果按下 SB1 后，电机 M1、M2 同时启动，分析故障的原因。

③ 叙述在实验中出现的故障，你是如何分析原因并排除故障的？

④ 自行设计一个两台电机顺序启动、逆序停止的控制线路。

第二章 GX Works2 编程软件的使用

第一节 概 述

GX Works2 Version1 版本的三菱 PLC 编程软件，它适用于 FX 系列、Q 系列、QnA 系列和 A 系列的所有 PLC。GX Works2 编程软件可以编写梯形图、结构化程序和状态转移图程序，它支持在线和离线编程功能，并具有软元件注释、声明、注解及程序监视、测试、故障诊断、程序检查等功能。此外，还具有运行写入功能，而不需要频繁操作 STOP/RUN 变换，方便程序调试。

GX Works2 编程软件可在 Windows 2000/ Windows XP/ Windows 7/ Windows 10 等操作系统中运行，界面友好，功能强大，使用方便。该编程软件简单易学，具有丰富的工具箱、直观形象的视窗界面，并且能够方便地实现监控、故障诊断、程序的传送及程序的复制、删除和打印等功能，本章主要介绍 GX Works2 在 FX 系列 PLC 中的编程使用方法。

一、GX Works2 的功能

GX Works2 具有下列功能。

1. 具有制作各种运行程序的功能

GX Works2 可制作指定的各种三菱可编程控制器 CPU 运行的梯形图、结构化程序、SFC 状态转移图等程序，图 2-1 为梯形图程序。

图 2-1 梯形图程序

2. 具有对可编程控制器 CPU 的程序写入/读出的功能

GX Works2 可以将可编程控制器创建的顺控程序写入到可编程控制器 CPU（也称 PLC 基本单元）中，反之也可从可编程控制器 CPU 中读出已写入的顺控程序。此外，可编程控制器 CPU 在 RUN 状态中通过写入模式，可以对处于运行状态下的程序进行更改。如图 2-2 所示。

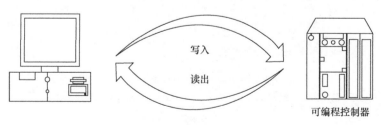

图 2-2 对可编程控制器进行写入/读出程序示意图

3. 具有监视功能

监视功能包括对梯形图的监视、软元件的监视和软元件的登录监视。

4. 具有调试功能

调试功能通过调试菜单的选项，可以进行模拟开始/停止，将创建的顺控程序写入到可编程控制器 CPU 中，测试程序能否正常运行。可对运行时的软元件值等进行离线/在线监视。此外，使用仿真软件 GX Simulator 能够用电脑单体进行调试。

5. 具有参数设置功能

参数设置功能可以对可编程控制器 CPU 的参数及网络参数进行设置。此外，也可以对智能功能模块的参数进行设置。

6. 具有诊断功能

可以对可编程控制器 CPU 的当前出错状态及故障等进行诊断报告。

二、计算机与 PLC 的系统构成

计算机与 FX CPU 可编程控制器的连接可以通过串行通讯口、USB 口和网络口等方式进行连接。若计算机串行通讯口采用 RS232C 通信线与 FX CPU 可编程控制器的连接，需要S-232C/RS-422 转换器，经 RS-422 通信线与 PLC 连接；也可以使用专用的 FX-USB-AW 通信线，它的 USB 一端接计算机，另一端 RS-422 口直接插入 PLC 的内置端口。

<h1 style="text-align:center">第二节　工　　　程</h1>

一、新建工程

在计算机上安装好 GX Works2 编程软件后，运行 GX Works2 软件，其界面如图 2-3所示。

图 2-3　运行 GX Works2 后的界面

可以看到该窗口编辑区是不可用的，工具栏中除了新建按钮 和打开按钮 可见外，其余按钮均不可见，单击图 2-3 中的 按钮，或执行菜单［工程］→［新建］命令，可创建一个新工程（也称新建程序），出现如图 2-4 所示的界面。

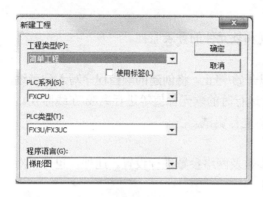

图 2-4 建立新工程界面

在图 2-4 所示的新建工程栏中，在工程类型（P）中点击下拉菜单，出现简单工程和结构化工程两个选项，选择简单工程可以编写梯形图和 SFC 状态转移图程序，选择结构化工程，可以编写结构化程序；在 PLC 系列（S）中，点击下拉菜单，出现 QCPU、LCPU 和 FXCPU 三个选项，可根据已知的 PLC 的 CPU，选择对应的一个选项；在 PLC 类型（T）栏中，点击下拉菜单，选择根据所用的 PLC 类型一个选项即可；在程序语言栏中，点击下拉菜单，可选择需要编写的梯形图或 SFC；选择全部完成后，点击确定键，出现了图 2-5 所示的界面，在这个界面上有标题栏、菜单栏、工具栏、编辑区、状态栏和工程数据列表。设置文件的保存路径和工程名等。注意，PLC 系列和 PLC 型号是必须设置项，且须与所连接的 PLC 一致，否则，程序将可能无法写入 PLC。

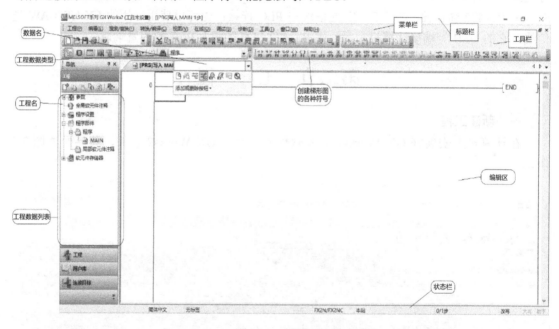

图 2-5 工程界面

二、工程列表

GX Works2 将所有各种程序、参数以及注解以"工程"的列表形式进行统一的管理。在 GX Works2 的"工程"画面里，可以方便地编辑程序，还可以编辑参数、注解等。

所谓的"工程"就是将工程内的数据按照类别用列表的形式来表示，如图 2-5 左侧区域所示。"工程"列表可以通过选择菜单中的［视图］→［折叠窗口］→［导航］来打开或关闭，也可以点击工具栏中的导航按钮 打开或关闭。此外工程数据的新建追加/复制/删除/数据名变更可以通过在工程数据名上点鼠标右键来选择进行。

通过双击工程数据列表中的不同数据类型，可改变编辑界面。例如，双击工程数据列表中的全局软元件注释，出现如图 2-6 所示的软元件注释编辑界面。

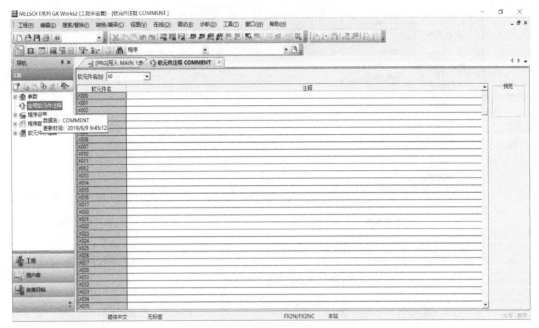

图 2-6　软元件注释编辑界面

三、打开已存的工程

读取已保存的工程文件，通过选择菜单中的 ［工程］→［打开］ 来进行，或者点击工具栏中的 ，或者按 "Ctrl+ O" 快捷键进行操作。

四、关闭工程

关闭当前编辑中的工程文件，通过选择菜单中的 ［工程］→［关闭工程］ 来进行，或直接点击界面右上角的关闭图标。

五、保存工程

将编辑中的工程文件保存下来，可通过选择菜单中的 ［工程］→［保存］ 来进行，或者点击工具栏中的 ，或者按 "Ctrl+S" 快捷键进行操作。

六、读取其他格式的文件

1. GX Works2 可以读取在 GX Developer 中创建的工程

通过选择 GX Works2 菜单中的 ［工程］→［打开其它格式数据］→［打开其它格式工程］进行操作，出现如图 2-7 所示的设定画面，在画面中找到要读取的文件，指定工程后，点击 打开(O) 。作为工程文件，应选择 "*.gpj"，打开选择的工程。

2. GX Works2 创建的工程可以保存为 GX Developer 工程的格式

将简单工程中创建的 GX Works2 工程保存为 GX Developer 工程格式的方法是，选择菜单中的 ［工程］→［保存 GX Developer 格式工程］，出现如图 2-8 所示的设定画面，在画面中找到要存入的文件夹，输入文件名，再按 保存(S) 键即可。

七、梯形图和指令表之间的相互转换

1. 梯形图转换成指令表

（1）将指令表保存后查看

选择菜单中的 ［编辑］→［写入至 CSV 文件］，弹出一个窗口，点击"是"，出现如图 2-9 所示的设定画面，选择需要保存位置，保存类型为 "*.csv"，点击 保存(S) 。然后打开保存的文件，查看指令表。

图 2-7　打开 GX Developer 文件

图 2-8　保存工程为 GX Developer 格式

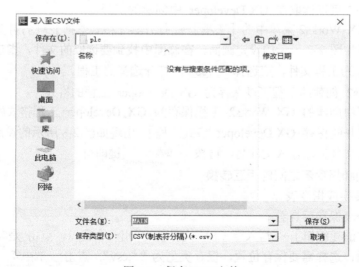

图 2-9　保存 CSV 文件

（2）GX Works2 软件中查看指令表

选择菜单中的［编辑］→［简易编辑］→［梯形图块列表编辑］，出现图 2-10 所示的指令表编辑窗口，可以双击进行修改。

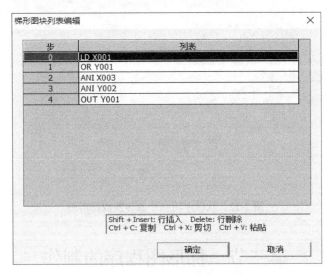

图 2-10　软件中查看指令表

2. 指令表转换成梯形图

（1）将指令表文件转换成梯形图

选择菜单中的［编辑］→［从 CSV 文件读取］，出现如图 2-11 所示的设定画面，选择要读取的 CSV 文件，点击 打开(0) ，弹出一个窗口，点击"是"。

图 2-11　打开 CSV 文件

（2）GX Works2 软件中将指令表转换成梯形图

选择菜单中的［编辑］→［简易编辑］→［梯形图块列表编辑］，出现图 2-12 所示的指令表编辑窗口，根据窗口下方的提示进行编辑，编辑完成点击确定，完成转换。

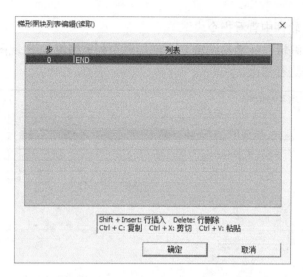

图 2-12 软件中将指令表转换成梯形图

第三节 梯形图程序的制作

一、梯形图制作时的注意事项

1. 梯形图表示画面时的规定

① 在 1 个画面上最多可显示 12 行梯形图。

② 1 个梯形电路块应在 24 行以内制作完成，超出 24 行就会出现错误。

③ 1 个梯形图行的触点数是 11 个触点+1 个线圈。

④ 注释文字的表示数如表 2-1 所示。

表 2-1 注释文字的表示数

注 释 种 类	输入文字数	梯形图画面表示文字数
软元件注释	半角 32 文字（全角 16 文字）	8 文字 4 行
说明	半角 64 文字（全角 32 文字）	设定的文字部分全部表示
注解	半角 32 文字（全角 16 文字）	设定的文字部分全部表示
文件	半角 8 文字（全角 4 文字）	设定的文字部分全部表示

2. 梯形图编辑画面的注意事项

① 1 个梯形图块的最大编辑行为 24 行。

② 梯形图在写入模式时最多能剪切、复制或粘贴 48 行的编辑。

③ 梯形图在读取模式时不能进行剪切、复制和粘贴等编辑。

④ 写入模式时不能表示 MC 主控指令的触点记号，读取模式和监视模式时可以表示 MC 主控指令的触点记号。

⑤ 制作 1 行中超过 11 个触点以上的梯形图时，自动回送移动至下一行，回送记号用 K0-K99 制作，回送记号必须是相同的号码，回送行间不能插入别的梯形图。

⑥ 在写入或替换模式中，占用列数多的指令不能覆盖占用列数少的触点或线圈。

⑦ 在梯形图的第一列处插入触点时，如果导致整行梯形图的最后的部分要换行，将不能实行触点插入。但在梯形图的第二列后插入触点时，可以进行，但梯形图的最后的部分会

换行，用两行来表示。

二、梯形图程序的制作步骤

1. 用指令创建梯形图程序

下面介绍通过输入指令来创建梯形图程序的方法，在输入之前要确保 PLC 的模式为写入模式，可通过工具栏中的写入模式 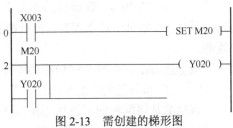 按钮来切换。例如，要创建如图 2-13 所示的梯形图程序，操作如下。

图 2-13　需创建的梯形图

① 将光标移到梯形图编辑区的左上角位置，双击出现梯形图输入栏框，可以从左边栏目中点下拉菜单，选择常开触点，在右边栏目中输入 "X3"，或不选左边栏目触点，在右边栏目中输入 "LD X3"，再点击右边 "确定" 键或按 [ENTER] 键，便产生如图 2-14（a）所示的梯形图。若选择触点不正确，可按 "取消" 键重选，梯形图编辑区中显示 X003 的常开触点，如图 2-14（b）。

② 输入 "SET M20"，在该行后面双击出现梯形图输入栏框，在左边栏目中点下拉菜单，选择 "[ ]" 应用指令框，在右边栏目中输入 SET M20，再点击右边 "确定" 键或按 [ENTER] 键，如图 2-14（c）。

③ 输入 "M20"，在左母线右侧位置双击出现梯形图输入栏框，在左栏目中点下拉菜单选择常开触点，右栏目中输入 M20，再点击右边 "确定" 键或按 [ENTER] 键，程序显示如图 2-14（d）。

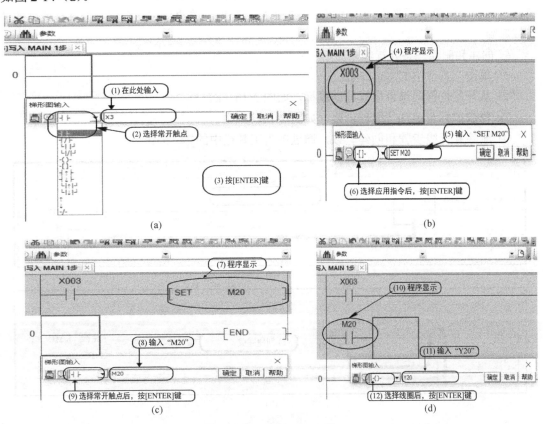

图 2-14　用指令创建梯形图的过程

④ 输入"Y20"，在该行后面双击出现梯形图输入栏框，在左栏目中下拉菜单选择"（ ）"线圈括号，右栏目中输入 Y20，再点击右边"确定"键或按［ENTER］键，梯形图产生（Y20）线圈。

按上述方法完成整个梯形图的创建。

2. 转换/编译已创建的梯形图程序

该功能是将编辑的灰色状态梯形图程序进行转换/编译，转换后的梯形图将变成白色状态的梯形图，才能写入 PLC。单击工具栏中 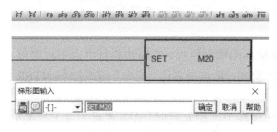 按钮或通过选择菜单中的［转换/编译］ → ［转换］进行转换或直接按 F4 键完成转换，即可实现梯形图程序的转换/编译。

3. 修改梯形图程序

双击要修改的部分，就会出现梯形图输入对话框，如图 2-15，然后进行修改。

图 2-15 修改梯形图

4. 剪切和复制梯形图块

梯形图在写入编辑下，可利用工具栏中的 按钮对梯形图进行剪切、复制和粘贴，与其它应用软件使用方法相同，在此不一一赘述。

5. 插入或删除一行

梯形图在写入编辑下，将光标移到需插入或删除的行的位置，利用菜单［编辑］中的行插入和行删除选项来进行，也可以右击鼠标，在出现的菜单中从编辑中选择行或列的插入或删除。

6. 创建和删除一条并行线

① 单击工具栏中的 按钮。

② 从开始位置向结束位置拖动鼠标，如图 2-16（a）。

③ 释放鼠标左键并行线被创建，如图 2-16（b）。

④ 删除并行线步骤和创建一致，通过单击工具栏中的 按钮进行。

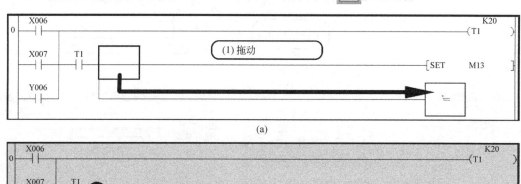

(a)

(b)

图 2-16 创建一条并行线

三、梯形图中软元件的搜索和替换

1. 软元件搜索/替换

搜索程序中的软元件，通过选择菜单中的 [搜索/替换]→[软元件搜索]，或是工具栏中的🔳按钮进行搜索；替换程序中的软元件，通过选择菜单中的 [查找/替换]→[软元件替换]，这两种操作都出现如图 2-17 所示的对话框，选择工具栏中的🏛按钮也会出现图 2-17 所示的对话框，在对话框中输入要搜索的软元件名，然后输入要替换的软元件名。

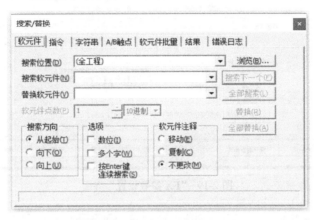

图 2-17　软元件搜索/替换对话框

2. 常开常闭触点互换

可以将正在编辑的程序中的指定软元件的常开触点转变为常闭触点或将常闭触点转变为常开触点。通过选择菜单中的 [搜索/替换]→[A/B 触点更改]，对话框如图 2-18，在替换软元件栏中写入元件名，点击替换或全部替换，实现相互替换。

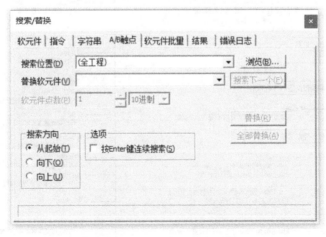

图 2-18　常开常闭触点互换

第四节　参数设定

PLC 参数的设定可以通过左侧的工程栏，点击 [参数] - [PLC 参数] 项，弹出如图 2-19 的"FX 参数设置"界面，点击该界面上紫红色字的菜单栏，各项参数的说明如图 2-20。

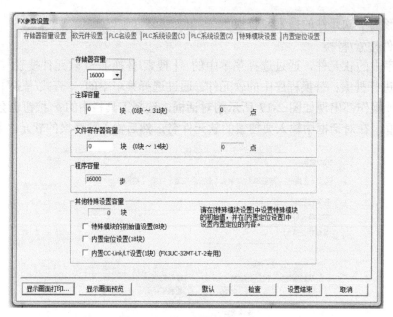

图 2-19 "FX 参数设置"界面

图 2-20 各项参数说明

第五节　程序注释

一、梯形图注释

在梯形图中可以进行三种注释：①可创建软元件注释，以描述每个软元件的意义和应用；②可创建梯形图行的注释，以描述梯形图块的功能；③可创建各个输出的注释，以描述线圈和应用程序指令功能。如图 2-21 所示。

图 2-21　梯形图注释

1. 软元件注释

软元件注释的创建过程如图 2-22 所示。通过点击工具栏中的 按钮，创建软元件注释，将光标移到要注释的软元件上双击鼠标，出现注释输入对话框，在对话框中输入相应的注释。

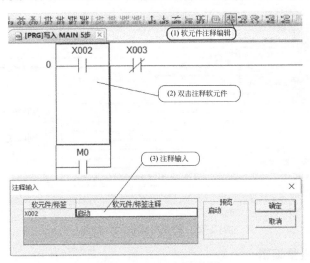

图 2-22　软元件注释

2. 梯形图块的注释

梯形图块的注释创建过程如图 2-23 所示。用 按钮创建梯形图块的注释，将光标移到要注释行的前端双击鼠标，出现梯形图块的注释对话框，在对话框中输入相应的注释。

3. 线圈和应用程序指令注释

线圈和应用程序指令注释的创建过程如图 2-24 所示。用 按钮创建线圈和应用程序指令的注释，将光标移到要注释的线圈和应用程序指令上双击鼠标，出现注解输入对话框，在对话框中输入相应的注释。

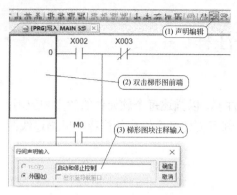

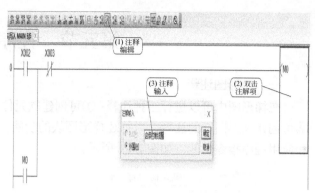

图 2-23　梯形图块的注释

图 2-24　线圈和应用程序指令注释

二、列表形式软元件注释

可以通过工程栏中的"软元件注释"来创建软元件注释，它是以列表的形式输入注释，这在需注释的软元件比较多的情况下集中注释比较方便。其步骤如下。

① 单击工程栏中［局部软元件注释］，右击，选择新建数据，如图 2-25（a）。

② 显示注释创建界面，为创建某一类的软元件，如输入类软元件，则输入 X0，如辅助类软元件，则输入 M0，再按［Enter］键。

③ 向指定软元件键入注释。

④ 确认是否已创建注释，可点击梯形图窗口，转到梯形图界面，如图 2-25（b）。

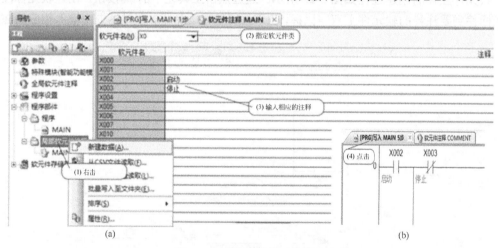

图 2-25　列表形式软元件注释

三、声明/注解批量编辑

若需要行间声明/注解进行批量编辑，可按如下步骤顺序操作。

点击菜单［编辑］→［文档创建］→［声明/注解批量编辑］，出现注释范围设定对话框，如图 2-26，进行相应的设置。

四、通用注释和程序注释

在工程中有通用注释（也称全局软元件注释）和程序注释（也称局部软元件注释）。如果一个工程中只有一个程序，采用通用注释与采用程序注释软元件效果相同；若一个工程中创建了多个程序，那么采用通用注释的软元件，则注释的软元件在所有程序中有效，若采用程序注释的软元件，仅在所在的程序中有效，如图 2-27 所示。

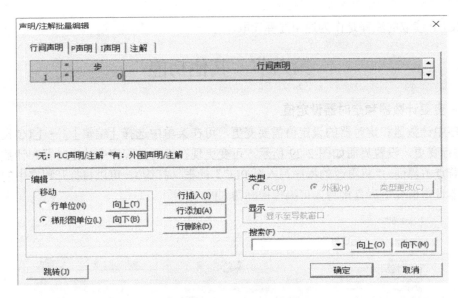

图 2-26 声明/注解批量编辑

软元件注释	全局软元件注释（通用注释）
	局部软元件注释（各程序的注释）

图 2-27 通用注释和程序注释说明

五、向 PLC 下载注释或从 PLC 上载注释

在梯形图中创建了各种注释后，并不意味着注释就能随着程序写入到 PLC 中，要将注释写入 PLC，还要进行以下一系列操作设置。

① 单击工程栏中［参数］前的"+"标记，双击其下的［PLC 参数］项，出现图 2-19 所示的对话框，通过对话框中的注释容量来设置注释所占的容量。

② 在程序中写入相应的注释。

③ 在向 PLC 下载程序时，软元件注释也写入 FXCPU。但只有通用注释能写入 FXCPU，程序注释不能写入 PLC，如图 2-28 所示说明。

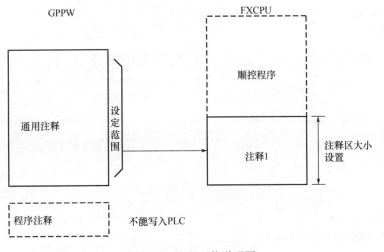

图 2-28 注释下载说明图

FXCUP 读取的注释是作为通用注释读取。

第六节　其他功能

一、变更计数器和定时器设定值

程序中计数器和定时器的设定值需要变更，可在菜单中选择［编辑］→［TC 设置值更改］，进行变更。设置界面如图 2-29 所示，可变更现在打开的程序中的定时器和计数器的设定值，若点击界面 "将更改的程序写入至 PLC" 的框（打钩），可以将打开程序中的定时器和计数器设定值变更后直接写入可编程控制器 CPU 中。

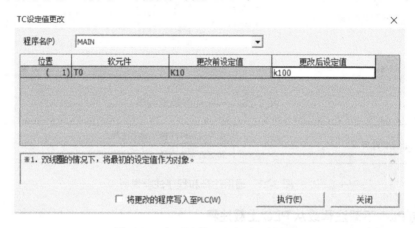

图 2-29　变更计数器和定时器设定值

二、触点线圈使用列表

该功能可以使指定软元件所在的步、命令和位置全部呈现出来。在菜单中点击 ［搜索/替换］→［交叉参照］进行操作，例如希望显示 M0 的所有情况，如图 2-30 所示。

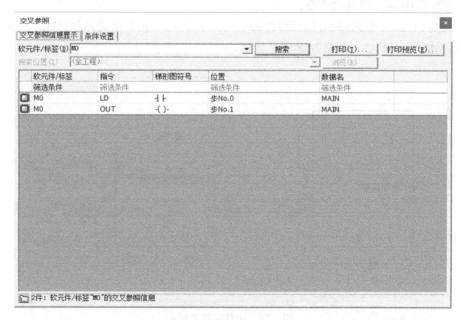

图 2-30　触点线圈使用列表

三、软元件使用列表

表示指定的每一个软元件在程序中的使用状况，如使用的状态记号、使用次数和有无错误这些信息。用菜单中的［搜索/替换］→［软元件使用列表］来进行操作，如图 2-31 所示。

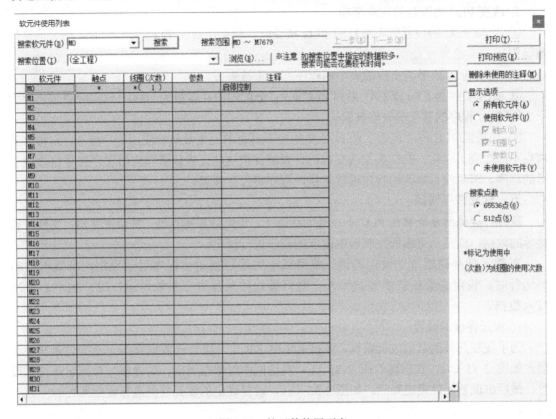

图 2-31　软元件使用列表

四、改变 PLC 类型

1. PLC 类型改变的操作步骤

FX 系列 PLC 类型改变的操作方法如下，图 2-32 是操作图示说明。

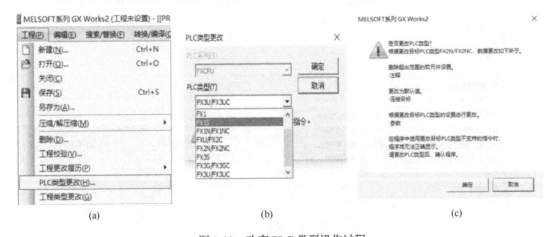

图 2-32　改变 PLC 类型操作过程

① 在菜单中选择 [工程]→[PLC 类型更改] 选项，如图 2-32（a）所示。

② 在出现的改变 PLC 类型对话框中选择要改变的类型，如图 2-32（b）所示。

③ 点确认键，出现更改 PLC 类型提醒，如图 2-32（c）所示，再次点确认或取消键。

2. 改变 PLC 类型时的注意事项

① 当源 PLC 的设置值不被目的 PLC 接受时，将会用目的 PLC 的初始值或最大值替代源设置。

② 超出新 PLC 类型支持的大小的程序部分将被删去。

③ 如果更换为 FX0 或 FX1 系列 PLC 时 ，分配的内存容量为 2000，但实际要求内存大于 2000 时，程序的其余部分将被删去。

④ 如果源 PLC 程序包含了新 PLC 类型中不具有的元素数量和应用程序指令，则程序的内容不能改变，因此，PLC 类型改变前后，要确保把这些元素数量和应用程序指令修改成合适的程序。若对没有修改的程序进行转换，程序将发生错误。

五、软元件存储器

软元件存储器是能够在 PLC 不在线的状态下，设定数据寄存器、链接寄存器、文件寄存器等的数据，或是从可编程控制器中读取的程序进行设定。

对软元件存储器事先设定的话，就可以不用编写初始化程序用于设定，可编程控制器运行时，设定的数值就能够被写入。对可编程控制器进行复位再运行时，也不必再次写入数据。

1. 软元件值的设置

为了使软元件的数据成批编辑，可在菜单中选择 [工程]→[数据操作]→[新建数据] 选项，如图 2-33（a），在出现的图 2-33（b）对话框中对数据类型、新建添加数据名等进行设置，最后出现软元件设定界面，如图 2-33（c），对要设定的软元件值进行设定即可。

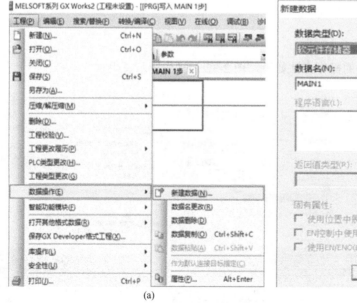

(a)

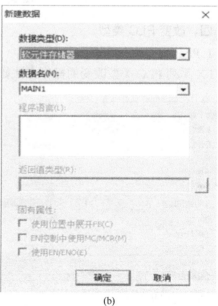

(b)

软元件编号栏　　　　　　　　　　　　软元件值栏
(c)

图 2-33　软元件值设置

2. 清除全部的软元件

清除设定的软元件存储器中的所有值，操作顺序是在菜单中选择 [编辑] → [全清除（全软元件）]。

六、把 EXCEL 数据作为软元件注释

以往的编程软件创建注释时，必须在该软件的环境下输入，而 GX 编程软件，可以将 EXCEL 数据作为软元件注释，直接拷贝粘贴过来，操作步骤如下。

① 在 EXCEL 表格中单击包含将要拷贝注释的单元格，拖曳鼠标指定要作为注释拷贝的范围，如图 2-34（a）所示。

② 单击 Excel 工具栏上的 复制按钮，指定范围的注释被复制。

③ 在注释编辑界面中单击要粘贴注释的位置，拖曳鼠标指定将被拷贝的范围，如图 2-34（b）所示。

④ 右击鼠标选择"粘贴"选项，至此，拷贝完成。

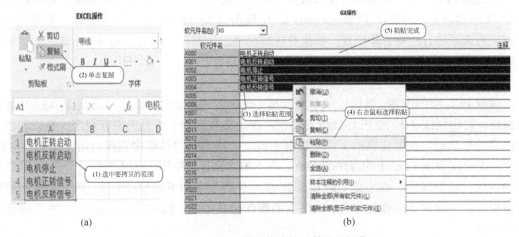

(a)　　　　　　　　　　　　　　　　(b)

图 2-34　EXCEL 数据作为软元件注释操作

七、把 Word 数据作为软元件注释

将 Word 数据作为软元件注释与 EXCEL 数据作为软元件注释的操作方法类似,操作如下。

① 在 Word 中键入注释,在每个注释最后处按 [Enter] 键。

② 在 Word 中单击将要拷贝的内容,拖曳鼠标指定作为注释拷贝的范围,如图 2-35(a)所示。

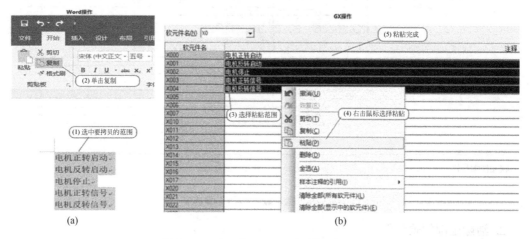

图 2-35 Word 数据作为软元件注释操作

③ 单击 Word 工具栏上的 ![复制图标] 复制按钮,指定范围的注释被复制。

④ 在注释编辑界面中单击要粘贴注释的位置,拖曳鼠标指定将被拷贝的范围,如图 2-35(b)所示。

⑤ 右击鼠标选择 "粘贴" 选项,至此,拷贝完成。

第七节 在   线

一、PLC 的读取与写入

1. 指定连接目标设置

当连接 PLC 时,首先要进行连接设置。在左侧的导航栏中单击 [连接目标],出现图 2-36(a)所示的画面,再双击 [Connection1],出现图 2-36(b)所示的设置画面。根据需要选择相应的选项进行连接目标设置,如果是计算机通过触摸屏(GOT)与 PLC 连接的,按图 2-36(b)进行设置。

2. PLC 读取/写入

读取 PLC 中的内容,是通过菜单中选择 [在线] → [PLC 读取],或是用工具栏中 ![图标] 按钮操作,将出现图 2-37 的 PLC 读取对话框,在 [文件选择] 活页夹中有程序、参数和软元件内存的复选框,在需读取的文件复选框中打√,或者在对话框中直接点击 [参数+程序] 按钮,设定仅读取 PLC 中的程序和参数。再点击 [执行] 按钮,此时会有是否进行 PLC 读取的确认对话框弹出,请选择 [是],此时将对外围设备和可编程控制器 CPU 中的参数进行检查,如果发现不一致时,读取或写入的操作会被中断。PLC 的写入操作与 PLC 的读取操作类似。

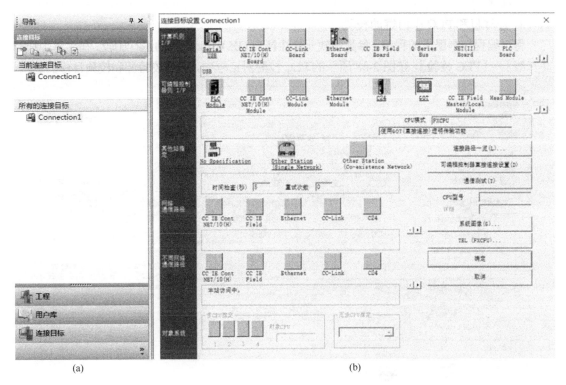

(a) (b)

图 2-36　传输设置

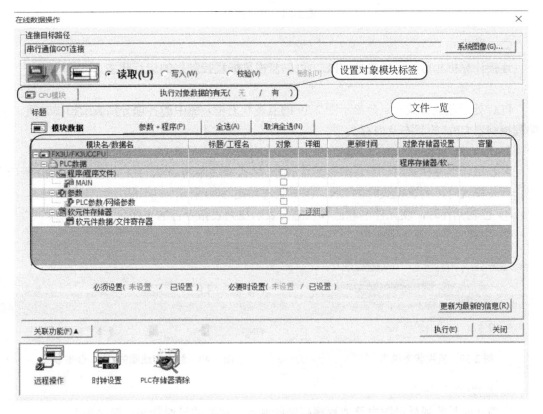

图 2-37　PLC 读取设置

3. 计算机和 PLC 中内容的校验

将可编程控制器中的程序、参数和软元件注释与 GX Works2 中的进行比较。在菜单中选择 [在线]→[PLC 校验]，在图 2-38 所示的 PLC 校验对话框中，选择校验源和校验目标的选项。

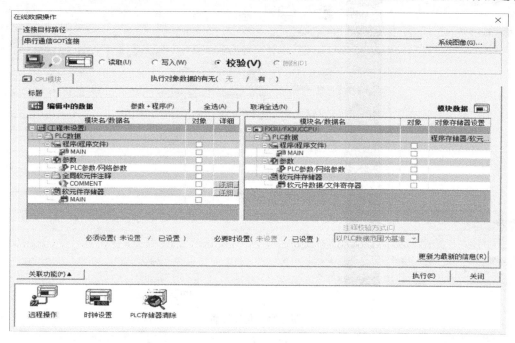

图 2-38　PLC 校验

二、监视

连接计算机和可编程控制器 CPU，可以监视可编程控制器的运行状态。

1. 监视模式

PLC 处于监视模式时，会显示图 2-39 的监视状态框，图中的各项分别表示扫描时间、可编程控制器 CPU 的状态及内存类型。

2. ON/OFF 状态

PLC 处于监视模式时，当为梯形图显示时，触点和线圈的 ON、OFF 状态如图 2-40 所示。处于列表模式时，列表模式时的 ON、OFF 状态如图 2-40 所示。

① 位软元件时，软元件名和监视状态会表示在列表指令行的下面。

② 字软元件，表示现在值。

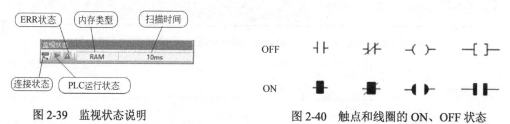

图 2-39　监视状态说明　　　　　　　　图 2-40　触点和线圈的 ON、OFF 状态

3. 监视/停止/开始

此项功能是监视梯形图电路或程序列表的触点、线圈的导通状态。顺序如下。

① 监视的时候，在菜单中选择［在线］→［监视］→［监视模式］，或者用工具栏的 按钮。

② 监视停止的时候，在菜单中选择［在线］→［监视］→［监视停止］，或者用工具栏的 按钮。

③ 监视开始的时候，在菜单中选择［在线］→［监视］→［监视开始］，或者用工具栏的 按钮。

4. 监视中编辑程序

当设定成监视写入模式时，在程序监视中能够编辑程序。在菜单中选择［在线］→［监视］→［监视（写入模式）］，或者点击工具栏中的 按钮。出现如图 2-41 对话框，进行相应设置。

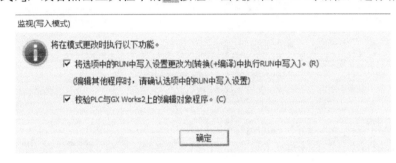

图 2-41 监视模式

5. 成批监视软元件/缓冲存储器

软元件成批监视是对一种软元件进行成批监视。缓冲存储器成批监视是对指定特殊功能模块监视其缓冲存储器。

成批监视软元件或缓冲存储器时，选择菜单［在线］→［监视］→［软元件/缓冲存储器批量监视］选项，或者点击工具栏中的 按钮。图 2-42 是成批监视软元件的画面。

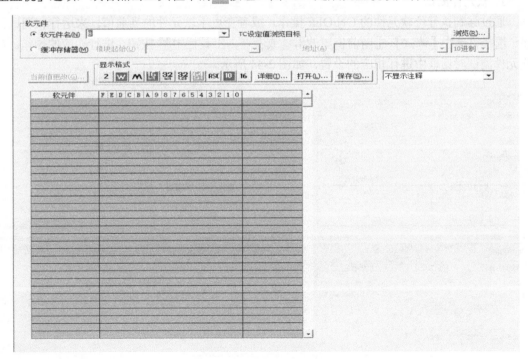

图 2-42 成批监视软元件

6. 软元件登录监视

用一个画面同时监视电路中不同的软元件，多种类软元件。在菜单中选择［在线］→［监看］→［登录至监看窗口］，或者用工具栏中的 按钮。图 2-43 是软元件登录监视界面，点击单元格变为可编辑状态，设置要登录的软元件，软元件登录结束后按［Enter］键。

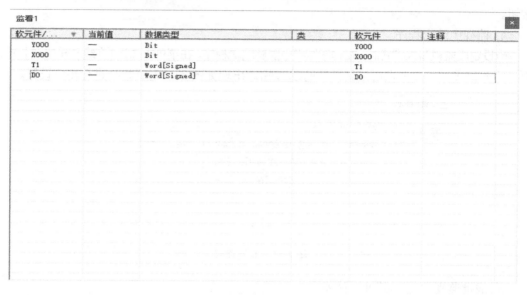

图 2-43　软元件登录监视界面

三、程序调试

本功能将制作的程序写入可编程控制器 CPU 内，通过软元件测试来调试程序。

1. 软元件测试

通过强制执行位软元件的 ON/OFF 操作，或者变更字软元件的当前值，来运行和调试程序。选择菜单中［调试］→［当前值更改］，或者点击工具栏中 按钮，进行相应的操作。在软元件测试对话框中进行相应的设置，如图 2-44 所示。

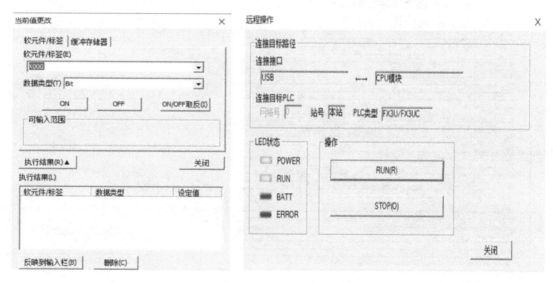

图 2-44　软元件测试　　　　　　　　　　图 2-45　远程操作对话框

2. 远程操作可编程控制器

通过 GX Works2 可以对可编程控制器 CPU 的运行/停止状态进行切换，以及对存储卡的拔取设置为允许的操作。具体操作是：在菜单中选择［在线］→［远程操作］，出现如图 2-45 所示的对话框，设置要切换的状态后执行。

3. 在线程序修改

该功能可以在 PLC 运行时修改程序。具体操作是：

① 单击菜单［工具］→［选项］。

② 在如图 2-46 所示的选项对话框中进行设置。

③ 将要修改的程序进行修改，修改后用工具栏中的转换按钮进行转换。

④ 在确认对话框中进行确认操作。

⑤ 当写操作完成时，显示完成信息提示。

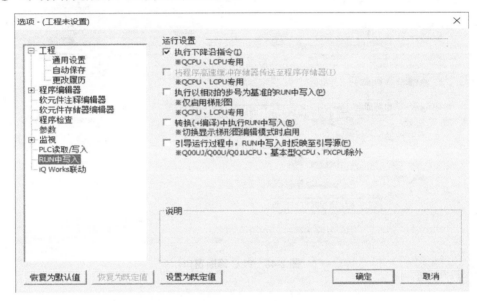

图 2-46　选项设置

4. 在监视状态下修改梯形图程序

该功能可以在 PLC 监视状态下修改程序。

① 单击工具栏中的 监视（写入模式）按钮。

② 在"监视（写入）"模式对话框的复选框上选择并设置复选标志，如图 2-47 所示。

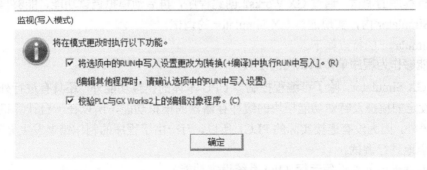

图 2-47　监视写入模式设置

③ 修改程序，并用工具栏中的转换按钮 进行转换。

④ 在确认对话框中进行确认操作。

⑤ 当写操作完成时，显示完成信息提示。

四、诊断 FXCPU

该诊断功能可以将可编程控制器 CPU 状态和出错代码显示出来，在菜单中选择执行［诊断］→［PLC 诊断］，出现如图 2-48 所示的诊断窗口，如有错误将显示错误信息。

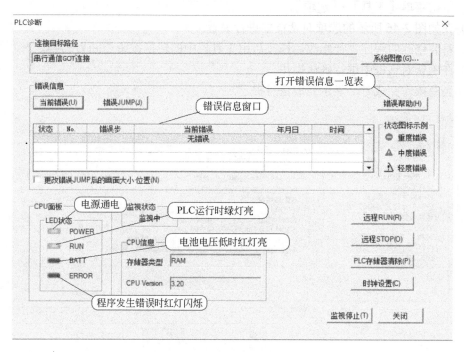

图 2-48　PLC 诊断窗口

第八节　仿　真

一、GX Simulator 的概要

GX Works2 软件中含有 GX Simulator 仿真功能，能够在一台计算机上进行程序的开发和离线调试。离线调试功能包括软元件的监视测试、外部机器的 I/O 模拟操作等，所以能够更有效地进行程序的调试。通过 GX Works2 创建程序，再启动模拟调试功能，能够自动将程序写入 GX Simulator 内，实现通过 GX Simulator 的调试。

GX Simulator 的特点如下。

（1）能够作为程序单体调试用的工具

使用 GX Simulator，除了可编程控制器 CPU 本体的模拟功能外，还具有进行外部设备的 I/O 系统设定的模拟及特殊功能模块的缓冲存储器的模拟功能，所以在一台计算机上能够实行调试。另外，因为没有连接实际的 PLC，所以，万一由于程序的制作错误发生异常输出时，也能够安全地进行调试。

（2）能够模拟外部设备运行（I/O 系统设定功能）

在 GX Simulator 的 I/O 系统设定中，使用位软元件的 ON/OFF 条件、字软元件的值的组合对话界面的设定，就能够模拟来自外部的输入信号。

（3）能够监视软元件存储器（监视测试功能）

能够监视假想 CPU 内的软元件存储器以及缓冲存储器的状态。GX Works2 的软元件成批监视功能和缓冲存储器成批监视功能相同，除了软元件的 ON/OFF 状态，数值的监视也能够强制 ON/OFF、当前值的变更等。另外也能够用时序图形式表示 ON/OFF 状态、数值。

（4）能够进行软元件/缓冲存储器的保存/读取

二、GX Simulator 模拟仿真的应用

1. 模拟功能的安全及使用时的注意事项

① 模拟功能用于对实际的可编程控制器 CPU 进行模拟，对创建的顺控程序进行调试，但对调试后的顺控程序的动作与实际并不加以保证。

② 执行模拟功能时，可以使用模拟用的存储器对输入输出模块及智能功能模块进行数据的输入输出。此外，不支持部分的指令/函数及软元件存储器。因此，虚拟可编程控制器中的运算结果有可能与可编程控制器 CPU 中的运算结果有所不同。

2. 模拟的开始/停止

在 GX Works2 菜单中选择 [调试]→[模拟开始/停止]，或者单击工具栏中按钮🖥。将显示 GX Simulator2 画面。如图 2-49 所示，开始进行模拟。模拟结束时，应再次单击菜单栏中的 [调试]→[模拟开始/停止]，或者再次单击工具栏中的按钮🖥。

3. 软元件存储器/缓冲存储器内容的保存

① 将 GX Simulator2 画面的执行状态置为 STOP。

② 从 GX Simulator2 画面中选择 [工具]→[备份模拟中的软元件存储器]→[保存]。如图 2-50 所示。

图 2-49　GX Simulator2

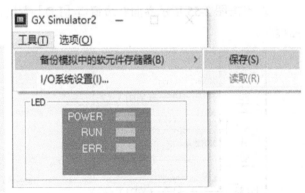

图 2-50　软元件存储器/缓冲存储器内容的保存

4. 软元件存储器/缓冲存储器内容的读取

① 将 GX Simulator2 画面的执行状态置为 STOP。

② 从 GX Simulator2 画面中选择 [工具]→[备份模拟中的软元件存储器]→[读取]。如图 2-51 所示。

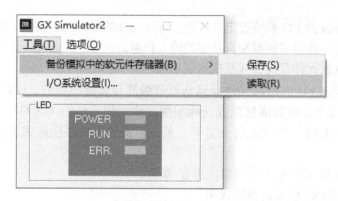

图 2-51　软元件存储器/缓冲存储器内容的读取

第九节　状态转移图的制作

用 GX Works2 制作 SFC 状态转移图，是在一个编程界面中的两个窗口中完成。例如，创建图 2-52 所示的状态转移图，需要在 GX Works2 编程界面中创建 SFC 状态转移图的状态步左框窗口和创建每步梯形图的右框窗口，其创建步骤如下。

① 启动 GX Works2 编程软件，在菜单栏的［工程］中点击［新建工程］，弹出如图 2-53 所示的"新建"界面。在该界面中依次设置所用的 PLC 系列和机型，在工程类型中设置为简单工程、程序语言中设置为 SFC。

② 在图 2-53 所示的界面中设置结束后点"确定"，便弹出如图 2-54 所示的"块信息设置"界面，在该界面的标题栏中取个 0 号模块的名称，如"S0"，在块类型中选择"梯形图块"，点击执行，便在左侧的导航栏［工程］　→［工程设置/工程部件］　→［MAIN］下生成"000.Block s0" 块信息。在右侧生成如图 2-55 所示的两个编程界面。

③ 点击图 2-55 所示界面左边窗口［LD］方框，再在右边窗口中输入初始状态转移梯形图程序。

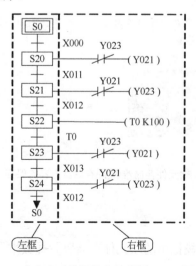

图 2-52　台车自动往返状态转移图（SFC 图）

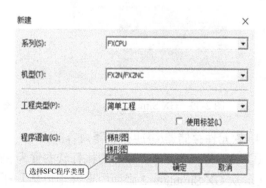

图 2-53　设置对话框

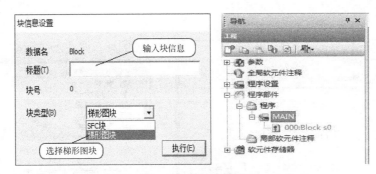

图 2-54 设置块信息

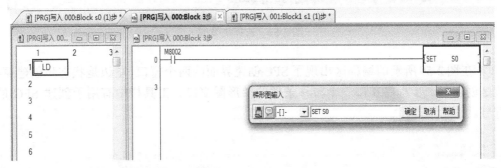

图 2-55 输入初始化

④ 将鼠标移到导航栏的工程区，右击［执行程序］下的［MAIN］，弹出如图 2-56 所示窗口，选择［新建数据］，又弹出图 2-57 所示的窗口，点击"确定"，弹出图 2-58 的块信息设置窗口，标题栏中取个一号模块的名称，如"s0"，在块类型栏中选择"SFC 块"，点击"执行"。在工程的［程序］-［MAIN］下生成了"001.Block1 s1"块信息。

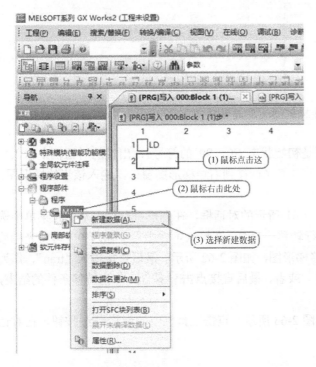

图 2-56 新建数据 1

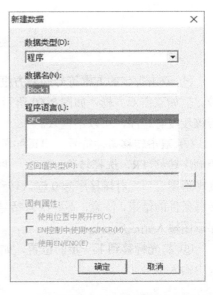

图 2-57 新建数据 2

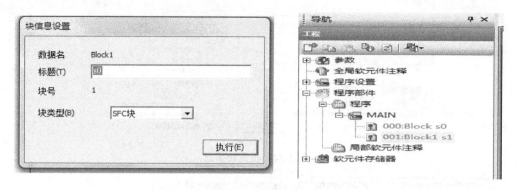

图 2-58　选择块类型

　　⑤ 在图 2-59 所示的编程区出现了 SFC 创建界面的两个窗口，左边是状态步创建窗口，右边是创建每一步程序和每一个转移条件的梯形图窗口。工具栏中有用于创建 SFC 的图形符号。

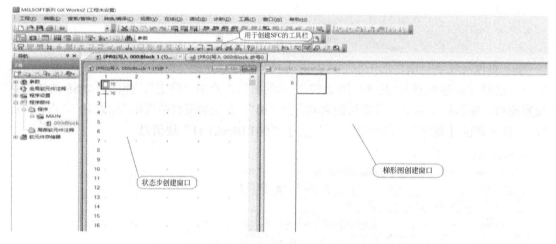

图 2-59　SFC 创建界面

　　⑥ 双击每步的方框符号（双方框是初始状态 S0～S9 的符号），出现的对话框中输入步号，例如双击双方框，如图 2-60 所示，再将光标移到右边梯形图窗口，输入该步的梯形图，若该步没有程序，可以不输入。

　　⑦ 双击转移条件符号，出现如图 2-61 所示的对话框，在图形符号栏可从下拉菜单中选择顺序转移 TR，选择转移—D/C，并行转移＝D/C，在输入条件序号中输入 0，再将光标移到梯形图窗口，对转移序号 0 输入转移梯形图，如图 2-62 所示。最后直接输入"tran"，作为转移条件的结束，注意，不要用方括号。或者，最后直接点击 button 按钮，作为转移条件的结束，梯形图输入完成后要进行转换。

　　⑧ 将光标移到下一步的位置，如图 2-63 所示，点击工具栏中的步符号 button 按钮，在对话框中输入步号。

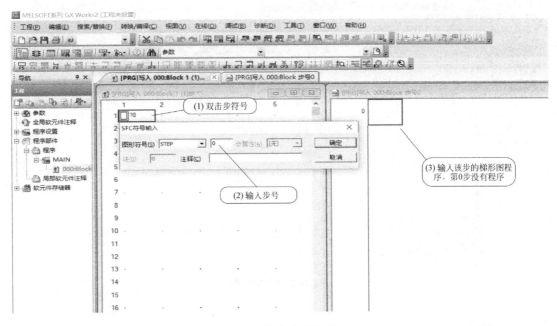

图 2-60 输入步号及程序

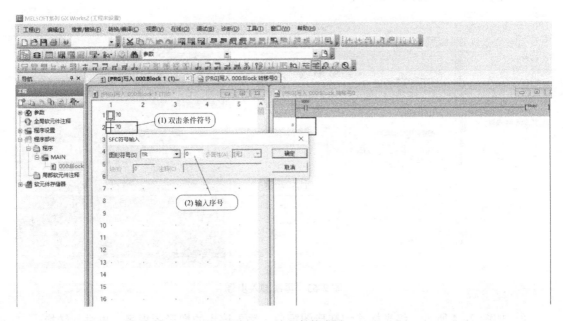

图 2-61 输入条件序号

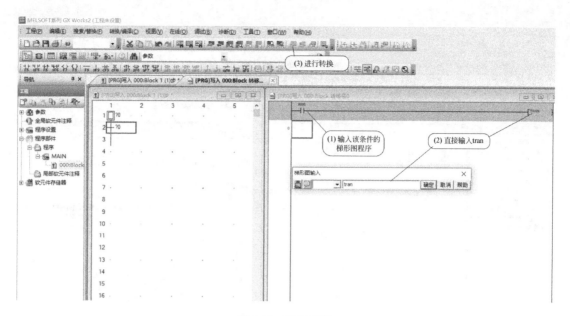

图 2-62　输入程序

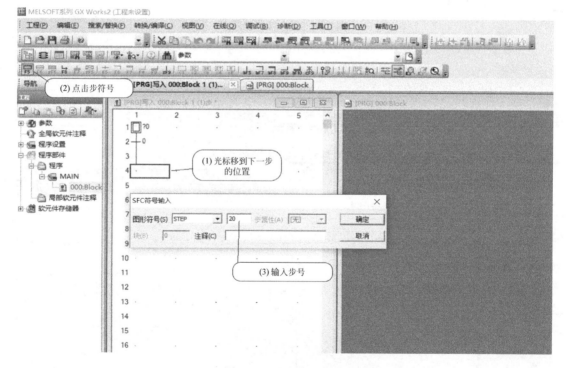

图 2-63　再次输入步号

⑨ 如图 2-64 所示，将光标移到梯形图窗口，输入该步的梯形图程序，再进行转换。

⑩ 将光标移到条件的位置，如图 2-65 所示，点击工具栏中的条件符号 按钮，在对话框中输入条件序号。

⑪ 如图 2-66 所示，将光标移到梯形图窗口，输入该条件的梯形图程序，再进行转换。

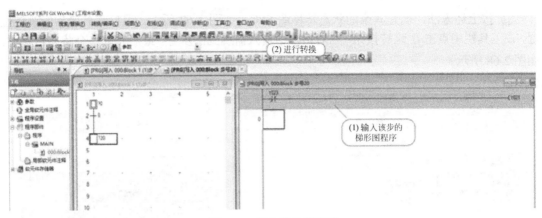

图 2-64　输入该步的程序

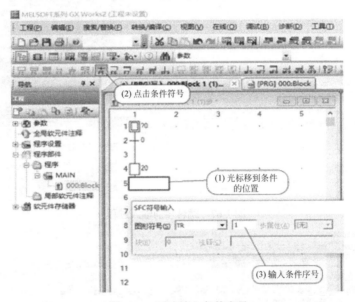

图 2-65　再次输入条件序号

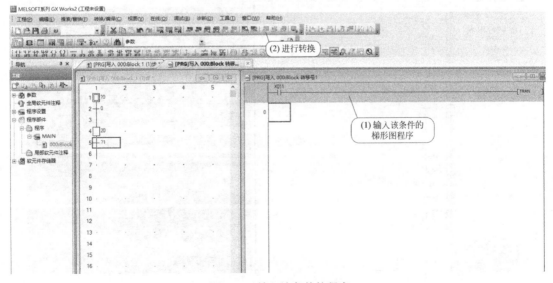

图 2-66　输入该条件的程序

⑫ 按上述方法，创建其余的状态转移图 SFC，如图 2-67 所示。鼠标移到最后的跳转位置，在工具栏中点击 ⊢F8 跳转按钮，在对话框中输入需跳到的步号，最后完成整个状态转移图，如图 2-68 所示。

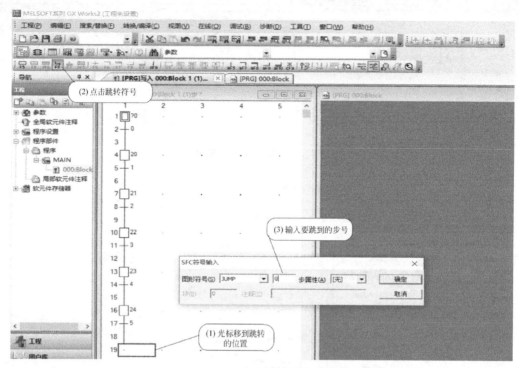

图 2-67　跳转步的输入过程

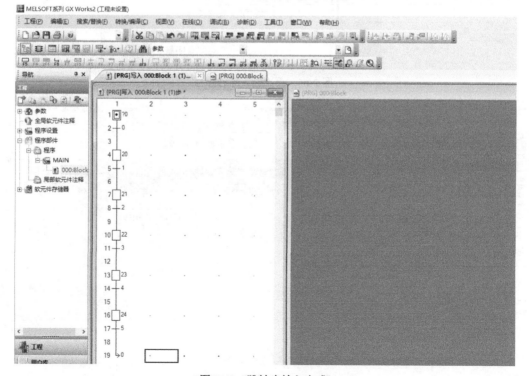

图 2-68　跳转步输入完成

⑬ SFC 转换成梯形图。单击菜单中的 [工程]→[工程类型更改]，如图 2-69 所示，出现图 2-70 的窗口，点击确定，再次点击确定如图 2-71 所示，转换完成。双击左侧工程名中的 [MAIN]，如图 2-72，显示转换后的梯形图，如图 2-73 所示。

图 2-69　更改工程类型

图 2-70　确定更改

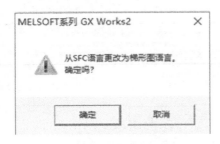

图 2-71　再次确定更改

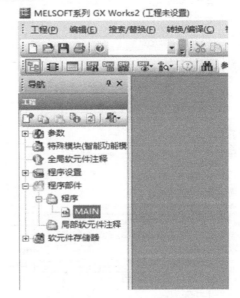

图 2-72　双击显示梯形图

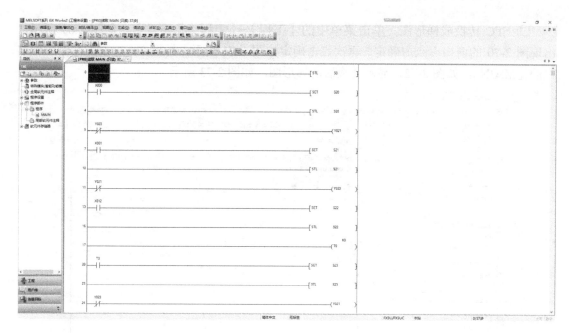

图 2-73　转换完成后的梯形图

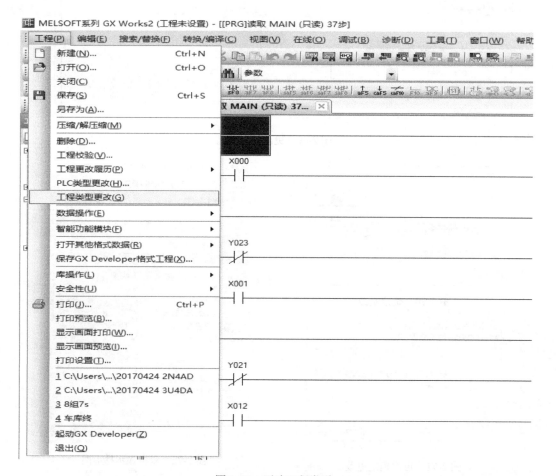

图 2-74　更改工程类型

⑭ 梯形图转换成 SFC。单击菜单中的［工程］→［工程类型更改］如图 2-74 所示，出现图 2-75 的窗口，选择更改程序语言类型，点击确定，再次点击确定如图 2-76 所示，转换完成。双击左侧工程名中的［MAIN］，如图 2-77，显示转换后的梯形图，如图 2-78 所示。

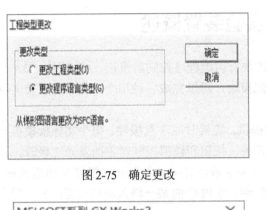

图 2-75　确定更改

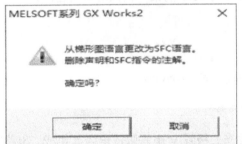

图 2-76　确定更改

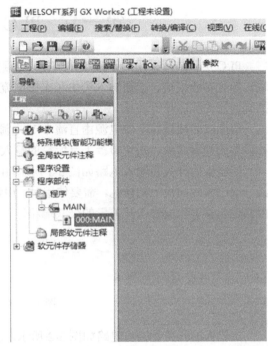

图 2-77　双击显示程序

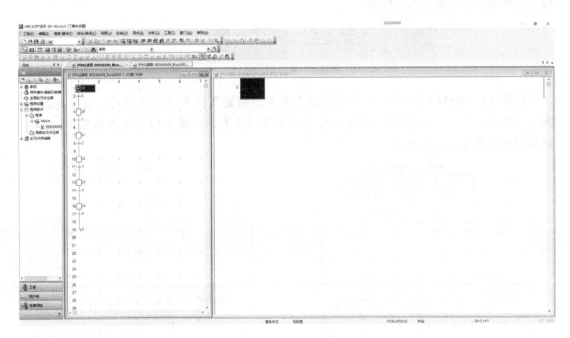

图 2-78　转换后的程序

第三章　PLC编程控制实验

第一节　PLC实验装置概述

PLC实验装置采用的是模块化结构，主要模块有可编程序控制器模块、AD模块、DA模块、数种实验模块、按钮输入模块和电压电流源模块，可以完成各种指令系统训练以及多种控制对象的程序设计训练。

每个实验板模块上的电源由直流24V电源提供，连接时应注意极性。每个实验板模拟一种典型的控制对象。在实验板上有所需的输入开关、按钮和模拟控制对象的发光二极管。

实验板的开关量输入电路如图3-1所示，由开关S或者开关S与发光二极管V串联构成，其一端已引到面板上的插孔，需要使用时，用连接线与PLC的某一输入端口相连；另一端在内部已与该实验板输入开关量的公共端相连。

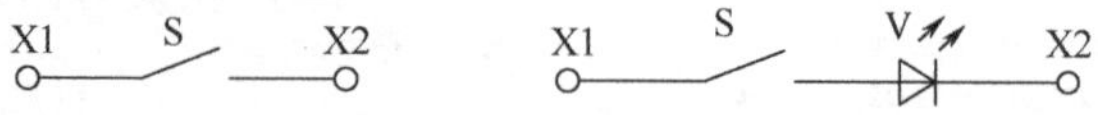

| X1 | S | X2 | | X1 | S | V | X2 |

    (a) 输入单元由S构成　　　　　　　(b) 输入单元由S和V构成

图3-1　输入单元电路

实验板的开关量输出电路如图3-2所示，由发光二极管V串联限流电阻R组成。电路的一端已引到面板上的插孔，可用连接线与PLC主机的某一输出端口相连；另一端在内部已与该实验板输出接点的公共端相联。

X1　R　V　X2

图3-2　输出单元电路

三菱FX$_{3U}$-48MT-ES可编程控制器输入部分自带漏型和源型两种形式，可任意选择。漏型和源型在输入信号连接时，接线方式不同，如图3-3所示和图3-4所示。本章以三菱FX$_{3U}$-48MT-ES源型输入方式为例进行应用。

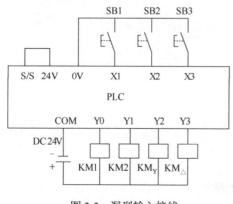

图3-3　漏型输入接线

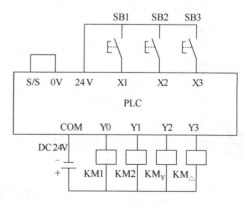

图3-4　源型输入接线

第二节　天塔之光控制

一、实验目的

① 掌握 PLC 编程的基本方法。

② 掌握 GX Works2 编程软件的基本操作。

③ 用 PLC 构成灯光闪烁控制系统。

二、实验设备

① 主机模块；

② 电源模板；

③ 天塔之光实验板，见图 3-5；

④ 开关、按钮板；

⑤ 连接导线一套。

三、实验内容

① 隔灯闪烁：L1、L3、L5、L7、L9 亮，1s 后灭，接着 L2、L4、L6、L8 亮，1s 后灭，再接着 L1、L3、L5、L7、L9 亮，1s 后灭，如此循环下去。设计程序，并上机调试运行。

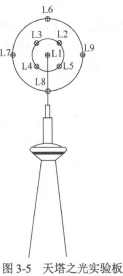

图 3-5　天塔之光实验板

② 隔两灯闪烁：L1、L4、L7 亮，1s 后灭，接着 L2、L5、L8 亮，1s 后灭，接着 L3、L6、L9 亮，1s 后灭，接着 L1、L4、L7 亮，1s 后灭……如此循环，设计程序，并上机调试运行。

③ 发射型闪烁：L1 亮 1s 后灭，接着 L2、L3、L4、L5 亮 1s 后灭，接着 L6、L7、L8、L9 亮 1s 后灭，接着 L1 亮 1s 后灭……如此循环，设计程序，并上机调试运行。

四、I/O 分配及系统连接

采用三菱 FX3U-48MT 编程控制器，根据系统控制要求，PLC 的 I/O 分配如表 3-1 所示，其控制系统接线图如图 3-6 所示。

表 3-1　PLC 的 I/O 分配表

输　入		输　出					
启动按钮 SB1	X000	L1	Y000	L4	Y003	L7	Y006
停止按钮 SB2	X001	L2	Y001	L5	Y004	L8	Y007
		L3	Y002	L6	Y005	L9	Y010

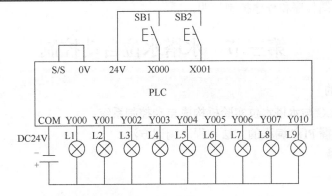

图 3-6　天塔之光 PLC 控制的 I/O 系统接线图

五、实验指导

① 输入开关和输出模拟元件实验板上均有，根据表 3-1 PLC 的 I/O 分配表与主机输入、输出端口进行相应连接。

② 将电源模板上的 24V 直流电源引到实验板上的 24V 直流电源端。

③ 将 PLC 输入端自带电源的 0V 端与 S/S 相连，+24V 端与开关量的公共端相连。PLC 输出端口的 COM 与外部电源的 0V 端相连。

④ 按要求编写程序并输入程序，实验内容①的梯形图如图 3-7，其余实验内容自己练习编写。

⑤ 运行并调试程序。

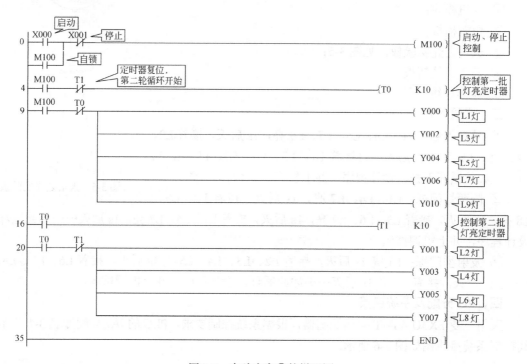

图 3-7　实验内容①的梯形图

六、实验报告

① 画出 PLC I/O 分配表和系统接线图；

② 写出实验内容的每个控制要求及对应的 PLC 程序；

③ 调试梯形图程序和程序控制说明。

第三节　水塔水位自动控制

一、实验目的

① 学习用 PLC 与水塔水位实验板构成自动控制系统。

② 进一步掌握 PLC 编程的方法和程序调试方法。

二、实验设备

① 主机模块；

② 电源模块；

③ 水塔水位自动控制实验板，如图 3-8；

④ 开关、按钮板；

⑤ 连接导线一套。

三、实验内容

① 当水池水位低于水池低水位界时（S4 为 ON），电磁阀 Y 启动进水；当水位高于水池高水位界时（S3 为 ON，否则为 OFF），电磁阀 Y 关闭。当水池中水位高于水池低水位界时（S4 为 OFF），且水塔水位低于水塔低水位界时（S2 为 ON），电机 M 启动，开始抽水。当水塔水位高于水塔高水位界时（S1 为 ON），电机 M 停止。

② 当水池水位低于水池低水位界时（S4 为 ON），电磁阀 Y 启动进水（Y 为 ON），定时器开始定时 2s，2s 以后，如果 S4 还为 ON，那么电磁阀 Y 指示灯 L1 闪烁，表示电磁阀 Y 没有启动

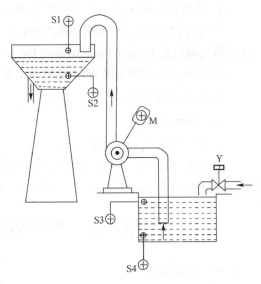

图 3-8　水塔水位自动控制实验板

进水，出现故障；当水池水位高于水池高水位界时（S3 为 ON），电磁阀 Y 关闭（Y 为 OFF）。当 S4 为 OFF 时，且水塔水位低于水塔低水位界时（S2 为 ON），启动电机 M 抽水；当水塔水位高于水塔高水位界（S1 为 ON）时，电机 M 停止。根据上述控制要求编写带自诊断的水塔水位自动控制程序，并上机调试运行。

四、I/O 分配及系统连接

根据系统控制要求，PLC 的 I/O 分配如表 3-2 所示，其系统接线图如图 3-9 所示。

表 3-2　PLC 的 I/O 分配表

输　入				输　出	
水塔水位 S1	X001	水池水位 S4	X004	电磁阀 Y	Y000
水塔水位 S2	X002	启动按钮 SB1	X005	电动机 M	Y001
水塔水位 S3	X003	停止按钮 SB2	X006		

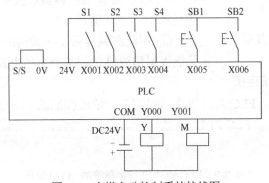

图 3-9　水塔自动控制系统接线图

五、实验指导

① 输入开关和输出模拟元件实验板上均有，根据表 3-2 PLC 的 I/O 分配表与 PLC 的输入、输出端口进行相应连接。

② 将电源模板上的 24V 直流电源引到实验板上的 24V 直流电源端。

③ 将 PLC 输入端自带的电源的 0V 端与 S/S 相连，+24V 端与外部开关量的公共端相连。PLC 输出端口的 COM 与外部电源的 0V 端相连。

④ 按要求在电脑 GX Works2 软件上编写程序并输入程序到 PLC 中。

⑤ 运行并调试程序，直至满足实验内容要求为止。

六、实验报告

① 写出实验内容的控制要求；

② 画出 PLC 的 I/O 分配表和水塔自动控制系统接线图；

③ 打印出经调试正确的梯形图程序和程序控制说明。

第四节　数码管数字循环点亮的控制

一、实验目的

① 了解八段数码管和 BCD 数码管的显示方式。

② 掌握用 PLC 控制数码管显示。

二、实验设备

① 主机模块；

② 八段数码管或 BCD 数码管数字显示实验板，如图 3-10；八段数码管要用 SEGD 指令驱动，BCD 数码管要用 BCD 或 MOV 指令驱动。

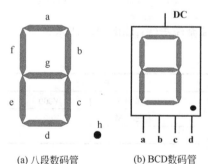

(a) 八段数码管　　(b) BCD数码管

图 3-10　两种数码管显示

③ 开关、按钮板；

④ 电源模板；

⑤ 连接导线一套。

三、实验内容

① 编程控制一个数码管循环显示数字 0, 1, 2, 3, …9，每个数字显示 1s，如此循环。

② 编程控制一个数码管显示数字 0，1，3，5，7，9，每个数字显示 1s，再显示数字 2，4，6，8，每个数字显示 1s，如此循环。

③ 用状态编程将①和②构成一个选择性分支程序，并能根据需要跳转到某个循环中显示。

四、I/O 分配及系统连接

根据系统控制要求，PLC 对八段数码管的 7 个笔段控制的 I/O 分配如表 3-3 所示，其系统接线图如图 3-11 所示。PLC 对 BCD 数码管的 4 位控制的 I/O 分配如表 3-4 所示，其系统接线图如图 3-12 所示。

表 3-3　PLC 驱动 7 段数码管的 I/O 分配表

输　入		输　　出					
启动 SB1	X000	a	Y001	d	Y004	g	Y007
停止 SB2	X001	b	Y002	e	Y005		
		c	Y003	f	Y006		

表 3-4　PLC 驱动 BCD 数码管的 I/O 分配表

输　入		a	Y001	c	Y003
启动 SB1	X000	a	Y001	c	Y003
停止 SB2	X001	b	Y002	d	Y004

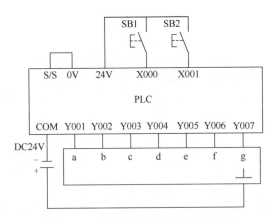

图 3-11　7 段数码管的控制系统接线图

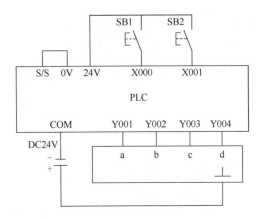

图 3-12　BCD 数码管的控制系统接线图

五、实验指导

七段数码管是根据信号选择驱动不同的发光 LED 笔段来显示数字 0～9 和字母,如图 3-13 所示。要显示数字 0～9 中的不同数字,就必须根据需要点亮七段数码管中相应的 LED 笔段,因此,除小数点外,a～f 七个笔段都分配了相应的输出点,如表 3-3 所示。

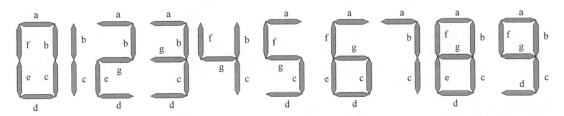

图 3-13　七段数字显示示意图

由于数码管的每一段不为某一个数字专用,在显示 0～9 时可能多次被使用,如图 3-11 所示。因此,若初学者采用基本指令编程时,应注意容易出现多线圈输出的问题,控制不同段的输出继电器,在程序中只能出现一次;若在程序中采用应用指令 SEGD、BCD、MOV 驱动七段数码管,就可避免出现多线圈输出的问题。

① 输入开关和输出模拟元件实验板上均有,根据 PLC 的 I/O 分配表 3-3 或表 3-4 与 PLC 输入、输出端口进行相应连接。

② 将电源模板上的 24V 直流电源引到实验板上的 24V 直流电源端。

③ 将 PLC 输入端自带的电源的 0V 端与 S/S 相连,+24V 端与外部开关量的公共端相连,PLC 输出端口的 COM 与外部电源的 0V 端相连。

④ 按实验内容要求编写好程序并输入 PLC。

⑤ 运行并调试程序。

六、实验报告

① 写出控制要求；

② 画出 PLC I/O 分配表和控制系统接线图；

③ 打印出经调试正确的梯形图程序和程序控制说明。

工程实践篇

第四章　电动机的 PLC 控制实践

第一节　电机的正反转、Y/△ 启动和往复运动控制

一、实训目的

掌握用 PLC 控制电动机正反转、Y/△ 启动和往复运动的方法。

二、实训设备

① 三相绕线式异步电机 1 台；

② PLC 主机 1 台；

③ 开关、按钮板；

④ 低压控制盘上有关电器：三相电源开关 QS1；熔断器 FU1；接触器 KM1、KM2、KM3、KM4；热继电器 FR；大功率电阻 R_1、R_2、R_3 等；

⑤ 电工工具及导线。

三、实训要求

（1）控制电机正、反转

按下启动按钮 SB1，KM1 得电，电机正转；按下启动按钮 SB2，KM2 得电，电机反转；按下停止按钮 SB3，电机停转；电机正、反转之间要有互锁。

（2）电机 Y/△ 启动

按下启动按钮 SB1，KM1、KM_Y 接通，电动机 Y 启动。3s 后 KM_Y 断开，$KM_\triangle$ 接通，切换到 △ 运行。按下停止按钮 SB2，电机停止运行。

（3）往复控制

按下启动按钮，电动机启动后，正转运行 5s，然后再反转运行 5s，如此循环下去。当按下停止按钮，电动机停止运行。

四、系统接线及 I/O 分配

采用三菱 FX$_{3U}$-48MT 可编程控制器，输入部分以源型接线方式连接。根据系统控制要求，PLC 的 I/O 分配如表 4-1 所示，其系统接线图如图 4-1 所示。

表 4-1　PLC 的 I/O 分配表

输　　入		输　　出	
SB1（正向启动）	X001	正转接触器 KM1	Y000
SB2（反向启动）	X002	反转接触器 KM2	Y001
SB3（停止）	X003	星形接触器 KM_Y	Y002
		三角形接触器 $KM_\triangle$	Y003

五、实训指导

1. 系统接线

① 检查各电器元件的质量情况，了解其使用方法。

② 按主电路电气原理图接线，如图 4-1（a）。

③ 按 PLC 的控制系统接线图接线，如图 4-1（b）。

④ 检查线路，确认无误后才能进行调试。

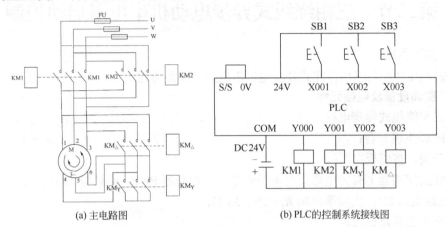

（a）主电路图　　　　　　　　　　　　　（b）PLC 的控制系统接线图

图 4-1　电机正反转、Y/△启动和往复运动主电路与 PLC 控制系统接线图

2. 程序设计

按实训要求在电脑的 GX Works2 环境下编写程序并输入 PLC，实训要求（1）的梯形图如图 4-2，其余实训要求请自己练习编写。

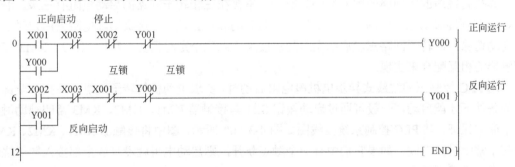

图 4-2　实训要求（1）的梯形图程序

3. 调试

（1）程序调试

主电路不接通，即电源开关 QS1 不闭合，先进行 PLC 运行调试。分别操作启动按钮 SB1 和停止按钮 SB2，观察 PLC 的各个软元件是否正常工作，各软元件是否按控制要求动作，并通过计算机监控，观察其是否与指示一致，否则，检查并修改程序，直至正确。

（2）系统调试

闭合电源开关 QS1，接通主电路，并运行 PLC 系统，进行系统调试。分别操作启动按钮 SB1 和停止按钮 SB2，观察电动机的启动过程和停止情况是否正常。

六、实训报告及思考题

① 写出实训控制要求；

② 画出控制主电路和 PLC 的控制系统接线图；

③ 打印出调试正确的梯形图和程序控制说明。

④ 比较 PLC 控制和继电-接触器控制的不同，各有什么特点？

⑤ 叙述在实验中出现的故障，你是如何分析原因并排除的？

第二节　三相绕线式异步电动机串电阻启动控制

一、实训目的
掌握用 PLC 控制三相绕线式异步电机串电阻启动的方法。

二、实训设备及电器元件
① 三相绕线式异步电机一台；

② PLC 主机一台；

③ 开关、按钮板；

④ 低压控制盘上有关电器：电源开关 QS1；熔断器 FU1；接触器 KM1、KM2、KM3、KM4；热继电器 FR；大功率电阻 R_1、R_2、R_3 等；

⑤ 电工工具及导线。

三、实训要求
三相绕线式异步电动机串电阻启动的原理是在绕线式异步电动机的转子回路中串入三相对称电阻，以达到减小启动电流、增大转矩的目的，随着电动机转速的升高，逐级切除电阻，电阻全部切除后，转子绕组被直接短接，电动机进入正常运行。

其控制线路的主回路如图 4-3（a）所示，串接在三相转子回路的启动电阻有三级。利用 PLC 来控制逐级切除电阻的过程，实现串电阻启动和停止控制。逐级切除电阻采用定时器控制自动切除，即转子回路三段启动电阻的短接是依靠三个定时器及 KM1、KM2、KM3 三个接触器的相互配合来实现。

用 PLC 控制三相绕线式异步电机串电阻启动时，要求电动机的转子绕组中应接入全部电阻的条件下才能启动，一般可通过启动按钮 SB1 与接触器 KM1、KM2、KM3 常闭辅助触点的串联来保证，其 PLC 控制系统接线图如图 4-3（b）所示，图中将接触器 KM1、KM2、KM3 的三个常闭触点串联，如果它们中有一个触点断开，则启动电阻就没有被全部接入转子绕组中，电动机就不能启动。

四、系统接线及 I/O 分配
采用三菱 FX$_{3U}$-48MT 可编程控制器，输入部分以源型接线方式连接。根据系统控制要求，PLC 的 I/O 分配如表 4-2 所示。

表 4-2　PLC 的 I/O 分配表

输　入		输　出	
启动按钮 SB1	X001	第一级接触器　KM1	Y001
停止按钮 SB2	X002	第二级接触器　KM2	Y002
热继电器 FR	X003	第三级接触器　KM3	Y003
		定子电源接触器 KM4	Y004

五、实训指导
1. 系统接线

① 检查各电器元件的质量情况，了解其使用方法。

② 按主电路电气原理图接线，如图 4-3（a）。

③ 按 PLC 的控制系统接线图接线，如图 4-3（b）。

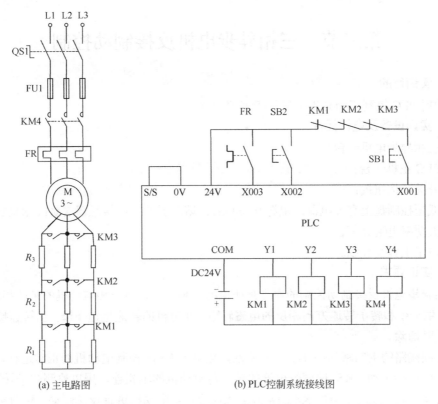

(a) 主电路图　　　　　　(b) PLC控制系统接线图

图 4-3　三相绕线式异步电动机串电阻启动的主电路和 PLC 控制系统接线图

④ 检查线路，确认无误后才能进行调试。

2. 程序设计

根据控制要求和 PLC 的 I/O 分配，在电脑的 GX works2 环境下设计梯形图程序。

3. 调试

（1）程序调试

主电路不接通，即电源开关 QS1 不闭合，先进行 PLC 运行调试。分别操作启动按钮 SB1 和停止按钮 SB2，观察 PLC 的各个软元件是否正常工作，各软元件是否按控制要求动作，并通过计算机监控，观察其是否与指示一致，否则，检查并修改程序，直至正确。

（2）系统调试

闭合 QS1，接通主电路，并运行 PLC 系统，进行系统调试。分别操作启动按钮 SB1 和停止按钮 SB2，观察电动机的启动过程和停止情况是否正常。

六、实训报告及思考题

① 写出实训控制要求；

② 画出三相绕线式异步电动机串电阻启动的主电路和 PLC 控制系统接线图。

③ 打印出调试正确的梯形图和程序控制说明。

④ 比较 PLC 控制和继电-接触器串电阻启动控制的不同，各有什么特点？

⑤ 设计一个串两级电阻启动的控制线路及程序。

⑥ 叙述在实验中出现的故障，你是如何分析原因并排除的？

第三节　三相异步电机反接制动控制

一、实训目的

掌握用 PLC 控制三相异步电机反接制动的方法。

二、实训设备及电器元件

① 三相异步电机一台；

② PLC 主机一台；

③ 开关、按钮板；

④ 低压控制盘上有关电器：电源开关 QS1；熔断器 FU1；接触器 KM1、KM2；热继电器 FR；大功率电阻 R 等；

⑤ 电工工具及导线。

三、实训要求

三相异步电机反接制动控制的原理是在电动机制动时，将三相电动机的某两相电源相序对调，产生一个和转子转速方向相反的电磁转矩，使电机的转速迅速下降，当转速接近零时，将电源及时切除。

其控制线路的主回路如图 4-4（a）所示，接触器 KM1 控制电动机的正常运行，KM2 控制电动机的反接制动，KS 速度继电器的转子与电动机的轴相连，用以检测转子转速。当电动机正常运行时，速度继电器 KS 的常开触点闭合，当电动机进行反接制动，转速接近零时，速度继电器 KS 的常开触点由闭合而断开，切断接触器 KM2 的线圈电路，从而切断三相反接电源。

要求用 PLC 控制三相异步电机反接制动，利用 PLC 来实现控制回路，实现反接制动停止控制。要求电机正常运行和反接制动之间要有联锁。

四、系统接线及 I/O 分配

根据系统控制要求，PLC 的 I/O 分配如表 4-3 所示，其 PLC 控制系统接线图如图 4-4 所示，输入部分以源型接线方式连接。

表 4-3　PLC 的 I/O 分配表

输　入		输　出	
启动按钮 SB1	X001	运行接触器 KM1	Y001
停止按钮 SB2	X002	反接制动接触器 KM2	Y002
热继电器 FR	X003		
速度继电器 KS	X004		

五、实训指导

1. 系统接线

① 检查各电器元件的质量情况，了解其使用方法。

② 按主电路电气原理图接线，如图 4-4（a）。

③ 按 PLC 的控制系统接线图接线，如图 4-4（b）。

④ 检查线路，确认无误后才能进行调试。

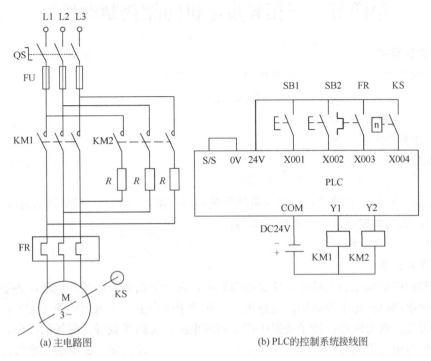

(a) 主电路图　　　　　　　　(b) PLC的控制系统接线图

图 4-4　三相异步电机反接制动的主电路与 PLC 控制系统接线图

2. 程序设计

根据控制要求和 PLC 的 I/O 分配，在电脑的 GX works2 环境下设计梯形图程序。

3. 调试

（1）程序调试

主电路不接通，即电源开关 QS 不闭合，进行 PLC 运行调试，速度继电器 KS 的触点可用其他开关模拟，分别操作启动按钮 SB1 和停止按钮 SB2，观察 PLC 的各个软元件是否正常工作，各软元件是否按控制要求动作，并通过计算机监控，观察其是否与指示一致，否则，检查并修改程序，直至正确。

（2）系统调试

闭合 QS，接通主电路，并运行 PLC 系统，进行系统调试。分别操作启动按钮 SB1 和停止按钮 SB2，观察电动机的启动和停止过程是否正常。

六、实训报告及思考题

① 写出控制要求；

② 画出 PLC 控制三相异步电动机反接制动的主电路和系统接线图。

③ 打印出调试正确的梯形图和程序控制说明。

④ 比较 PLC 控制和继电-接触器反接制动控制的不同，各有什么特点？

⑤ 如需在 PLC 的 I/O 接线图中增加电机正常运行和反接制动之间的电气联锁，应如何修改？

⑥ 叙述在实验中出现的故障，你是如何分析原因并排除的？

第四节 三相异步电机的能耗制动控制

一、实训目的

① 掌握用 PLC 控制三相异步电机能耗制动的方法。

② 进一步掌握电路的故障分析与排除方法。

二、实训设备及电气元件

① 三相异步电机一台；

② PLC 主机一台；

③ 开关、按钮板；

④ 低压控制盘上有关电器：三相电源开关 QS1；熔断器 FU1；接触器 KM1、KM2；热继电器 FR；大功率整流二极管和电阻 R 等；

⑤ 电工工具及导线。

三、实训要求

能耗制动的原理是当电动机切断交流电源后，转子仍沿原方向惯性运转，为了实现快速制动，可向电动机的定子绕组输入直流电能，在定子中产生一个恒定的静止磁场，使惯性运转的转子因切割磁力线而在转子绕组中产生感应电流，又因受到静止磁场的作用，产生电磁转矩，正好与电动机的转向相反，使电动机受制动迅速停转。图 4-5 中的二极管 VD 是用来进行半波整流产生直流电源，在能耗制动时，输入定子中产生一个恒定的静止磁场。

其控制线路的主回路如图 4-5（a）所示，接触器 KM1 控制电动机的正常运行，KM2 控制输入电动机直流电源，实现能耗制动。要求使用 PLC 构成一个控制三相异步电机实现能耗制动的控制回路，实现能耗制动快速停止。要求电机正常运行和能耗制动之间要有联锁。

四、系统接线及 I/O 分配

根据实训要求，PLC 的 I/O 分配如表 4-4 所示，其 PLC 控制系统接线图如图 4-5 所示，输入部分以源型接线方式连接。

表 4-4 PLC 的 I/O 分配表

输	入	输	出
启动按钮 SB1	X001	运行接触器 KM1	Y001
停止按钮 SB2	X002	能耗制动接触器 KM2	Y002
热继电器 FR	X003		

五、实训指导

1. 系统接线

① 检查各电器元件的质量情况，了解其使用方法；

② 按主电路电气原理图接线，如图 4-5（a）；

③ 按 PLC 的控制系统接线图接线，如图 4-5（b）；

④ 检查线路，确认无误后才能进行调试。

2. 程序设计

根据控制要求和 PLC 的 I/O 分配，在电脑的 GX Works2 环境下设计梯形图程序。

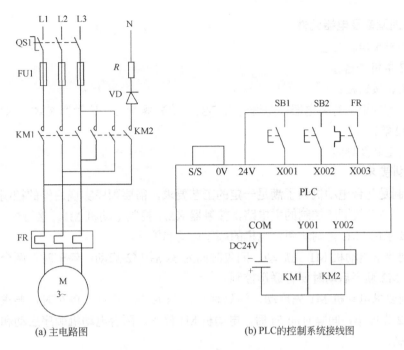

(a) 主电路图　　　　　　　　(b) PLC的控制系统接线图

图 4-5　三相异步电机能耗制动的主电路和 PLC 控制系统图

3. 调试

（1）程序调试

主电路不接通，即开关 QS1 不闭合，进行 PLC 运行调试，分别操作启动按钮 SB1 和停止按钮 SB2，观察 PLC 的各个软元件是否正常工作，各软元件是否按控制要求动作，并通过计算机监控，观察其是否与指示一致，否则，检查并修改程序，直至正确。

（2）系统调试

闭合开关 QS1，接通主电路，并运行 PLC 系统，进行系统调试。分别操作启动按钮 SB1 和停止按钮 SB2，观察电动机的启动和能耗制动停止过程是否正常。

六、实训报告及思考题

① 写出控制要求；

② 画出 PLC 控制三相异步电动机能耗制动的主电路和系统接线图。

③ 打印出调试正确的梯形图和程序控制说明。

④ 比较 PLC 能耗制动控制和继电-接触器能耗制动控制的不同，各有什么特点？

⑤ 如需在 PLC 的控制系统接线图中增加电机正常运行和能耗制动之间的电气联锁，应如何修改？画出修改后的系统接线图。

⑥ 叙述在实验中出现的故障，你是如何分析原因并排除的？

第五节　三相异步电机自动顺序控制

一、实训目的

① 掌握用 PLC 控制三相异步电机顺序启动和停止的方法。

② 进一步掌握电路的故障分析与排除方法。

二、实训设备及电器元件

① 三相异步电机二台；

② PLC 主机一台；

③ 开关、按钮板；

④ 低压控制柜上有关电器：电源开关 QS1；熔断器 FU1；接触器 KM1、KM2；热继电器 FR1、FR2 等；

⑤ 电工工具及导线。

三、实训要求

顺序控制是几台电动机为了满足一定的工艺要求，需要顺序实现启停的控制。图 4-6 是两台三相异步电动机顺序控制的主电路，接触器 KM1 控制电动机 M1，接触器 KM2 控制电动机 M2，要求用 PLC 控制这两台电机的顺序启动和停止。

① 控制要求电动机 M1 先启动，间隔时间为 3s 后 M2 启动；停车时，两台电动机同时停止。M1、M2 顺序启动时要有联锁控制。

② 控制要求电动机 M1 先启动，间隔时间为 3s 后 M2 启动；停车时，要求逆序停止，即电动机 M2 先停车，间隔时间 5s 后，电动机 M1 停车。两台电动机顺序启动和逆序停止时要有联锁控制。

四、系统接线及 I/O 分配

根据实训控制要求，PLC 的 I/O 分配如表 4-5 所示，其 PLC 的控制系统接线图如图 4-6 所示，输入部分以源型接线方式连接。

表 4-5　PLC 的 I/O 分配表

输　　入		输　　出	
启动按钮 SB1	X001	电机 M1 接触器 KM1	Y001
停止按钮 SB2	X002	电机 M2 接触器 KM2	Y002
M1 热继电器 FR1	X003		
M2 热继电器 FR2	X004		

五、实训指导

1. 系统接线

① 检查各电器元件的质量情况，了解其使用方法。

② 按主电路电气原理图接线，如图 4-6（a）。

③ 按 PLC 的控制系统接线图接线，如图 4-6（b）。

④ 检查线路，确认无误后才能进行调试。

2. 程序设计

根据控制要求和 PLC 的 I/O 分配，在电脑的 GX Works2 环境下设计梯形图程序。

3. 调试

（1）程序调试

主电路不接通，即开关 QS1 不闭合，进行 PLC 运行调试，分别操作启动按钮 SB1 和停止按钮 SB2，观察 PLC 的各个软元件是否正常工作，各软元件是否按控制要求动作，并通过计算机监控，观察其是否与指示一致，否则，检查并修改程序，直至正确。

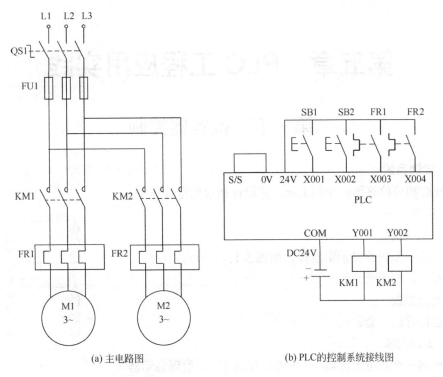

(a) 主电路图　　　　　　　(b) PLC的控制系统接线图

图 4-6　三相异步电机顺序运行主电路和 PLC 控制系统接线图

（2）系统调试

闭合 QS1，接通主电路，并运行 PLC 系统，进行系统调试。分别操作启动按钮 SB1 和停止按钮 SB2，观察电动机的启动过程和停止过程是否满足控制要求。

六、实训报告及思考题

① 写出控制要求；

② 画出 PLC 控制三相异步电动机的主电路和系统接线图。

③ 打印出调试正确的梯形图和程序控制说明。

④ 比较 PLC 顺序控制和继电-接触器顺序控制的不同，各有什么特点？

⑤ 如需在 PLC 的控制系统接线图中增加顺序控制之间的电气联锁，应如何修改？并画出接线电路。

⑥ 叙述在实验中出现的故障，你是如何分析原因并排除的？

第五章 PLC工程应用实践

第一节 抢答器控制

一、实训目的
用 PLC 构成抢答器的控制系统，并设计相应的抢答程序。

二、实训设备
① 主机模块；
② 八段码数码管显示实验板，如图 5-1；
③ 开关、按钮板；
④ 电源模板；
⑤ 连接导线一套。

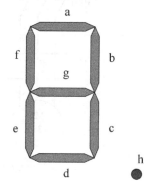

图 5-1 八段码显示

三、实训内容
① 控制一个四组抢答器，任一组抢先按下后，数码显示器能及时显示该组的编号，同时锁住其他抢答器，使其他组按下无效。抢答器应有复位开关，复位后可重新抢答。
② 完成五组抢答器的控制程序，控制要求同四组抢答器。
③ 完成满足以下控制要求的程序设计，调试并运行程序。

显示在一段时间 t 内已按过的按键的最大号数，即在时间 t 内，键按下后，PLC 自动判断其键号大于还是小于前面按下的键号。若大于，则显示此时按下的键号；若小于，则原键号不变。如果键按下的时间与复位的时间相差超过时间 t，则不管键号为多少，皆无效。复位键按下后，重新开始，显示器显示无效。

四、I/O 分配及系统连接

根据系统控制要求，以三菱 FX_{3U}-48MT 为例，输入部分以源型接线方式连接。PLC 对八段数码管的 7 段 LED 的 I/O 分配如表 5-1 所示，其 PLC 的四组抢答控制系统接线图如图 5-2 所示。若采用 BCD 数码管，PLC 对 BCD 数码管的 I/O 分配如表 5-2 所示，其 PLC 的四组抢答控制系统接线图如图 5-3 所示。

表 5-1 PLC 对 7 段 LED 的 I/O 分配表

输　入		输　　出			
第 1 组按钮 SB1	X001	a	Y001	f	Y006
第 2 组按钮 SB2	X002	b	Y002	g	Y007
第 3 组按钮 SB3	X003	c	Y003		
第 4 组按钮 SB4	X004	d	Y004		
复位按钮	X005	e	Y005		

表 5-2 PLC 对 BCD 数码管的 I/O 分配表

输 入				输 出		
第 1 组按钮 SB1	X001	第 4 组按钮 SB4	X004	a	Y001	c	Y003
第 2 组按钮 SB2	X002	复位按钮	X005	b	Y002	d	Y004
第 3 组按钮 SB3	X003					

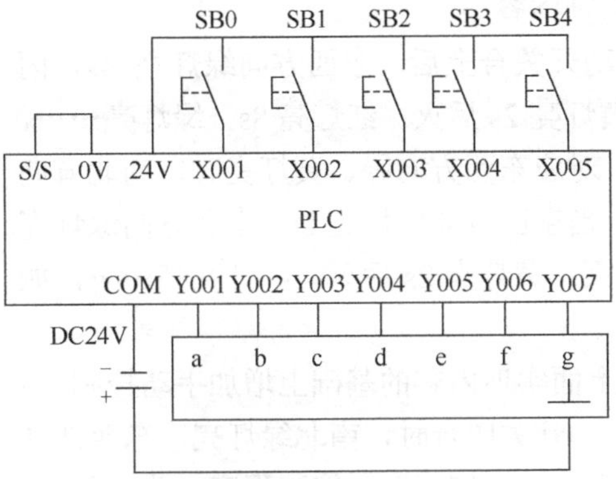

图 5-2 PLC 对八段数码管的 7 段 LED 控制接线图 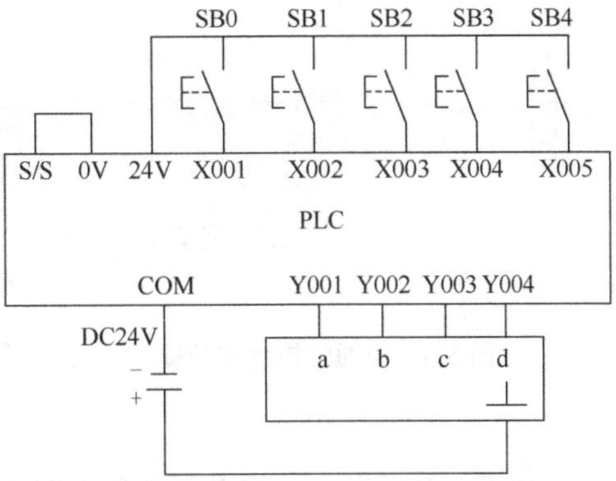　　图 5-3 PLC 对 BCD 数码管的控制接线图

五、实训指导

七段数码管是由七段发光二极管 LED 有选择地组合显示数字 0~9 和字母，如图 5-1 所示。要显示数字 0~9 中的不同数字，就必须根据需要点亮七段数码管中相应的段，因此，除小数点外，a~f 都分配了相应的输出点，如表 5-1 所示。

由于数码管的每一段不为某一个数字专用，在显示 0~9 时可能多次被使用，因此，初学者在基本指令编程时很容易出现多线圈输出的问题。控制不同段的输出继电器，在程序中只能出现一次。

① 根据 PLC 的 I/O 分配表 5-1 或表 5-2，按图 5-2 或图 5-3 将 PLC 主机输入口与各按钮连接，输出端口与数码管进行相应连接。

② 将电源模板上的 24V 直流电源引到实验板上的 24V 直流电源端。

③ 将 PLC 输入端自带的电源的 0V 端与 S/S 相连，+24V 端与外部开关量的公共端相连。PLC 输出端口的 COM 与外部电源的 0V 端相连。

④ 按要求在电脑的 GX Works2 环境下编写程序并输入 PLC。

⑤ 运行 PLC 并调试程序。

六、实训报告

① 写出控制要求；

② 画出 PLC 的 I/O 分配表和 PLC 的控制接线图；

③ 打印出调试正确的抢答器梯形图程序，并对程序控制进行说明。

第二节 交通信号灯控制

一、实训目的

用 PLC 构成交通信号灯控制系统。

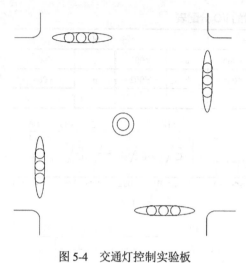

图 5-4　交通灯控制实验板

二、实训设备

① 主机模块；

② 交通灯控制实验板，如图 5-4；

③ 电源模板；

④ 连接导线一套。

三、实训内容

① 自动开关合上后，东西方向绿灯亮 4s，闪 2s 后灭；黄灯亮 2s 后灭；红灯亮 8s；绿灯亮……，如此循环。对应东西方向绿、黄灯亮时，南北方向红灯亮 8s。当东西方向红灯亮 8s，南北方向绿灯亮 4s 后闪 2s 灭；黄灯亮 2s 后灭，红灯又亮……，如此循环。

② 在上面实训内容的基础上增加手动控制。不管何时，手动开关闭合时，南北绿灯亮，东西红灯亮。当手动开关断开，自动开关闭合时，东西绿灯亮，南北红灯亮。编制程序，并输入 PLC 进行调试运行。

四、I/O 分配及系统连接

根据系统控制要求，以三菱 FX$_{3U}$-48MT 为例，输入部分以源型接线方式连接。PLC 的 I/O 分配如表 5-3 所示，其系统接线图如图 5-5 所示。编程中需要用到中间辅助继电器、定时器等其他辅助继电器时，也应进行相应的分配。

表 5-3　PLC 的 I/O 分配表

输　入		输　出			
启动按钮 SB0	X000	南北绿灯 1	Y000	东西绿灯 2	Y003
停止按钮 SB1	X001	南北黄灯 1	Y001	东西黄灯 2	Y004
		南北红灯 1	Y002	东西红灯 2	Y005

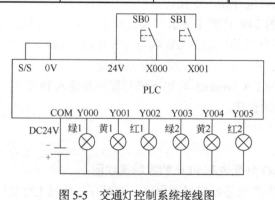

图 5-5　交通灯控制系统接线图

五、实训指导

① 根据 PLC 的 I/O 分配表和交通灯控制系统接线图进行接线。

② 将电源模板上的 24V 直流电源引到实验板上的 24V 直流电源端。

③ 将 PLC 输入端自带的电源 0V 端与 S/S 相连，+24V 端与外部开关量的公共端相连。PLC 输出端口的 COM 与外部电源的 0V 端相连。

④ 按要求在电脑的 GX Works2 环境下编写程序并输入 PLC。

⑤ 运行并调试程序。

六、实训报告

① 写出控制要求；

② 画出 PLC 的 I/O 分配表和 PLC 的控制接线图；

③ 打印出调试正确的交通灯控制梯形图，并对程序控制进行说明。

第三节　多种液体自动混合 PLC 控制系统

一、实训目的

用 PLC 构成多种液体自动混合控制系统。

二、实训设备

① 主机模块；

② 多种液体自动混合实验板，如图 5-6；

③ 开关、按钮板；

④ 电源模块；

⑤ 连接导线一套。

三、实训内容

1. 两种液体自动混合控制要求

多种液体自动混合装置初始状态的容器为空，电磁阀 Y1、Y2、Y3、Y4 和搅拌机 M 均为 OFF，液面检测传感器指示灯 L1、L2、L3 为 OFF。按下启动按钮，自动开始下列操作。

① 电磁阀 Y1 开启（Y1 为 ON），开始注入液体 A，至液面高度为 L2 时，（此时 L2 和 L3 指示灯为 ON），液体 A 停止注入（Y1 关闭为 OFF）；同时开启液体 B 电磁阀 Y2（Y2 开启为 ON），注入液体 B，当液面升至 L1 时（L1 指示灯为 ON），液体 B 停止注入（Y2 关闭为 OFF）。

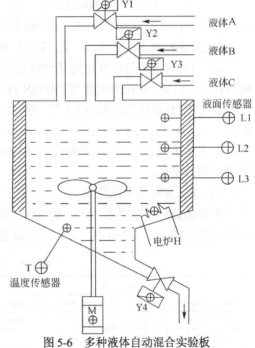

图 5-6　多种液体自动混合实验板

② 停止液体 B 注入后，开启搅拌机 M，搅拌混合时间为 10s。

③ 搅拌机 M 停止搅拌后，电磁阀 Y4 打开（Y4 为 ON），放出混合液体，当液体高度降至 L3 后，再延时放出 5s 后电磁阀 Y4 关闭停止（Y4 为 OFF）。

按下停止按钮后，在当前操作完毕后，停止操作，回到初始状态。

2. 三种液体自动混合控制要求

多种液体自动混合装置初始状态初始容器为空，电磁阀 Y1、Y2、Y3、Y4 和搅拌机 M 均为 OFF，液面传感器指示灯 L1、L2、L3 为 OFF。按下启动按钮，自动开始下列操作。

① 电磁阀 Y1 为 ON，液体 A 注入容器，当液面达到 L3 时，L3 指示灯为 ON，电磁阀 Y1 关闭为 OFF，电磁阀 Y2 打开为 ON，液体 B 注入容器，当液面达到 L2 时，L2 指示灯为 ON，使电磁阀 Y2 为 OFF，电磁阀 Y3 打开为 ON，液体 C 注入容器。

② 当液面达到 L1 高度时，电磁阀 Y3 关闭为 OFF，搅拌机 M 为 ON 启动，即关闭电阀门 Y3，启动搅拌机 M 开始搅拌。

③ 搅拌机经 10s 搅匀后，搅拌机 M 为 OFF，停止搅拌。

④ 停止搅拌后放出混合液体，电磁阀 Y4 开启为 ON，当液体高度降为 L3 后（L3 为 OFF），再延时放出 5s 后，电磁阀 Y4 关闭停止（即 Y4 为 OFF），完成一周期的混合操作。

按下停止按钮后，在当前操作完毕后，停止操作。

3. 三种液体自动混合加热的控制要求

多种液体自动混合装置初始状态初始容器为空，电磁阀 Y1、Y2、Y3、Y4 和搅拌机 M 均为 OFF，液面传感器指示灯 L1、L2、L3 为 OFF。按下启动按钮，自动开始下列操作。

① 电磁阀 Y1、Y2 打开为 ON，液体 A 和 B 同时注入容器，当液面达到 L2 时，L2 和 L3 为 ON，使电磁阀 Y1、Y2 为 OFF，电磁阀 Y3 打开为 ON，即关闭 Y1、Y2 阀门，打开液体 C 的电磁阀门 Y3。

② 当液面达到 L1 高度时（L1 为 ON），电磁阀 Y3 关闭为 OFF，搅拌机 M 为 ON 启动，即关闭电阀门 Y3，启动搅拌机 M 开始搅拌。

③ 搅拌机经 10s 搅匀后，搅拌机 M 为 OFF，停止搅拌，加热器 H 开始加热（H 为 ON）。

④ 当混合液体的温度达到某一设定值时，温度传感器 T 动作为 ON，加热器 H 停止加热（H 为 OFF），并使电磁阀 Y4 为 ON 打开，开始放出混合液体。

⑤ 当混合液体高度降为 L3 后，液面传感器 L3 从 ON 变为 OFF，电磁阀 Y4 再延时放出 5s 后，关闭停止（Y4 为 OFF），完成一周期的混合操作。

按下停止按钮后，在当前的混合操作处理完毕后，停止操作，再按启动按钮时，可开始上述过程的工作。

四、I/O 分配及系统连接

根据实训的控制要求，PLC 的 I/O 分配表如表 5-4 所示，其多种液体自动混合装置的控制系统接线图如图 5-7 所示。输入部分以源型接线方式连接。

表 5-4　PLC 的 I/O 分配表

输	入			输	出		
液位传感器 L1	X001	启动 SB0	X005	电磁阀 Y1	Y001	搅拌电机 M	Y005
液位传感器 L2	X002	停止 SB1	X006	电磁阀 Y2	Y002	电加热器 H	Y006
液位传感器 L3	X003			电磁阀 Y3	Y003		
温度传感器 T	X004			电磁阀 Y4	Y004		

五、实训指导

① 根据 PLC 的 I/O 分配表 5-4 和图 5-7 的多种液体自动混合装置控制系统接线图进行接线。

② 将电源模板上的 24V 直流电源引到实验板上的 24V 直流电源端。

③ 将 PLC 输入端自带的电源 0V 端与 S/S 相连，+24V 端与外部开关量的公共端相连。PLC 输出端口的 COM 与外部电源的 0V 端相连。

④ 按要求在电脑的 GX Works2 环境下编写程序并输入 PLC。

⑤ 运行并调试程序。

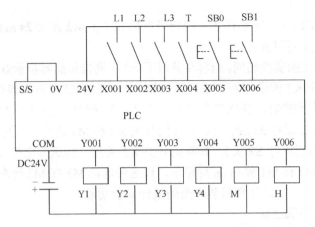

图 5-7　多种液体自动混合装置控制系统接线图

六、实训报告

① 写出控制要求；

② 画出 PLC 的 I/O 分配表和 PLC 的控制系统接线图；

③ 打印出调试正确的多种液体自动混合的梯形图控制程序，并对程序控制进行说明。

第四节　自动送料装车系统的 PLC 控制

一、实训目的

用 PLC 构成自动送料装车控制系统。

二、实验设备

① 主机模块；

② 自动送料装车系统实验板，如图 5-8；

③ 开关、按钮板；

④ 电源模块；

⑤ 连接导线一套。

三、实训内容

① 交通红、绿灯中，红灯 L1 灭，绿灯 L2 亮，表示允许汽车开进装料，料斗门 K2，输送带电机 M1、M2、M3 皆为 OFF。当汽车空载进入到位时（重力传感器指示灯 S2 亮），红灯 L1 亮，绿灯 L2 灭，输送带电机 M3 运行，输送带电机 M2 在 M3 运行 2s 后启动，输送带电机 M1 在 M2 运行 2s 后启动，料斗门 K2 在输送带电机 M1 运行 2s 后打开出料。当汽车料装满后（重力传感器指示灯 S2 灭），料斗门 K2 关闭，输送带电机 M1 延时 2s 后停止，

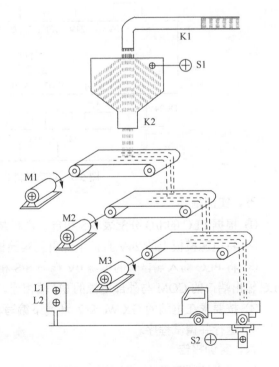

图 5-8　自动送料装车系统实验板

输送带电机 M2 在 M1 停止 2s 后停止，输送带电机 M3 在 M2 停止 2s 后停止，绿灯 L2 亮，红灯 L1 灭，表示汽车可以开走。

② 初始状态与上面实验相同。当料斗装料不满时（高位传感器指示灯 S1 为 OFF，灯灭），料斗门开关 K2 关闭（K2 指示灯为 OFF），不出料，进料开关 K1 打开进料（K1 指示灯为 ON），否则不进料。当汽车到来时，传送带电机 M3 运行，传送带电机 M2 在 M3 运行 2s 后运行，传送带电机 M1 在 M2 运行 2s 后运行，料斗门开关 K2 在 M1 运行 2s 后打开出料。当汽车料装满后（重力传感器指示灯 S2 灭），料斗门开关 K2 关闭，传送带电机 M1 在 K2 关闭后 2s 停车，传送带电机 M2 在 M1 停车 2s 后停车，传送带电机 M3 在 M2 停车 2s 后停车。

③ 控制要求同上，但增加每日装车数的统计显示功能。

四、I/O 分配及系统连接

根据系统控制要求，PLC 的 I/O 分配表如表 5-5 所示，其系统接线图如图 5-9 所示。输入部分以源型接线方式连接。

表 5-5   PLC 的 I/O 分配表

输 入		输 出			
传感器 S1	X001	电机 M1	Y001	绿灯 L2	Y005
传感器 S2	X002	电机 M2	Y002	料斗阀门 K1	Y006
启动 SB0	X003	电机 M3	Y003	进料开关 K2	Y007
停止 SB1	X004	红灯 L1	Y004		

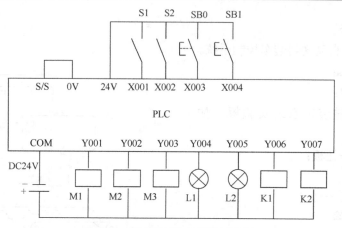

图 5-9   自动送料装车系统接线图

五、实训指导

① 根据 PLC 的 I/O 分配表 5-5 和自动送料装车系统接线图 5-9 进行接线。

② 将电源模板上的 24V 直流电源引到实验板上的 24V 直流电源端。

③ 将 PLC 输入端自带的电源 0V 端与 S/S 相连，+24V 端与外部开关量的公共端相连。PLC 输出端口的 COM 与外部电源的 0V 端相连。

④ 按要求在电脑的 GX Works2 环境下编写程序并输入 PLC。

⑤ 运行并调试程序。

六、实训报告

① 写出控制要求；

② 画出 PLC 的 I/O 分配表和 PLC 的控制系统接线图；

③ 打印出调试正确的自动送料装车梯形图控制程序，并对程序控制进行说明。

第五节　邮件分拣机PLC控制系统

一、实训目的
用PLC构成邮件分拣控制系统。

二、实训设备
① 主机模块；
② 邮件分拣机实验板，如图5-10；
③ 电源模块；
④ 连接导线一套。

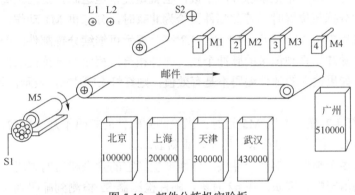

图5-10　邮件分拣机实验板

三、邮件分拣机实验板的介绍

该实验板有一个特殊的输入端子S1，其原理图如图5-11，它的功能是：当输出端M5为ON时，S1自动产生脉冲信号，当图5-10中M5电机运转一圈时，其产生的脉冲个数是一定的，且当电机M5运转一圈它驱动皮带传送的距离也是一定的。那么，如果我们能记录S1的脉冲个数，就能知道它传送皮带的距离。由此，当检测到某个城市的邮件时，就可以把它送到相应邮箱的位置，由分拣机推入邮箱。

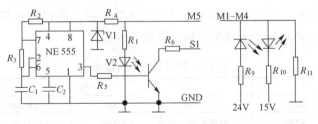

图5-11　S1端子原理图

四、实训内容

① 本实验的功能是将北京、上海、天津、武汉、广州的邮件进行分类。该实训要用到PLC的高速计数器，由S1产生高速脉冲输入到X000输入。邮件上的邮政编码由X012、X013、X014、X015输入，模拟已由传出器识别出，该四个输入端输入的数为BCD码，且1、2、3、4、5为有效编码，仅识别这五个城市的邮编的第一位，如表5-6所示。

表 5-6　邮编第一位编码

城市	邮编的第一位	PLC 输入端			
		X015	X014	X013	X012
北京	1	0	0	0	1
上海	2	0	0	1	0
天津	3	0	0	1	1
武汉	4	0	1	0	0
广州	5	0	1	0	1

启动后绿灯 L2 亮，表示可以进邮件，邮件检测器 S2 为 ON 表示检测到了邮件，这时从 X012、X013、X014、X015 输入邮政编码，模拟已由邮编识别传感器识别出，若此数是 5 个数中的一个，则红灯 L1 亮，表示不能再进邮件，同时电机 M5 运行，带动皮带运输机运送邮件，同时高速计数器开始记录脉冲的个数，也就是皮带运送邮件走的距离，当记录的脉冲的个数为北京的分拣箱位置时，若此邮件又恰为北京时，分拣机 M1 动作，将该邮件推入北京分拣箱，完成后电机 M5 停止，L1 灭，L2 亮，表示可继续分拣邮件。若不是北京邮件，则继续记录高速脉冲，直到记录的脉冲个数与邮件相符，相应的分拣机动作，将邮件推入到相应的分拣箱。如果输入的邮件编码不是有效值，则红灯 L1 闪烁，表示出错，重新启动后，才能重新运行。

② 开机绿灯 L2 亮，电机 M5 运行，当检测到邮件的邮码不是（1、2、3、4、5）中任一个时，则红灯 L1 闪烁，电机 M5 停止，重新启动。

可同时分拣多个邮件。邮件一件接一件地被捡到它的到来和它的邮码，机器将每个邮件分拣到其对应的信箱中。例如：在 n2 时刻，邮件检测器 S2 检测到邮码为 2 的邮件时，如果计数器中计数值为 m2，则分拣机 M2 在（m2+n2）时刻动作，若计数器中计数值为 m3，当在 n3 时刻检测到一个邮码为 3 的邮件时，分拣机 M3 在（m3+n3）时刻动作。

③ 开机绿灯 L2 亮，电机 M5 运行。当检测到邮件的邮码不是（1、2、3、4、5）中的任一个时，则红灯 L1 闪烁，电机 M5 停止运行；当检测到邮件欠资或未贴邮票时，则发出某种信号，电机 M5 停止。按动启动按钮，表示故障清除，重新运行。可同时分拣多个邮件，其他要求同上。

五、I/O 分配及系统连接

根据系统控制要求，PLC 的 I/O 分配表如表 5-7 所示，其 PLC 的邮件分拣控制系统接线图如图 5-12 所示。PLC 的输入部分以源型接线方式连接。

表 5-7　PLC 的 I/O 分配表

输　入		输　出			
启动按钮 SB0	X007	分拣机 M1	Y001	电机 M5	Y005
测距脉冲 S1	X000	分拣机 M2	Y002	红灯 L1	Y006
邮件检测器 S2	X002	分拣机 M3	Y003	绿灯 L2	Y007
复位按钮 SB1	X004	分拣机 M4	Y004		

六、实训指导

① 根据表 5-7 的 I/O 分配和图 5-12 的邮件分拣机 PLC 控制系统接线图进行系统接线。

② 将电源模板上的 24V 直流电源引到实验板上的 24V 直流电源端。

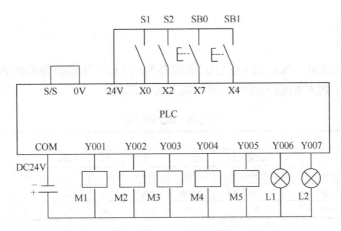

图 5-12　邮件分拣机 PLC 控制系统接线图

③ 将 PLC 输入端自带的电源 0V 端与 S/S 相连，+24V 端与外部开关量的公共端相连。PLC 输出端口的 COM 与外部电源的 0V 端相连。

④ 按要求在电脑的 GX Works2 环境下编写程序并输入 PLC。

⑤ 运行并调试程序。

七、实训报告

① 写出控制要求；

② 画出 PLC 的 I/O 分配表和 PLC 的控制系统接线图；

③ 打印出调试正确的邮件分拣机梯形图控制程序，并对程序控制进行说明。

第六节　自动售货机的 PLC 控制系统

一、实训目的

用 PLC 构成自动售货机控制系统。

二、实训设备

① 主机模块；

② 自动售货机实验板，如图 5-13；

③ 电源模块；

④ 连接导线一套。

三、实训内容

当按下投币口按钮 5 角、1 元、5 元时，数码显示投币金额为 0.5、1.0、5.0。选定所买物品后，售货机根据投币金额减去所买货物，数码显示余额。可以一次多买，直到金额不足，金额不足灯 L1 亮，提示余额不足。当投币余额不足时，如果继续投币则可连续购买。过 4s 后，如果没有再操作，则取物口灯亮，退币口灯亮退出余额。如不买货物，按退币按钮则退出全部金额、数码显示

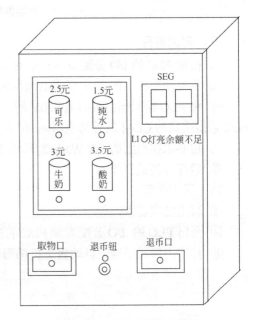

图 5-13　自动售货机实验板

为零,退币口灯亮。

四、I/O 分配

根据系统控制要求,PLC 的 I/O 分配表如表 5-8 所示,其自动售货机 PLC 控制系统接线图如图 5-14 所示。PLC 的输入部分以源型接线方式连接。

表 5-8 I/O 分配表

输	入			输	出			
5 角投币口	X000	1.5 元购货按钮	X004	Y000	A0	Y004	A1	Y010	取物口灯
2 元投币口	X001	3 元购货按钮	X005	Y001	B0	Y005	B1	Y011	退币口灯
5 元投币口	X002	3.5 元购货按钮	X006	Y002	C0	Y006	C1	Y012	L1
2.5 元购货按钮	X003	退币钮	X007	Y003	D0	Y007	D1		

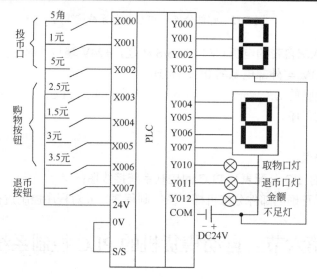

图 5-14 自动售货机 PLC 控制系统接线图

五、实训指导

① 根据 PLC 的 I/O 分配表 5-8 和图 5-14 自动售货机 PLC 控制系统接线图接线。

② 将电源模板上的 24V 直流电源引到实验板上的 24V 直流电源端。

③ 将 PLC 输入端自带的电源 0V 端与 S/S 相连,+24V 端与外部开关量的公共端相连。PLC 输出端口的 COM 与外部电源的 0V 端相连。

④ 按要求在电脑的 GX Works2 环境下编写程序并输入 PLC。

⑤ 运行并调试程序。

六、实训报告

① 写出控制要求;

② 画出 PLC 的 I/O 分配表和 PLC 的控制系统接线图;

③ 打印出调试正确的自动售货机梯形图,并对程序控制进行说明。

工程综合阅读训练与设计篇

第六章 电气 PLC 控制系统综合阅读训练

第一节 阅读 PLC 梯形图的方法与步骤

一、总体分析

1. 系统分析

依据控制系统所需完成的控制任务，对被控对象的工艺过程、工作特点以及控制系统的控制过程、控制规律、功能和特征进行详细分析。明确输入、输出物理量是开关量还是模拟量，明确划分控制的各个阶段及各个阶段的特点，阶段之间的转换条件，画出完成的工作流程图和各执行元件的动作节拍表。

2. 看主电路

进一步了解工艺流程和对应的执行装置和元器件。

3. 看 PLC 控制系统的输入/输出分配表和 PLC 的 I/O 接线图

了解输入信号和对应输入继电器编号、输出继电器的分配及其所接对应的负载。

在没有给出输入输出设备定义和 I/O 分配的情况下，应根据 PLC 的 I/O 接线图或梯形图，画出输入输出设备定义和 I/O 分配表。并在 PLC 的 I/O 接线图、梯形图上标出它们的作用，在电器元件上标出相对应的编程元件代号，在编程元件上标出相对应的电器元件代号。

二、梯形图的结构分析

了解程序是采用一般编程方法还是采用顺序功能图编程方法，采用顺序功能图的单序列结构还是选择序列结构、并行序列结构，使用启保停电路、SET 指令进行编程还是以转换为中心进行编程，可以根据程序结构的不同特点，采取不同的分析手段，达到正确理解程序的目的。

三、梯形图的分解

无论多么复杂的梯形图，都是由一些基本单元构成的。按主电路的构成情况，利用逆读溯源法，把梯形图分解成与主电路所用电器（如电动机）相对应的几个基本单元，然后利用顺读跟踪法，一个环节一个环节地分析，再利用顺读跟踪法把各环节串起来。

1. 按钮、行程开关、转换开关的配置情况及其作用

在 PLC 的 I/O 接线图中有许多行程开关和转换开关，以及压力继电器、温度继电器等，这些电器元件没有吸引线圈，它们的触点动作是依靠外力或其他因素实现的，因此必须先把引起这些触点动作的外力或因素找到。其中行程开关由机械联动机构来触压或松开，而转换开关一般由手工操作。这样使这些行程开关、转换开关的触点，在设备运行过程中便处于不同的工作状态，即触点的闭合、断开情况不同，以满足不同的控制要求，这是看图过程中的一个关键。

这些行程开关、转换开关的触点的不同工作状态，单凭看电路图难以搞清楚，必须结合设备说明书、电器元件明细表，明确该行程开关、转换开关的用途；操纵行程开关的机械联动机构；触点在不同的闭合或断开状态下，电路的工作状态等。

2. 采用逆读溯源法将系统程序分解为各个单负载程序

根据主电路中控制负载的控制电器的主触点文字符号，在 PLC 的 I/O 接线图中找出控制该负载的接触器线圈的输出继电器，再在系统梯形图中找出控制该输出继电器的线圈及其相关控制程序，这就是某个负载的局部控制程序。

在梯形图中，很容易找到驱动某个接触器线圈的程序，但与该接触器相关的程序就不容易找到，可采用逆读溯源法去寻找。

① 在驱动输出继电器线圈程序中串、并联的其他编程元件触点，这些触点的闭合、断开就是该输出继电器得电、失电的条件。

② 由这些触点再找出驱动它们线圈的程序及其相关程序，在这些线圈程序中还会有其他接触器、继电器的触点……

③ 如此找下去，直到找到主令电器为止。

值得注意的是，当某编程元件得电吸合或失电释放后，应该把该编程元件的所有触点所带动的前后级编程元件的作用状态全部找出，不能遗漏。

找出某编程元件在其他程序中的动合（常开）触点、动断（常闭）触点，这些触点为其他编程元件的得电、失电提供条件或者为互锁、联锁提供条件，引起其他电器元件动作，驱动执行电器。

3. 将单负载程序进一步分解

控制单负载的局部程序可能仍然很复杂，还需要进一步分解，直至分解为基本单元电路。

4. 分解辅助电路的注意事项

① 若电动机主轴连接有速度继电器，则该电动机按速度控制原则组成停车制动电路。

② 若电动机主电路中接有整流器，表明该电动机采用能耗制动停车电路。

四、集零为整，综合分析

把基本单元电路串起来，采用顺读跟踪法分析整个电路。

五、阅读梯形图的具体方法

阅读 PLC 梯形图的过程同 PLC 扫描用户程序一样，从左到右、自上而下，按梯级顺序逐级识图。

值得指出的是，在程序的执行过程中，在同一周期内，前面的逻辑运算结果影响后面的触点，即执行的程序用到前面的最新中间运算结果；但在同一周期内，后面的逻辑运算结果不影响前面的逻辑关系。该扫描周期内除输入继电器以外的所有内部继电器的最终状态（线圈导通与否、触点通断与否），将影响下一个扫描周期各触点的通与断。

由于许多读者对继电器、接触器控制电路比较熟悉，因此建议沿用阅读继电器、接触器控制电路查线读图法，按下列步骤阅读梯形图。

① 根据 I/O 设备及 PLC 的 I/O 分配表和梯形图，找出输入、输出继电器、定时器、内部辅助继电器，并给出与继电器、接触器控制电路相对应的文字代号。

② 将相应输入设备、输出设备、中间继电器、时间继电器的文字代号标注在梯形图编程元件线圈及其触点旁边。

③ 将梯形图分解成若干个基本单元，每一个基本单元可以是梯形图的一个梯级（包含一个输出元件）或几个梯级（包含几个输出元件），而每个基本单元相当于继电器接触器控制电路的一个分支电路。

④ 将每一梯级画出其对应的继电器、接触器控制电路。

⑤ 某编程元件得电，其所有动合触点均闭合、动断触点均断开。某编程元件失电，其所有已闭合的动合触点均断开（复位），所有已断开的动断触点均闭合（复位）。因此编程元件得电、失电后，要找出其所有的动合触点、动断触点，分析其对相应编程元件的影响。

⑥ 从第一个梯级第一自然行开始看梯形图。第一自然行为程序启动行。按启动按钮，接通某输入继电器，该输入继电器的所有动合触点均闭合，动断触点均断开。再找出受该输入继电器动合触点闭合、动断触点断开影响的编程元件，并分析使这些编程元件产生什么动作，进而确定这些编程元件的功能。值得注意的是，这些编程元件有的可能立即得电动作，有的并不立即动作而只是为其得电动作作准备。

在阅读 PLC 程序时应注意的是：

当接在 PLC 输入端的开关均采用的常开开关时，在基本控制程序中，启动开关接入 PLC 输入口的触点应在程序中使用常开触点，其他开关接入 PLC 输入口的触点用于串联的程序中应使用常闭触点，如图 6-1（a）所示。

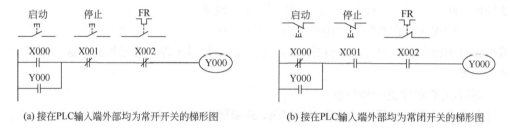

(a) 接在PLC输入端外部均为常开开关的梯形图　　　(b) 接在PLC输入端外部均为常闭开关的梯形图

图 6-1　在 PLC 输入端接入的开关状态不同的基本梯形图

当接在 PLC 输入端的开关均采用的常闭开关时，在基本控制程序中，启动开关接入 PLC 输入口的触点应在程序中使用常闭触点，其他开关接入 PLC 输入口的触点用于串联的程序中应使用常开触点，如图 6-1（b）所示。

第二节　C650 型普通车床的电气 PLC 控制程序阅读训练

一、C650 型普通车床的电气控制要求

普通车床是一种应用极为广泛的金属切削机床，主要用于加工各种回转表面、螺纹和端面，并可通过尾架上的刀具进行钻孔、铰孔等切削加工。

车床的切削加工包括主运动、进给运动和辅助运动。主运动为工件的旋转运动：由主轴通过卡盘或顶尖带动工件旋转。进给运动为刀具的直线运动：由进给箱调节加工时的纵向或横向进给量。辅助运动为刀架的快速移动及工件的夹紧、放松等。

根据切削加工工艺的要求，对电气控制提出下列要求：主拖动电动机采用三相笼型电动机，主轴的正、反转由主轴电动机正、反转来实现。调速采用机械齿轮变速的方法。中小型车床采用直接启动方法（容量较大时，采用星-三角降压启动）。为实现快速停车，一般采用机械制动或电气反接制动。控制线路具有必要的保护环节和照明装置。

二、C650 型普通车床的电气控制图与 PLC 的 I/O 分配表

图 6-2 为 C650 型普通车床的电气控制原理图。C650 型普通车床共有三台电动机：M1 为主轴电动机，拖动主轴旋转，并通过进给机构实现进给运动。M2 为冷却电动机，提供切削液。M3 为快速移动电动机，拖动刀架的快速移动。表 6-1 是 C650 型普通车床电气元件与 PLC 的 I/O 配置。

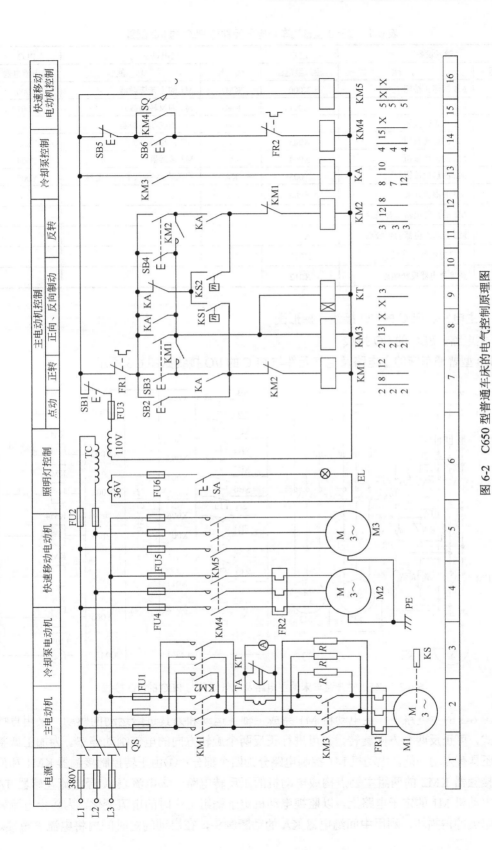

图 6-2 C650 型普通车床的电气控制原理图

表 6-1　C650 型普通车床电气元件与 PLC 的 I/O 配置

输入设备		PLC	输出设备		PLC
代　号	功　能	输入继电器	代　号	功　能	输出继电器
SB1	M1 的停止按钮	X000	KM1	M1 的正转接触器	Y000
SB2	M1 的点动按钮	X001	KM2	M1 的反转接触器	Y001
SB3	M1 的正转按钮	X002	KM3	M1 的制动接触器	Y002
SB4	M1 的反转按钮	X003	KM4	M2 接触器	Y003
SB5	M2 的停止按钮	X004	KM5	M3 接触器	Y004
SB6	M2 的启动按钮	X005	KA	电流表 A 接入中间继电器	Y005
SQ	M3 的限位开关	X006			
FR1	M1 的热继电器动合触点	X007			
FR2	M2 的热继电器动合触点	X010			
KS1	速度继电器正转触点	X011			
KS2	速度继电器反转触点	X012			

三、主电路、PLC 的 I/O 接线、梯形图

1. 主电路、PLC 的 I/O 接线

C650 型普通车床的主电路及电气元件与 PLC 的 I/O 接线如图 6-3 所示。

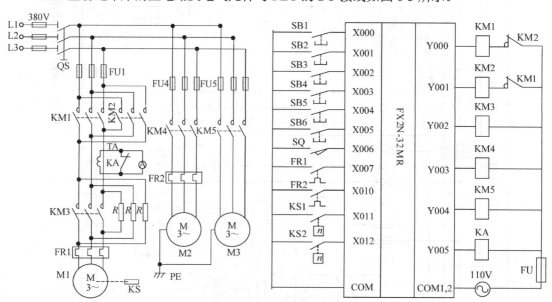

图 6-3　C650 型普通车床的主电路及电气元件与 PLC 的 I/O 接线

在图 6-3 的主电路中，主电动机 M1 完成主轴主运动和刀具进给运动的驱动，采用直接启动方式，可正反两个方向旋转，并可进行正反两个旋转方向的电气制动停车。为加工调整方便，还具有点动功能。电动机 M1 控制电路分为四个部分：①由正转控制接触器 KM1 和反转控制接触器 KM2 的两组主触点构成电动机的正反转电路。②电流表 A 经电流互感器 TA 接在主电动机 M1 的定子电路上，以监视电动机定子绕组工作时的电流变化。为防止电流表被启动电流冲击损坏，利用中间继电器 KA 的动断触头，在启动的短时间内将电流表短接。

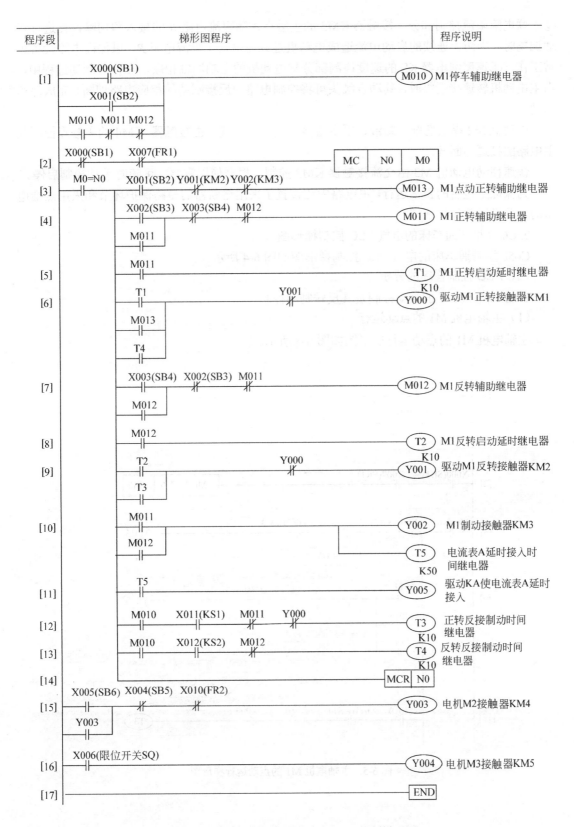

图 6-4　C650 型普通车床的电气 PLC 控制梯形图

③串联电阻限流控制部分，接触器 **KM3** 的主触点控制限流电阻 *R* 的接入和切除，在进行点动调整时，为防止连续的启动电流造成电动机过载而串入了限流电阻 *R*，以保证电路设备正常工作。④速度继电器 **KS** 的速度检测部分与电动机的主轴同轴相联，在停车制动过程中，当主电动机转速接近零时，其动合触头可将控制电路中反接制动的相应电路切断，完成停车制动。

电动机 M2 提供切削冷却液，采用直接启动停止方式，由接触器 **KM4** 的主触点控制其主电路的接通与断开。

快速移动电动机 M3 由交流接触器 **KM3** 控制，根据使用需要，可随时手动控制启停。

为保证主电路的正常运行，主电路中还设置了采用熔断器的短路保护环节和采用热继电器的电动机过载保护环节。

2. C650 型普通车床的电气 PLC 控制梯形图

C650 型普通车床的电气 PLC 控制梯形图如图 6-4 所示。

四、PLC 控制程序的分析

1. 主轴电机 M1 的点动控制及其反转制动控制

（1）主轴电机 M1 的点动运行

主轴电机 M1 的点动运行梯形图如图 6-5 所示。

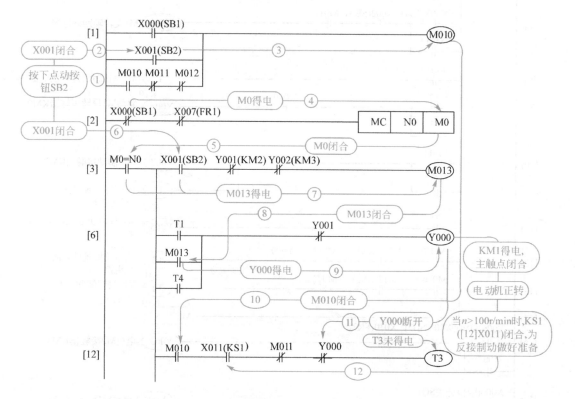

图 6-5　主轴电机 M1 的点动运行梯形图

控制过程如下：

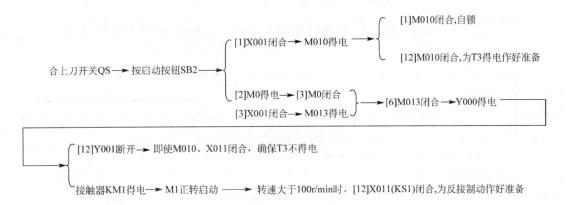

（2）主轴电机 M1 的点动停车反接制动控制

主轴电机 M1 的点动停车反接制动控制的梯形图如图 6-6 所示。

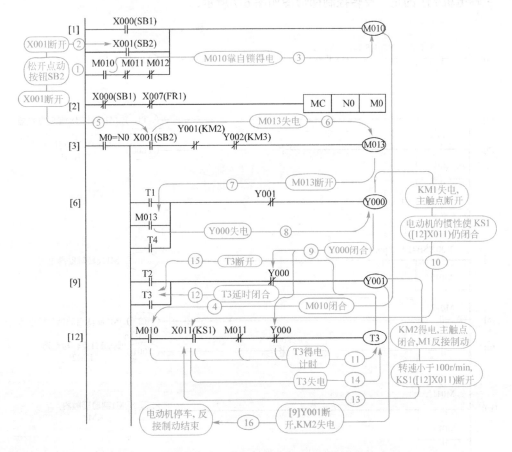

图 6-6　主轴电机 M1 的点动停车反接制动控制的梯形图

控制过程如下：

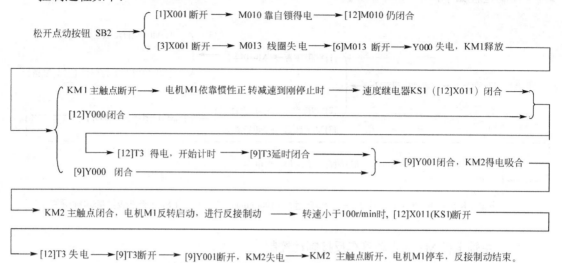

2. 主轴电机 M1 的正、反转控制

主轴电机 M1 的正、反转控制梯形图如图 6-7 所示。

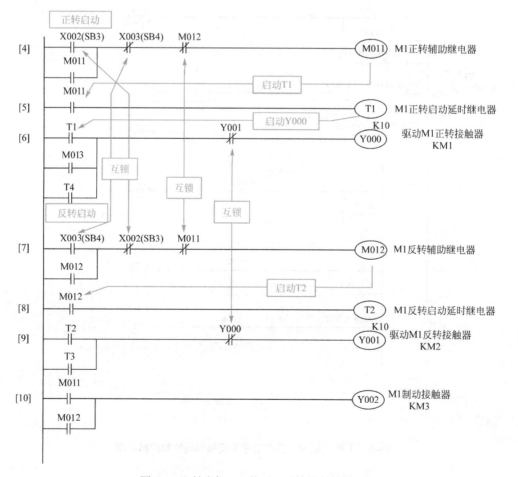

图 6-7　主轴电机 M1 的正、反转控制的梯形图

控制过程如下：

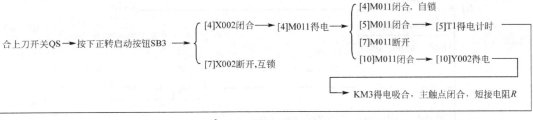

M1 反转的工作过程与正转的工作过程相同，不再赘述。

3. 电动机 M1 正转运行的反转制动控制

（1）正转停止

控制 C650 型车床正转停车的梯形图如图 6-8 所示。

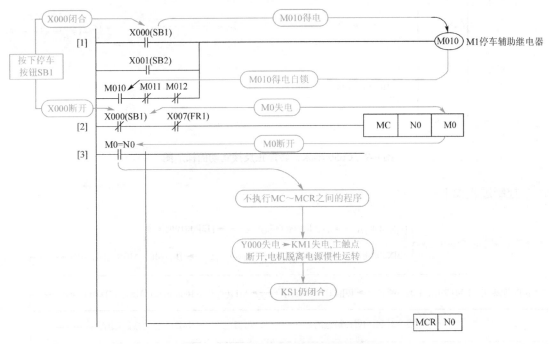

图 6-8　C650 型车床正转停车的梯形图

控制过程如下：

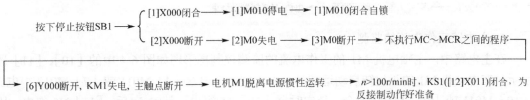

（2）正转停止反接制动

C650 车床正转停止反接制动的梯形图如图 6-9 所示。

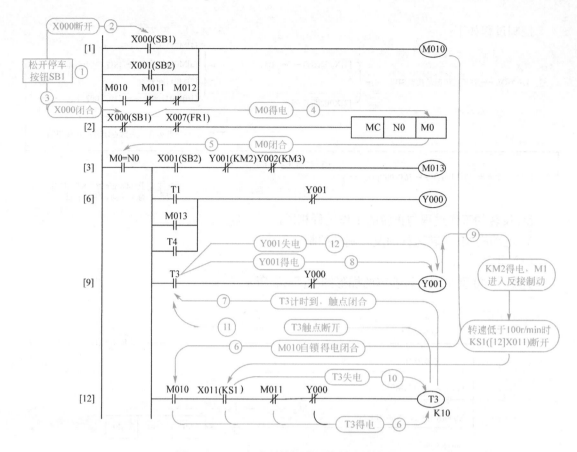

图 6-9　C650 车床正转停止反接制动的梯形图

控制过程如下：

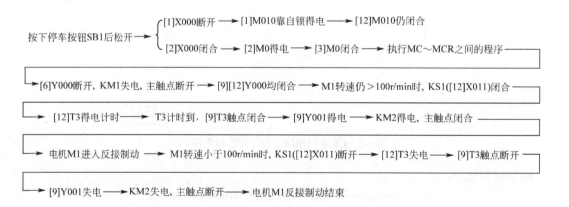

4. 主电路工作电流的监测

在主电路中，主轴电机 M1 的工作电流的监测控制梯形图如图 6-4 中的［10］、［11］段所示。在电动机 M1 的正反转启动运转时，由于辅助继电器［4］M011 或［7］M012 得电。［10］M011 或［10］M102 闭合，使定时器［10］T5 得电，计时 5s 后，［11］Y5 得电，因此中间继电器 KA 得电，其动断触点 KA 断开，使交流电流表避开启动电流，检测电机正常工作电流。在点动和停车反接制动过程中，由于 M011 和 M012 均不导通，因此电流表被 KA

的动断触点旁路，保证它只检测电动机 M1 的正常工作电流。

5. 对电动机 M2 和 M3 的控制

控制电机 M2 和电机 M3 的梯形图如图 6-4 的［15］、［16］段所示。M2 和 M3 为单向运转，其控制较简单。切削冷却液电动机 M2 是用按钮进行启、保、停控制，并有过载保护。用扳动快速手柄压动限位开关 SQ（X006），可对快速电动机 M3 进行点动控制。

第三节　T68 型普通镗床的电气 PLC 控制程序阅读训练

一、T68 型普通镗床的电气控制要求

T68 型普通镗床是一种功能较多，使用广泛的车床，常用于加工各种复杂的大型工件，如箱体零件、机体等。它除了镗孔外，还可以进行钻、扩、铰孔以及车削内外螺纹、用丝锥攻丝、车外圆柱面和端面铣削等加工。在镗床上，工件一次安装后，即能完成大部分表面的加工，有时甚至可以完成全部加工，这在加工大型及笨重的工件时，具有特别重要的意义。

由于镗床加工范围广，运动部件多，对电气控制具有如下的要求。

① 主轴及进给驱动电机采用高低双速电动机 M1。低速时定子绕组接成△形，高速时定子绕组接成 YY 形。高低速转换由主轴孔盘变速机构内的限位行程开关 SQ 控制。低速时，可直接启动。高速时，先低速启动，而后自动转换为高速运行的二级控制，以减小启动电流。

② 主轴及进给电动机 M1 能够可逆运行，并可正反向点动及反接制动。在点动、制动以及高速中的脉动慢转时，应在线路中串有限流电阻，以减小启动和制动电流。

③ 主轴及进给电动机 M1 可在运行中进行变速。主轴及进给电动机 M1 在变速时，应保证脉动缓慢转动，以利于齿轮啮合，使变速过程顺利进行。

④ 为使主轴迅速、准确停车，主轴及进给电动机 M1 应具有电气制动。

⑤ 主轴箱与工作台由电动机 M2 拖动，使其快速移动。它们之间的机动进给应有机械和电气联锁保护。

二、主电路、PLC 的 I/O 接线、梯形图

1. 电气控制元件与 PLC 的 I/O 配置

在 T68 型普通镗床的电气控制中，使用的开关元件较多，以下作简单介绍。

SQ 为高低速转换行程开关，它与变速手柄连接。当变速手柄扳在低速挡时，SQ 常开触点是断开的，主轴电机 M1 以三角形接法低速运转；当变速手柄扳在高速挡时，SQ 常开触点闭合，主轴电机 M1 从三角形（△）接法低速运转延时过渡到双星（YY）接法高速运转。

SQ1、SQ2 为主轴变速行程开关，它们与主轴变速手柄连接。在主轴电机 M1 运行中，若将主轴变速手柄拉出，SQ1 常开触点断开、SQ2 常开触点闭合，主轴电机 M1 失电停止运行；当主轴转速选择好后推回主轴变速手柄，SQ1 常开触点闭合、SQ2 常开触点断开，主轴电机 M1 自行启动运转。

SQ3、SQ4 为进给变速行程开关，它们与进给变速操纵手柄连接。在主轴电机 M1 运行中，若将进给变速手柄拉出，SQ3 常开触点断开，SQ4 常开触点闭合、主轴电机 M1 失电停

止运行；当进给转速选择好后推回进给变速手柄，SQ3 常开触点闭合，SQ4 常开触点断开、主轴电机 M1 自行启动运转。

SQ5、SQ6 为快速电动机 M2 正、反转限位开关。由于机床各部分的快速移动是由快速移动电机 M2 来拖动的，当快速移动手柄压下 SQ5 常开触点闭合时，正转接触器 KM7 得电，电机 M2 快速正转；同理，当快速移动手柄压下 SQ6 常开触点闭合时，反转接触器 KM8 得电，电机 M2 快速反转。

SQ7 为工作台及主轴箱机动进给限位开关，它与工作台及主轴箱进给操作手柄相连，当工作台及主轴箱进给操作手柄处于"进给"位置时，SQ7 常闭触点断开；SQ8 为主轴及花盘刀架机动进给限位开关，它与主轴及花盘刀架进给操作手柄相连，当主轴及花盘刀架进给操作手柄处于"进给"位置时，SQ8 常闭触点断开。SQ7 与 SQ8 能够实现两种"进给"之间的联锁：当这两个手柄仅有一个进给操作手柄在"进给"位置时，SQ7 和 SQ8 的常闭触点中总有一个是闭合的，不会影响 KM1～KM8 的通电，从而能可靠地实现所选的一种进给；当这两个进给操作手柄都扳在"进给"位置时，SQ7 和 SQ8 的常闭触点都断开，将切断整个控制程序，使 KM1～KM8 全部失电。这样的联锁就绝不会出现两种进给同时进行的情况，否则会损坏机构。

KS1 与 KS2 为速度继电器 KS 中两对独立的常开（动合）触点，以实现主轴电机 M1 的反接制动。KS1 串联在反转控制程序中，而 KS2 串联在正转控制程序中。当主轴电机 M1 正转时，反转控制程序中 KS1 闭合，但互锁使反转控制程序却不能得电，只有停车时解除互锁，KS1 的闭合才使反转控制程序得电，实现反接制动，当 M1 的转速小于 100r/min 时，KS1 断开，反转控制程序失电，制动结束；同理，当主轴电机 M1 反转时，正转控制程序中的 KS2 闭合，但互锁使正转控制程序却不能得电，只有停车时解除互锁，KS2 的闭合才使正转控制程序得电，实现反接制动，当 M1 的转速小于 100r/min 时，KS2 断开，正转控制程序失电，制动结束。

T68 型普通镗床电气控制元件与 PLC 的 I/O 配置如表 6-2 所示。

表 6-2　T68 型普通镗床电气控制元件与 PLC 的 I/O 配置

输入设备		PLC 输入继电器	输出设备		PLC 输出继电器
代　号	功　能		代　号	功　能	
SB1	M1 的停止按钮	X000	KM1	M1 的正转接触器	Y000
SB2	M1 的正转按钮	X001	KM2	M1 的反转接触器	Y001
SB3	M1 的反转按钮	X002	KM3	限流电阻制动接触器	Y002
SB4	M1 的正转点动按钮	X003	KM4	M1 低速△接触器	Y003
SB5	M1 的反转点动按钮	X004	KM5	M1 高速 YY 接触器	Y004
SQ	高低速转换行程开关	X005	KM6	M1 高速 YY 接触器	Y005
SQ1	主轴变速行程开关	X006	KM7	M2 正转接触器	Y006
SQ2	主轴变速行程开关	X007	KM8	M2 反转接触器	Y007
SQ3	进给变速行程开关	X010			
SQ4	进给变速行程开关	X011			
SQ5	快速电动机 M2 正转限位	X012			
SQ6	快速电动机 M2 反转限位	X013			

续表

输入设备		PLC输入继电器	输出设备		PLC输出继电器
代　号	功　能		代　号	功　能	
SQ7	工作台或主轴箱机动进给限位	X014			
SQ8	主轴或花盘刀架机动进给限位	X015			
FR	M1的热继电器动合触点	X016			
KS1	速度继电器正转触点	X017			
KS2	速度继电器反转触点	X020			

2. 主电路、PLC 的 I/O 接线

T68 型普通镗床的主电路及电气元件与 PLC 的 I/O 接线如图 6-10 所示。

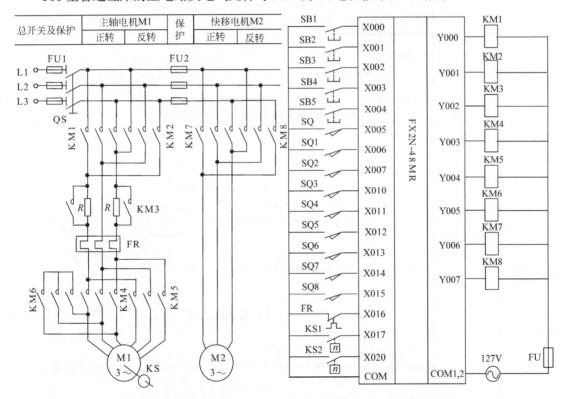

图 6-10　T68 型普通镗床的主电路及电气元件与 PLC 的 I/O 接线图

3. T68 型普通镗床的电气 PLC 控制梯形图

满足 T68 型普通镗床电气控制要求的 PLC 控制梯形图如图 6-11 所示。

三、PLC 控制程序的分析

1. 主轴电动机 M1 的控制

（1）主轴电动机 M1 的正、反转控制

主轴电机 M1 正、反转控制的梯形图程序如图 6-12。程序中采用了 PLC 内部的辅助继电器 M102 和 M103 作为正反转控制，为了保证可靠的正反转切换，用 PLC 内部时间继电器 T1 和 T2 完成 1s 的正反转切换延时。

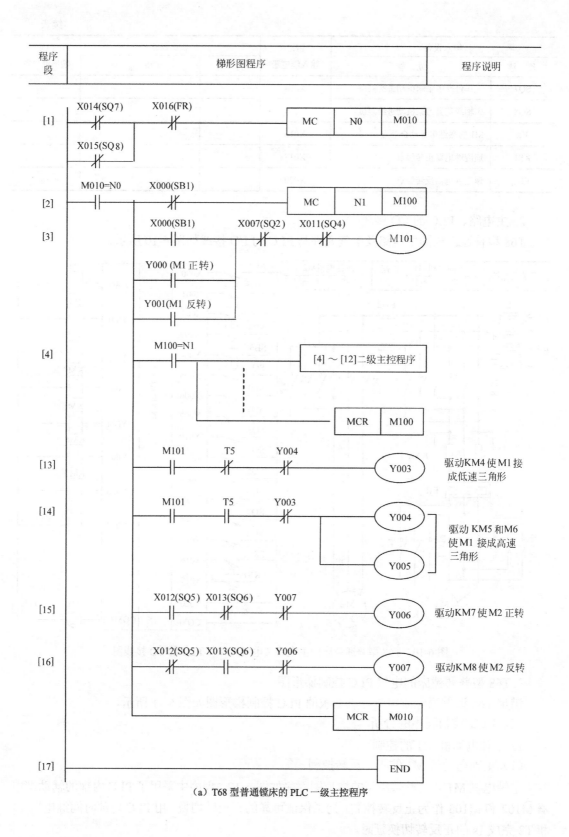

（a）T68 型普通镗床的 PLC 一级主控程序

程序段	梯形图程序	程序说明

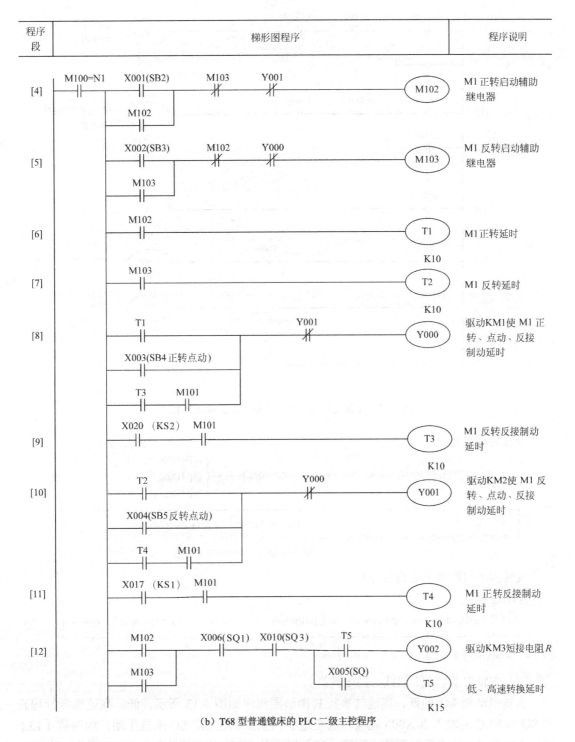

（b）T68型普通镗床的PLC二级主控程序

图6-11 T68型普通镗床的电气PLC控制梯形图

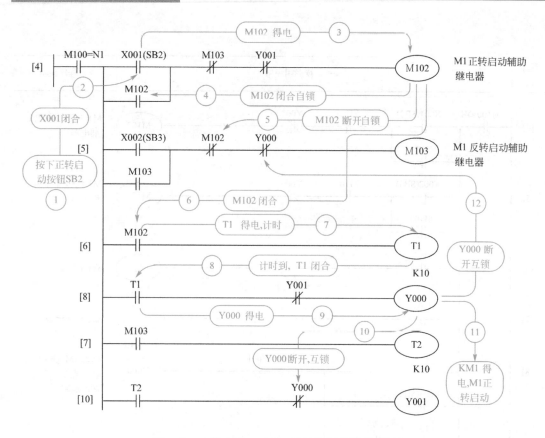

图 6-12 主轴电机 M1 正、反转控制的梯形图程序

正转启动过程：

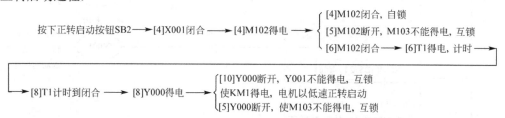

反转启动过程请读者自行分析。

停车过程：

按下停车按钮 SB1 ──→ [2]X000断开 ──→ [2]M100失电 ──→ [4]M100断开，使二级主控程序失电 ──→

──→ [8]Y000失电 ──→ KM1失电，电机正转停止

（2）主轴电动机 M1 的低、高速转换

主轴电动机 M1 的低、高速转换控制梯形图程序如图 6-13 所示，低、高速选择行程开关 SQ 与 PLC 的输入点 X005 连接。当变速手柄扳在低速挡，SQ 未被压动，程序第［12］段中 X005 常开触点是断开的，程序［13］段中的 Y003 使低速接触器 KM4 通电，电机定子接成三角形，电机直接低速启动。当变速手柄扳在高速挡，SQ 被压动，X005 触点闭合，经 PLC 内部定时器 T5 延时后，T5 的常闭（动断）触点使程序［13］段中低速接触器 KM4 断电，程序［14］段中 T5 的常开（动合）触点将高速接触器 KM5、KM6 通电，电动机

M1 定子接成 YY 形高速运行，实现 M1 从低速到高速的转换控制。切换顺序如图 6-13 中的指示线所示。

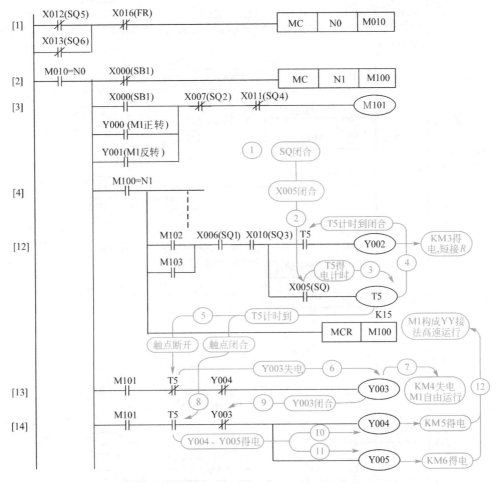

图 6-13　主轴电动机 M1 低、高速转换控制梯形图程序

低速转换到高速的切换过程如下：

当按下启动按钮使电动机 M1 直接以低速启动后，第 ［3］ 段的 M101 得电，使第 ［13］ 和 ［14］ 段的 M101 闭合，同时第 ［4］ 段的 M102 或第 ［5］ 段的 M103 得电，使第 ［12］ 段的 M102 或 M103 闭合，为转速切换作好准备。

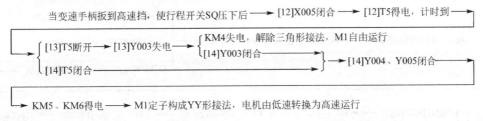

（3）主轴电动机 M1 的点动控制

主轴电动机 M1 的点动控制梯形图程序如图 6-14 所示。

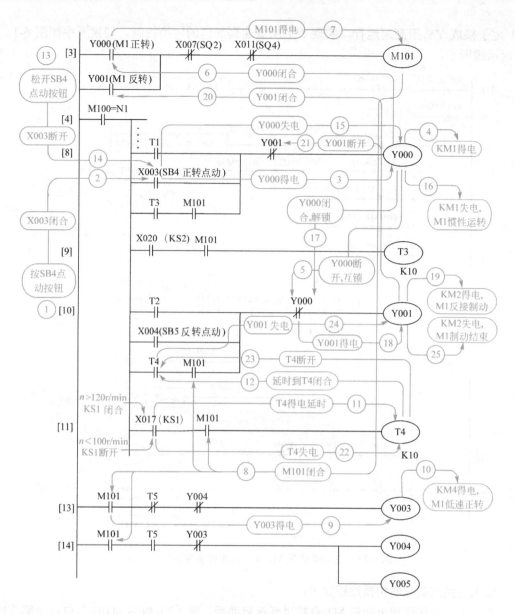

图 6-14　主轴电动机 M1 的点动控制梯形图程序

主轴电动机 M1 的正转点动过程:

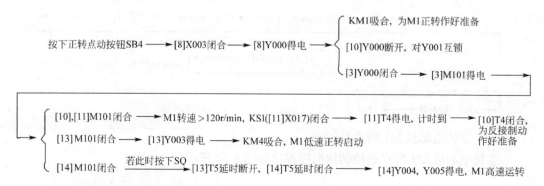

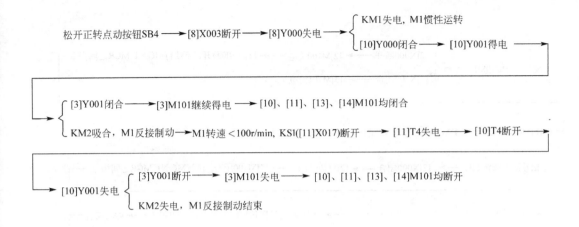

主轴电动机 M1 的反转点动过程请读者分析。

（4）主轴电动机 M1 的反接制动控制

主轴电动机 M1 的反接制动梯形图程序如图 6-15 所示。反接制动控制过程如下：

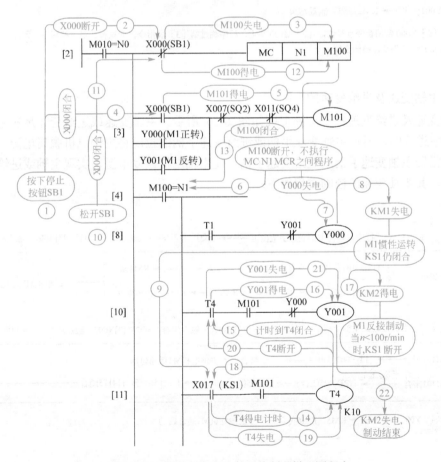

图 6-15　主轴电动机 M1 的反接制动梯形图程序

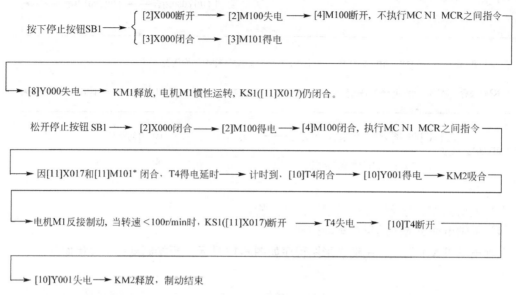

按下停止按钮SB1 ⟶ {[2]X000断开 ⟶ [2]M100失电 ⟶ [4]M100断开，不执行MC N1 MCR之间指令⟶
                    [3]X000闭合 ⟶ [3]M101得电

⟶ [8]Y000失电 ⟶ KM1释放，电机M1惯性运转，KS1([11]X017)仍闭合。

松开停止按钮SB1 ⟶ [2]X000闭合 ⟶ [2]M100得电 ⟶ [4]M100闭合，执行MC N1 MCR之间指令⟶

⟶ 因[11]X017和[11]M101*闭合，T4得电延时 ⟶ 计时到，[10]T4闭合 ⟶ [10]Y001得电 ⟶ KM2吸合⟶

⟶ 电机M1反接制动，当转速<100r/min时，KS1([11]X017)断开 ⟶ T4失电 ⟶ [10]T4断开 ⟶

⟶ [10]Y001失电 ⟶ KM2释放，制动结束

* 由于［2］X000常闭合触点复位，［2］M100得电，程序跳过第［3］段指令，而执行二级主控程序。因此，在二级主控程序中 M101 常开触点仍是保持闭合的。

（5）主轴变速及进给变速的控制

主轴变速及进给变速控制的梯形图如图 6-16 所示。主轴变速或进给变速是在主轴电机 M1 运行中进行的，通过主轴变速手柄或进给变速手柄的拉出将主轴电机脱离电源，经机械变速后，推回主轴变速手柄或进给变速手柄，使主轴电机恢复电源，实现主轴或进给所需的新的速度。其主轴变速的控制过程如下：

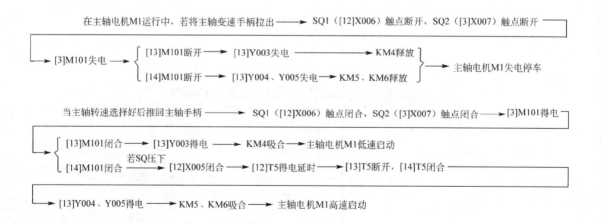

关于进给变速控制的过程与主轴变速控制过程相似，请读者自行分析。

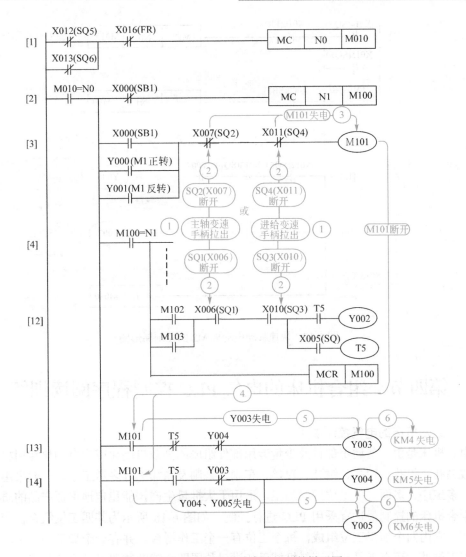

图 6-16　主轴变速及进给变速控制的梯形图

2. 快移电动机 M2 的控制

快速移动电动机 M2 的控制梯形图如图 6-17 所示。

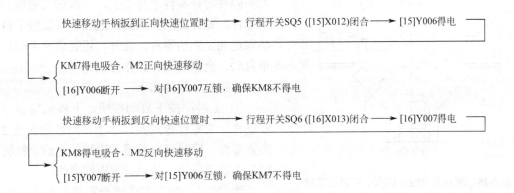

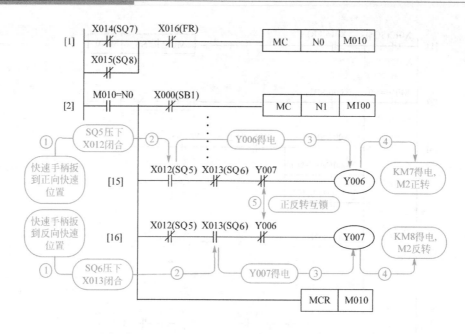

图 6-17 快速移动电动机 M2 的控制梯形图

第四节 组合机床的电气 PLC 控制程序阅读训练

一、组合机床的电气控制要求

组合机床是由一些通用部件及少量专用部件组成的高效自动化或半自动化专用机床。可以完成钻孔、扩孔、铰孔、镗孔、攻丝、车削、铣削及精加工等多道工序，一般采用多轴、多刀、多工序、多面、多工位同时加工，适用于大批量生产，能稳定地保证产品的质量。

组合机床的控制最适宜采用 PLC 进行控制。如图 6-18 所示为某四工位组合机床十字轴示意图。它由四个加工工位组成，每个工位有一个工作滑台，并有一个加工动力头。除了四个加工工位外，还有夹具、上下料机械手和进料装置四个辅助装置以及冷却和液压系统等四部分。

该组合机床的加工工艺要求加工零件由上料机械手自动上料，上料后，机床的加工动力头同时对该零件进行加工，一次加工完成一个零件，零件加工完成后，通过下料机械手自动取走加工完的零件。此外，还要求有手动、半自动、全自动三种工作方式。

控制要求具体如下：

① 上料：按下启动按钮，上料机械手 3 前进将加工零件送到夹具 2 上。到位后夹具 2 夹紧零件，同时进料装置 4 进料，之后上料机械手 3 退回原位，放料装置退回原位。

② 加工：四个工作滑台前进，其中工位 Ⅰ、Ⅲ动力头先加工，Ⅱ、Ⅳ延时一定的时间

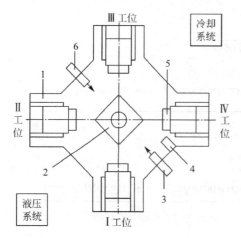

图 6-18 某四工位组合机床十字轴示意图
1—工作滑台；2—夹具；3—上料机械手；4—进料装置；
5—主轴；6—下料机械手

再加工，包括铣端面、打中心孔等。加工完成后，各工作滑台均退回原位。

③ 下料：下料机械手 6 向前抓住零件，夹具 2 松开，下料机械手退回原位并取走加工完的零件。

①～③完成了一个工作顺环。若在自动机械手状态下，则机床自动开始下一个循环，实现全自动工作方式。若在预停状态，即在半自动状态下，则机床循环完成后，机床自动停在原位。

组合机床的工作流程如图 6-19 所示。

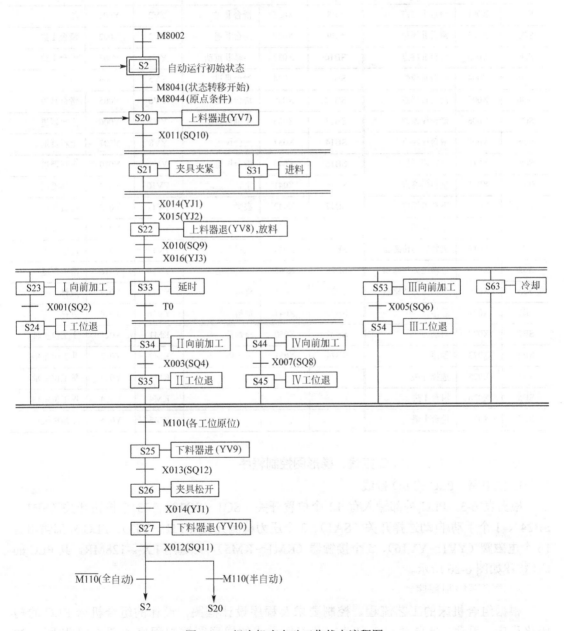

图 6-19　组合机床自动工作状态流程图

二、组合机床的电气元件及对应 PLC 的 I/O 分配表

四工位组合机床的输入信号共有 39 个，输出有 21 个，均为开关量，其输入/输出地址编排如表 6-3 所示。

表 6-3　组合机床的电气元件与 PLC 对应的 I/O 分配表

输 入						输 出		
器件号	地址号	功能说明	器件号	地址号	功能说明	器件号	地址号	功能说明
SQ1	X000	滑台 I 原位	SB7	X030	主轴 I 点动	YV1	Y000	夹紧
SQ2	X001	滑台 I 终点	SB8	X031	滑台 II 进	YV2	Y001	松开
SQ3	X002	滑台 II 原位	SB9	X032	滑台 II 退	YV3	Y002	滑台 I 进
SQ4	X003	滑台 II 终点	SB10	X033	主轴 II 点动	YV4	Y003	滑台 I 退
SQ5	X004	滑台 III 原位	SB11	X034	滑台 III 进	YV5	Y004	滑台 III 进
SQ6	X005	滑台 III 终点	SB12	X035	滑台 III 退	YV6	Y005	滑台 III 退
SQ7	X006	滑台 IV 原位	SB13	X036	主轴 III 点动	YV7	Y006	上料器进
SQ8	X007	滑台 IV 终点	SB14	X037	滑台 IV 进	YV8	Y007	上料器退
SQ9	X010	上料器原位	SB15	X040	滑台 IV 退	YV9	Y010	下料器进
SQ10	X011	上料器终点	SB16	X041	主轴 IV 点动	YV10	Y012	下料器退
SQ11	X012	下料器原位	SB17	X042	夹紧	YV11	Y013	滑台 II 进
SQ12	X013	下料器终点	SB18	X043	松开	YV12	Y014	滑台 II 退
YJ1	X014	夹紧压力传感器	SB19	X044	上料器进	YV13	Y015	滑台 IV 进
YJ2	X015	进料压力传感器	SB20	X045	上料器退	YV14	Y016	滑台 IV 退
YJ3	X016	放料压力传感器	SB21	X046	进料	YV15	Y017	放料
SB1	X021	总停	SB22	X047	放料	YV16	Y020	进料
SB2	X022	启动	SB23	X050	冷却开	KM1	Y021	I 工位主轴
SB3	X023	预停	SB24	X051	冷却停	KM2	Y022	II 工位主轴
SA1	X025	选择开关				KM3	Y023	III 工位主轴
SB5	X026	滑台 I 进				KM4	Y024	IV 工位主轴
SB6	X027	滑台 I 退				KM5	Y025	冷却电机

三、主电路、PLC 的 I/O 接线、梯形图控制程序

1. 主电路、PLC 的 I/O 接线

根据表 6-3，PLC 外部输入有 12 个位置开关（SQ1～SQ12）、23 个按钮开关（SB1～SB24）、1 个手动/自动选择开关（SA1）、3 个压力检测开关（YJ1～YJ3）；PLC 外部输出有 16 个电磁阀（YV1～YV16）、5 个接触器（KM1～KM5），可选用 FX$_{2N}$-128MR。其 PLC 的 I/O 接线如图 6-20 所示。

2. 梯形图控制程序

根据组合机床的工艺流程、控制要求及程序设计框图，设计的组合机床 PLC 的初始化程序、手动、半自动和全自动三种工作方式的梯形图控制程序如图 6-21 和图 6-22 所示。

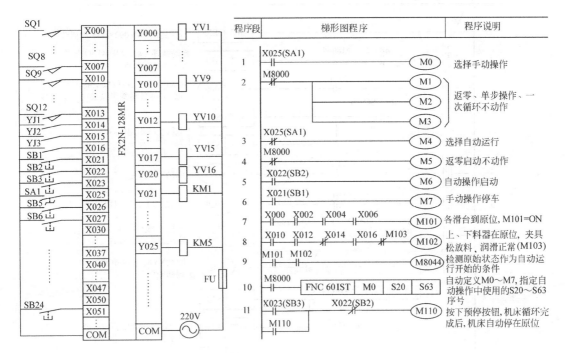

图 6-20 四工位组合机床 PLC 的 I/O 接线图　　　图 6-21 四工位组合机床的 PLC 初始化程序

四、PLC 控制程序的分析

1. 组合机床 PLC 的初始化程序

初始化程序中应用了状态初始化指令"IST"，该指令可以对步进梯形图中的状态初始化和一些特殊辅助继电器进行自动切换控制。该指令有一个源操作数和两个目的操作数，源操作数对辅助继电器 M0～M7 进行了定义，对于不使用的辅助继电器 M1～M3 和 M5 采用了 M8000 的常闭触点进行了处理；两个目的操作数的意义是：

D1（·）指定自动模式中使用状态的最小号码；

D2（·）指定自动模式中使用状态的最大号码。

当 M8000=ON，执行 IST 指令时，下列元件被自动控制。但是，M8000=OFF 时下列单元状态清除：

禁止转移 M8040：所有状态被禁止转移；　　　S0：手动操作状态初始化；

转移开始 M8041：从初始状态 S2 转移；　　　S1：返零状态初始化；

启动脉冲 M8042：输出启动脉冲；　　　S2：自动操作状态初始化；

复位完毕 M8043：机械复位后动作；

原点条件 M8044：检测机械都在原点时，动作；

输出全部禁止 M8045：在进行手动、半自动和自动切换时，若机械不在原点，输出全部禁止；

STL 监测有效 M8047：动作时将 S0～S899 的状态按顺序存入 D8040～D8047 中。

程序段	梯形图程序	程序说明

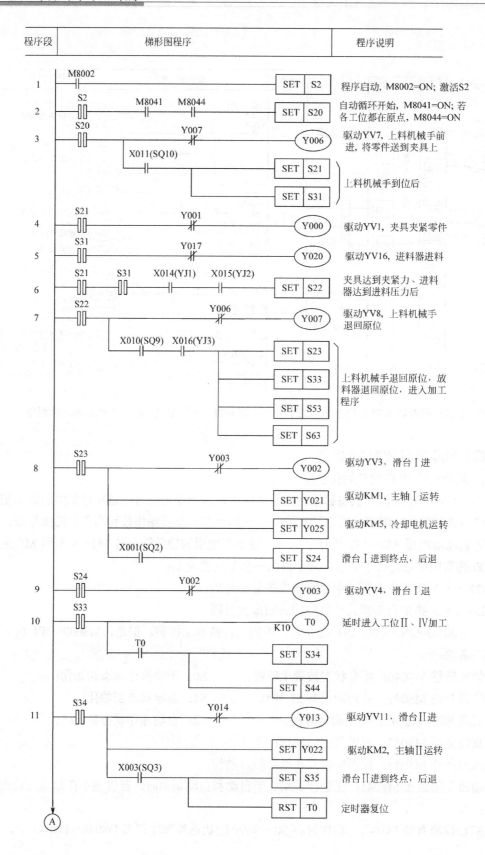

1　M8002　SET S2　程序启动，M8002=ON；激活S2

2　S2　M8041　M8044　SET S20　自动循环开始，M8041=ON；若各工位都在原点，M8044=ON

3　S20　Y007　(Y006)　驱动YV7，上料机械手前进，将零件送到夹具上
　　X011(SQ10)　SET S21　上料机械手到位后
　　SET S31

4　S21　Y001　(Y000)　驱动YV1，夹具夹紧零件

5　S31　Y017　(Y020)　驱动YV16，进料器进料

6　S21　S31　X014(YJ1)　X015(YJ2)　SET S22　夹具达到夹紧力、进料器达到进料压力后

7　S22　Y006　(Y007)　驱动YV8，上料机械手退回原位
　　X010(SQ9)　X016(YJ3)　SET S23　上料机械手退回原位，放料器退回原位，进入加工程序
　　SET S33
　　SET S53
　　SET S63

8　S23　Y003　(Y002)　驱动YV3，滑台Ⅰ进
　　SET Y021　驱动KM1，主轴Ⅰ运转
　　SET Y025　驱动KM5，冷却电机运转
　　X001(SQ2)　SET S24　滑台Ⅰ进到终点，后退

9　S24　Y002　(Y003)　驱动YV4，滑台Ⅰ退

10　S33　K10 T0　延时进入工位Ⅱ、Ⅳ加工
　　T0　SET S34
　　SET S44

11　S34　Y014　(Y013)　驱动YV11，滑台Ⅱ进
　　SET Y022　驱动KM2，主轴Ⅱ运转
　　X003(SQ3)　SET S35　滑台Ⅱ进到终点，后退
　　RST T0　定时器复位

Ⓐ

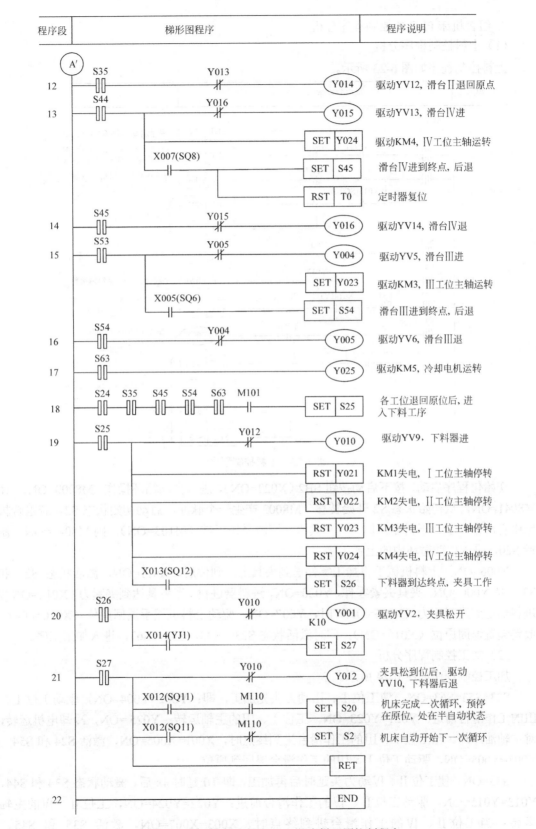

程序段	梯形图程序	程序说明

A'

12　S35 ──┤├── Y013 ──┤/├── (Y014)　驱动YV12，滑台Ⅱ退回原点

13　S44 ──┤├── Y016 ──┤/├── (Y015)　驱动YV13，滑台Ⅳ进

　　　　　[SET Y024]　驱动KM4，Ⅳ工位主轴运转

　　X007(SQ8) ──┤├── [SET S45]　滑台Ⅳ进到终点，后退

　　　　　[RST T0]　定时器复位

14　S45 ──┤├── Y015 ──┤/├── (Y016)　驱动YV14，滑台Ⅳ退

15　S53 ──┤├── Y005 ──┤/├── (Y004)　驱动YV5，滑台Ⅲ进

　　　　　[SET Y023]　驱动KM3，Ⅲ工位主轴运转

　　X005(SQ6) ──┤├── [SET S54]　滑台Ⅲ进到终点，后退

16　S54 ──┤├── Y004 ──┤/├── (Y005)　驱动YV6，滑台Ⅲ退

17　S63 ──┤├── (Y025)　驱动KM5，冷却电机运转

18　S24 ─┤├─ S35 ─┤├─ S45 ─┤├─ S54 ─┤├─ S63 ─┤├─ M101 ─┤├─ [SET S25]　各工位退回原位后，进入下料工序

19　S25 ──┤├── Y012 ──┤/├── (Y010)　驱动YV9，下料器进

　　　　　[RST Y021]　KM1失电，Ⅰ工位主轴停转

　　　　　[RST Y022]　KM2失电，Ⅱ工位主轴停转

　　　　　[RST Y023]　KM3失电，Ⅲ工位主轴停转

　　　　　[RST Y024]　KM4失电，Ⅳ工位主轴停转

　　X013(SQ12) ──┤├── [SET S26]　下料器到达终点，夹具工作

20　S26 ──┤├── Y010 ──┤/├── (Y001)　驱动YV2，夹具松开
　　　　　　　　　　　　　　K10

　　X014(YJ1) ──┤├── [SET S27]

21　S27 ──┤├── Y010 ──┤/├── (Y012)　夹具松到位后，驱动YV10，下料器后退

　　X012(SQ11) ─┤├─ M110 ─┤├─ [SET S20]　机床完成一次循环，预停在原位，处在半自动状态

　　X012(SQ11) ─┤├─ M110 ─┤/├─ [SET S2]　机床自动开始下一次循环

　　　　　[RET]

22　　　　[END]

图 6-22　四工位组合机床 PLC 状态梯形图控制程序

2. 组合机床 PLC 的控制程序分析

（1）上料控制程序分析

上料控制程序如图 6-23 所示。

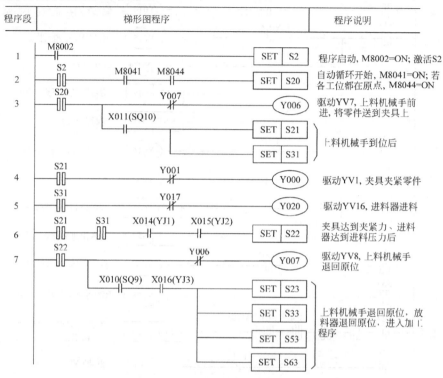

程序段	梯形图程序	程序说明
1	M8002 SET S2	程序启动，M8002=ON；激活 S2
2	S2 M8041 M8044 SET S20	自动循环开始，M8041=ON；若各工位都在原点，M8044=ON
3	S20 Y007 Y006 / X011(SQ10) SET S21 / SET S31	驱动 YV7，上料机械手前进，将零件送到夹具上 / 上料机械手到位后
4	S21 Y001 Y000	驱动 YV1，夹具夹紧零件
5	S31 Y017 Y020	驱动 YV16，进料器进料
6	S21 S31 X014(YJ1) X015(YJ2) SET S22	夹具达到夹紧力、进料器达到进料压力后
7	S22 Y006 Y007 / X010(SQ9) X016(YJ3) SET S23 / SET S33 / SET S53 / SET S63	驱动 YV8，上料机械手退回原位 / 上料机械手退回原位，放料器退回原位，进入加工程序

图 6-23 上料控制程序

初始化程序启动，按下启动按钮 SB2（X022=ON），进入自动循环操作，M8000=ON，使 M8041=ON，从初始状态 S2 开始转移。M8002 产生一个脉冲，启动初始状态 S2，若组合机床中各滑台，上、下料器在原位，夹具松，润滑系统正常（M103=ON），则 M8044=ON，激活 S20，进入自动循环中的上料工序。

Y006=ON，上料机械手将加工零件送到夹具上，到位后，X011=ON，激活状态 S21 和 S31，使 Y000=ON，夹具夹紧零件，Y020=ON，进料器进料。当夹具达到夹紧力（X014=ON），进料器达到进料压力（X015=ON）时，Y007=ON，驱动上料机械手退回原位（X010=ON），放料装置退回原位（X016=ON），同时激活状态 S23，S33，S53，S63，进入加工工序。

（2）加工控制程序分析

加工控制程序如图 6-24 所示。

S23=S53=S63=ON，使工位 I、III 动力头先加工，即：Y002=Y004=ON，驱动工位 I、III 的工作滑台前进；Y021=Y023=ON，工位 I、III 的主轴运转；Y025 =ON，冷却电机运转，对主轴油冷却。当工位 I、III 的工作滑台进到终点时，X001=X005=ON，激活 S24 和 S54，Y003=Y005=ON，驱动工位 I、III 的工作滑台退回到原位。

S33=ON，使工位 II、IV 动力头延时后再加工，即 T0 延时 1s 后，激动状态 S34 和 S44，Y013=Y015=ON，驱动工位 II、IV 的工作滑台前进；Y022=Y024=ON，工位 II、IV 的主轴运转；当工位 II、IV 的工作滑台进到终点时，X003=X007=ON，激活 S35 和 S45，Y014=Y016=ON，驱动工位 II、IV 的工作滑台退回到原位。

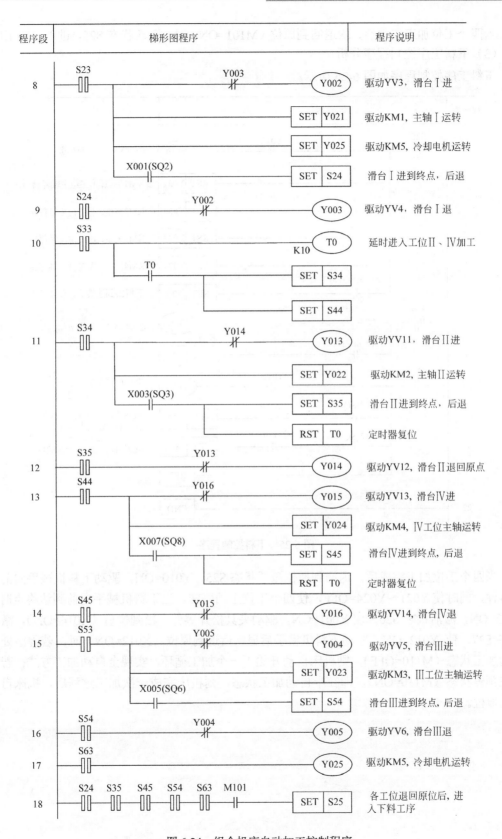

图 6-24　组合机床自动加工控制程序

当四个工位加工完成后，均退回到原位（M101=ON）时，激活状态 S25，进入下料工序。

（3）下料工序控制程序分析

下料工序控制程序如图 6-25 所示。

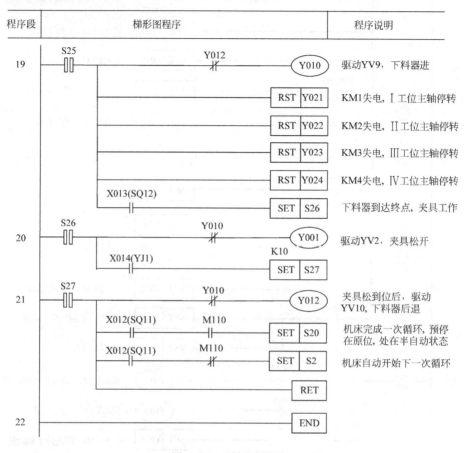

图 6-25　下料控制程序

当四个工位加工完成后，退回到原位激活状态 S25，Y010=ON，驱动下料机械手向前抓住零件，同时使 Y021～Y024=OFF，使四个工位主轴停转。当下料机械手向前到达终点时，X013=ON，激活状态 S26，使 Y001=ON，驱动夹具松开零件，松到位后（X014=ON），激活状态 S27，使 Y012=ON，驱动下料机械手后退，后退到原位（X012=ON）时，若程序处在自动加工状态（M110=OFF），则机床自动开始下一个加工循环，实现全自动加工方式；若程序在预停状态（M110=ON），即在半自动加工状态，则机床完成一次加工过程后，机床自动停在原位。

第七章　PLC 控制系统设计

第一节　PLC 控制系统的设计概述

在了解了 PLC 的特点和结构组成，学习了 PLC 的工作原理和指令系统，进行了基础性实验、工程应用性实训后，如何根据一个实际的工业控制项目，完成 PLC 控制系统的设计，使之最大限度地满足机械设备或生产工艺的要求，是学习 PLC 的根本目的。为了实现这一目标，还应结合 PLC 控制技术的特点，进行比较深入的研究与实训。PLC 控制系统的课程设计训练就是通过一些浅显易懂的工程实例，从工程的角度，从操作的角度，尽可能全面地综合考虑问题和处理问题，进而完成 PLC 控制系统的设计。

一、控制系统设计的基本原则

与电气控制系统设计一样，PLC 控制系统的设计原则就是为了实现被控对象（生产设备或生产过程）的工艺要求，从而保证生产过程安全、可靠、稳定、高效地进行。基本的设计原则如下。

1. 满足被控对象的要求

PLC 控制系统设计的首要任务就是要充分满足被控对象对控制系统提出的要求，这也是 PLC 控制系统设计中最重要的原则。

为了实现系统的控制目标，设计人员应对被控对象和生产现场进行深入细致的调查研究，详细收集有关的设计资料，包括生产现场的作业环境、生产设备的相关参数、控制设备的操作方式和操作顺序以及相关的管理经验等。在制订控制方案时，要与现场的管理人员、技术人员及操作人员共同研究，紧密配合，共同拟订控制方案，解决设计中的疑难问题和重点问题。

在制订控制系统的控制方案时，要从工程实际出发，要充分考虑系统功能的组成及实现，主要从以下几方面考虑。

① 机械部件的动作顺序、动作条件、必要的保护和联锁。

② 系统的工作方式（如手动、自动、半自动）。

③ 生产设备内部机械、电气、仪表、气动、液压等各个系统之间的关系。

④ PLC 与上位计算机、交/直流调速器、工业机器人等智能设备的关系。

⑤ 系统的供电方式、接地方式及隔离屏蔽问题。

⑥ 网络通信方式。

⑦ 数据显示的方式及内容。

⑧ 安全保护措施及紧急情况处理。

2. 确保系统安全可靠、操作简单

确保 PLC 控制系统的安全可靠、长期稳定地连续运行，这是任何一个控制系统的生命线。为此，必须在控制方案的制定、控制设备的选择及应用程序的编制方面都要建立在确保控制系统安全可靠的基础上。

在操作上，要保证系统操作的安全可靠，尤其是在设计控制程序时，不仅要保证在正常的工作条件下的正确运行，还必须充分考虑到在非正常的工作条件下（如电源突然掉电再上电，操作人员的误操作、非法操作等），系统仍能正常工作。要求控制程序只能接受合法操作，拒绝非法操作。

3. 尽量减少工程成本和维护费用

设计一个控制系统都要求能够改善作业环境，提高劳动生产率，改进产品质量。但是，如何在满足生产工艺要求的前提下，设计一个低成本、低维护费用的 PLC 控制系统，这也应当是进行 PLC 控制系统设计时要考虑的一个基本设计原则，使得设计出来的 PLC 控制系统，既可靠、高效，又经济、实用。

4. 适当留有扩展裕量

PLC 具有易于系统扩展的能力，以 PLC 作为主控制器的控制系统，要考虑和利用这种易于系统扩展的能力。在进行 PLC 控制系统设计时，要考虑到今后生产工艺的改进和控制功能的扩充问题。在进行控制系统组合时，PLC 的 I/O 点及功能要留有适当的裕量。

二、控制系统硬件设计的基本内容

PLC 控制系统是由各种电气控制设备与 PLC 输入、输出接点连接而成的。因此，PLC 控制系统硬件设计的基本内容应包括以下内容。

1. 正确选择合适的电气控制元件

根据控制要求，选择合适的输入控制元件（如按钮、操作开关、限位开关、传感器等）、输出控制设备（如信号灯、接触器、伺服控制器、变频器等执行元件）以及由输出设备驱动的控制对象（电动机、电磁阀等），确保设计的 PLC 控制系统在满足生产工艺要求的前提下，可靠、高效，经济、实用。

2. 机型选择

由于 PLC 是 PLC 控制系统的核心器件，因此正确选择 PLC 的机型，是进行 PLC 系统设计的首要内容。机型的选择应考虑以下几方面。

（1）系统的控制类型

下列系统适宜采用 PLC 控制。

① 单机控制的小系统。

② 慢过程控制的大系统。

③ 快速控制的大系统。

（2）系统的控制对象

① 输入量/输出量的类型和数量。

② 对 PLC 功能的要求。

③ 控制室与现场的最远距离。

选择 PLC，包括机型、容量的选择以及 I/O 模块、电源模块等的选择。

3. 硬件系统的组态

在选定 PLC 的机型后，就要对所选机型进行硬件系统组态。组态是指配置 PLC 系统的硬件的功能和参数。进行一个 PLC 系统的组态应包含很多内容，例如：对输入/输出的组态；对通信设备的组态；对各种功能模板的组态等。 最基本、最常用的系统组态是 PLC 基本单元的输入/输出系统与电气元器件的组态。

4. 编程元件地址分配

对系统进行组态后，要对 PLC 系统的编程元件进行地址分配，首先是要对输入/输出点进行地址分配。在进行地址分配时，从理论上讲，可以随意分配，但是从工程实际角度出发，应考虑地址分配与电缆布线、程序编制、系统调试及维护检修的联系，使之便于施工布线，便于编制和调试程序，便于维护检修。

建立了地址分配表的好处是可以使用符号地址编写程序。

三、控制系统的软件设计

软件设计就是编写具体的用户程序，几种典型的 PLC 控制程序的编写方法如下。

1. 转换编写法

这是一种模仿继电器控制线路图的编程方法，其编程元件的名称和图形与继电器控制线路图都非常相近。原继电器控制线路可以很容易地转换成梯形图语言，对于现场熟悉继电器控制的技术人员，是最方便的编程方法。

（1）编写步骤

① 了解和熟悉被控设备的工艺过程和机械的动作情况，可先画出继电-接触器控制线路图，分析和掌握系统的工作原理，在转换为程序设计和调试系统时做到心中有数。

② 确定 PLC 的输入信号和输出信号，画出 PLC 的外部接线图。

继电-接触器控制电路图中的交流接触器、电磁阀等执行机构的硬件线圈接在 PLC 的输出端，用 PLC 的输出继电器来驱动。按钮开关、限位开关、接近开关、控制开关等接在 PLC 的输入端，用来给 PLC 提供控制命令和反馈信号。在确定了各输入信号和输出信号对应的 PLC 的输入和输出端地址号后，画出 PLC 的 I/O 分配表和 PLC 外部接线图。

③ 确定 PLC 梯形图中的辅助继电器（M）和定时器（T）的元件号。

继电-接触器控制线路图中的中间继电器和时间继电器可用 PLC 内部的辅助继电器（M）和定时器（T）来替代，并确定其对应关系。

④ 根据上述对应关系写出 PLC 的梯形图。

第②步和第③步建立了继电-接触器线路图中的硬件元件和梯形图中的软元件之间的对应关系，将继电-接触器线图转换成对应的梯形图。

⑤ 根据被控设备的工艺过程和机械的动作情况以及梯形图编程的基本规则，优化梯形图，使梯形图既符合控制要求，又具有合理性、条理性和可靠性。

⑥ 根据梯形图进行模拟操作，边调试边修改，直至满足控制要求。

（2）转换法编程的应用

【例 7-1】图 7-1 是三相异步电动机正反转及能耗制动的继电-接触器控制线路图，试将该线路图转换为功能相同的 PLC 的外部接线图和梯形图。

解：①分析动作原理　图 7-1 是三相异步电动机正反转及能耗制动的继电-接触器控制线路图。其中，KM1 是正转接触器，KM2 是反转接触器；SB1 是正转按钮，SB2 是反转按钮，SB 是停止按钮。

按下 SB1，KM1 得电并自锁，电动机正转，按 SB 或 FR 动作，KM1 失电，电动机停止；按下 SB2，KM2 得电并自锁，电动机反转，按 SB 或 FR 动作，KM2 失电，电动机停止；电动机正转运行时，因 KM1 常闭辅助触点断开，对反转控制线路互锁，所以按反转启动按钮 SB2 不起作用，同理，电动机反转运行时，按正转启动按钮 SB1 也不起作用。

在按下停止按钮 SB 时，KM1 或 KM2 断电，常闭辅助触点闭合，使 KT 和 KM3 得电，电机处于能耗制动，经 Ts 后，KT 触点延时断开，制动结束。

② 确定输入/输出信号　根据上述分析，其接收的输入信号有 SB、SB1、SB2、FR；输出需要驱动的接触器有 KM1、KM2、KM3，它们与 PLC 的 I/O 连接的分配关系如表 7-1 所示。

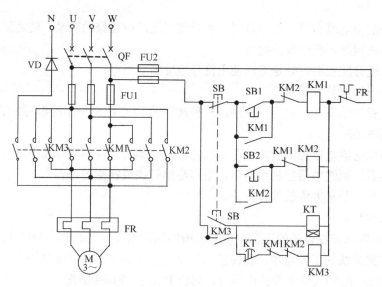

图 7-1　三相异步电动机正反转及能耗制动继电-接触器控制电路图

表 7-1　PLC 的 I/O 接点地址分配表

输入信号		输出信号		选用的 PLC 内部元件	
元件名称	地址分配	元件名称	地址分配	辅助继电器名称	地址分配
停止按钮 SB	X000	正转接触器 KM1	Y001	时间继电器	T0
正转按钮 SB1	X001	反转接触器 KM1	Y002		
反转按钮 SB2	X002	制动接触器 KM	Y003		
热继电器 FR	X003				

③ 画出 PLC 的外部接　根据表 7-1 PLC 的 I/O 接点地址的分配关系,画出 PLC 的外部 I/O 接线图如图 7-2 所示。图中,PLC 输出驱动 KM1、KM2 的线圈线路中增加了常闭触点作为互锁,可防止断电时产生的电弧粘合主触点断不开时,造成主电路短路。

④ 编写对应的梯形图程序　根据图 7-1 和图 7-2,在 PLC 编程软件中编写的梯形图程序如图 7-3 所示。

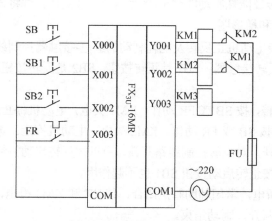

图 7-2　PLC 的 I/O 接线图

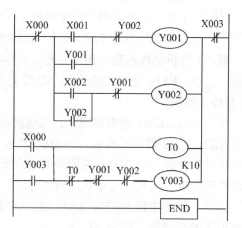

图 7-3　电动机正、反转及能耗制动继电器电路对应的梯形图

⑤ 优化梯形图程序 根据电动机正反转及停车能耗制动的动作情况以及梯形图编程的基本规则（线圈右边应无触点），可对图7-3程序进行优化，其优化的梯形图程序如图7-4所示。

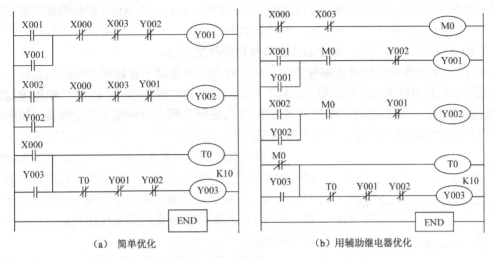

（a）简单优化　　　　　　　　　（b）用辅助继电器优化

图7-4 电动机正、反转及能耗制动的优化梯形图

（3）设计注意事项

根据继电-接触器线路图设计 PLC 梯形图程序时应注意以下问题。

① 应遵守梯形图语言中的语法规定 例如在继电-接触器线路图中，触点可以放在线圈的左边，也可以放在线圈的右边，但是在梯形图中，PLC 内部元件触点只能在线圈和输出类指令（如 RST、SET 和应用指令等）的左边。

② 程序中可设置辅助继电器和主控指令 在梯形图中，若多个线圈都受某一触点（或触点的串并联线路）的控制，为了优化线路，在梯形图中可设置辅助继电器或用主控指令的触点，如图7-4（b）和图7-5。

③ 分离交织在一起的线路 设计梯形图时以线圈为单位，分别考虑继电-接触器线路图中每个线圈受到哪些触点和线路的控制，然后编出相应的等效梯形图。

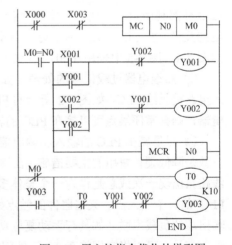

图7-5 用主控指令优化的梯形图

在继电-接触器线路中，为了减少使用的器件和少用触点，节省硬件成本，各个继电器、接触器线路线圈的控制线路往往是互相关联，交织在一起的。如图7-1不加改动地直接转换为图7-3的梯形图时，其对应的指令程序中会出现进栈（MPS）和出栈（MPP）指令，影响程序执行速度，因此可将各线圈的控制线路分离开来编程，如图7-4（a）所示，这样处理可能会多用一些触点，但与直接转换的程序相比，程序的运行会快些。

④ 常闭触点提供的输入信号的编程处理 PLC 的输入线路应尽量采用常开触点，以便梯形图中对应输入地址元件的常开/常闭类型与继电-接触器线路中相同，即启动按钮对应的输入端在程序中用常开触点，停止类的按钮对应的输入端在程序中用常闭触点。如果只能使

用常闭触点，则与梯形图中对应触点的常开/常闭类型应与继电器电路图中的相反，即启动按钮对应的输入端在程序中用常闭触点，停止类的按钮对应的输入端在程序中用常开触点。例如，图7-2中的热继电器FR用其常开触点与X003端子连接，则在程序中X003应使用常闭触点，若图7-2中的FR用常闭触点与X003端子连接，则程序中X003应使用常开触点。

⑤ 梯形图程序的优化　为了提高程序的执行速度，在串联线路中，单个触点应放在电路块的后边，在并联电路中，单个触点应并在电路块的下面。

⑥ 时间继电器瞬动触点的编程实现　由于时间继电器除了有延时动作的触点外，还有在线圈通电或断电时瞬动动作的触点。对于有瞬动触点的时间继电器，在PLC中用内部指定的定时器代替继电-接触器线路中的时间继电器时，在梯形图中对所指定的定时器的线圈两端常并联辅助继电器M的线圈，用辅助继电器的触点来代替时间继电器的瞬动触点。

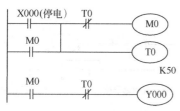

图7-6　用定时器实现断电延时的程序

⑦ 断电延时的时间继电器的实现与编程　FX系列PLC没有断电延时的定时器，但是可以用通电延时的定时器来实现断电延时功能。例如，当断电跳闸常开开关接在X000输入端，用T0定时器实现断电延时的程序如图7-6所示。

⑧ 互锁线路的程序实现　为了防止控制正反转的两个接触器同时动作，造成三相电源短路，即可以在PLC外部利用电器常闭触头实现互锁线路，如图7-2中的KM1与KM2的线圈不能同时通电的互锁，也可以在梯形图中对需要实现互锁的线圈前串联对方的常闭触点实现程序互锁，如图7-4、图7-5中采用Y001、Y002常闭触点实现的程序互锁。

⑨ 热继电器过载信号的处理　如果热继电器属于自动复位型，则过载信号必须通过输入电路提供给PLC，如图7-2所示的FR，用梯形图实现过载保护。如果属于手动复位型热继电器，则其常闭触点可以接在PLC的输出电路中与控制电动机的交流接触器的线圈串联。

⑩ 尽量减少PLC的输入和输出信号　PLC的价格与I/O接点数有关，减少I/O信号的点数是降低硬件费用的主要措施。在继电-接触器线路图中，如果几个输入元件触点的串并联线路只出现一次或总是作为一个整体多次出现，可以将它们作为PLC的一个输入信号，只占PLC的一个输入点。某些器件的触点如果在继电-接触器线路图中只出现一次，并且与PLC输出端的负载串联（如具有手动复位功能的热继电器的常闭触点），不必将它们作为PLC的输入信号，可以将它们放在PLC外部的输出回路，仍与相应的外部负载串联。另外，继电-接触器控制系统中某些相对独立且比较简单的部分，可以用继电器电路控制，这样同时减少了所需的PLC的输入和输出点。

⑪ 外部负载的额定电压　PLC的继电器输出口和双向晶闸管输出口，一般只能驱动额定电压AC220V的负载，如果系统中交流接触器的线圈电压为380V时，应将线圈换成220V的，或在PLC输出口驱动中间继电器，由中间继电器再驱动380V的负载。

用转换法设计梯形图的前提是必须有继电-接触器控制线路图，如果没有继电-接触器控制线路图如何设计呢？通常采用以下的几种方法。

2. 用逻辑表达式编程

用逻辑表达式编程，前提是要根据控制要求对PLC的每个元件线圈写出逻辑表达式。以PLC元件的线圈为被控制对象，以控制该线圈的有关触点为变量，根据控制要求，将这些触点之间的逻辑关系用逻辑表达式的形式写出，再按逻辑表达式编写程序。逻辑表达式法的理论基础是逻辑函数，逻辑函数就是逻辑运算与、或、非的逻辑组合。因此，从本质上来说，PLC梯形图程序就是与、或、非的逻辑组合，因此，可以用逻辑函数表达式来表示程序。

（1）基本方法

用逻辑表达式设计梯形图，必须在逻辑函数表达式与梯形图之间建立一种一一对应关系，即梯形图中常开触点用原变量（元件）表示，常闭触点用反变量表示（元件的常开触点加一小斜线）。触点（变量）和线圈（函数）只有两个取值"1"与"0"，1表示触点接通或线圈通电，0表示触点断开或线圈断电。触点串联用逻辑"与"表示，触点并联用逻辑"或"表示，其他复杂的触点组合可用组合逻辑表示，它们的对应关系如表7-2所示。

表7-2　逻辑函数表达式与梯形图的对应关系

逻辑函数表达式	梯　形　图	逻辑函数表达式	梯　形　图
逻辑"与" Y000=X001·X002	X001 X002 —(Y000)	"与"运算式 M2=X001·X002……Xn	X001 X002 Xn —(M2)
逻辑"或" Y001=X001+X002	X001 / X002 —(Y001)	"或/与"运算式 M3=(X001+M3)·X002·$\overline{X003}$	X001 X002 X003 M3 —(M3)
逻辑"非" M1=$\overline{X001}$	X001 —(M1)	"与/或"运算式 M4=(X001·X002)+(X003·X004)	X001 X002 X003 X004 —(Y000)

（2）设计的步骤

① 通过分析控制要求，明确控制任务和控制内容；

② 确定PLC的软元件（输入信号、输出信号、辅助继电器M和定时器T），画出PLC的外部接线图；

③ 将控制任务、要求转换为逻辑函数（线圈）和逻辑变量（触点），分析触点与线圈的逻辑关系，列出真值表；

④ 写出逻辑函数表达式；

⑤ 根据逻辑函数表达式画出梯形图；

⑥ 优化梯形图。

（3）逻辑表达式编程的应用

【例7-2】将图7-7所示三相异步电机Y/△降压启动继电-接触器控制线路转换为PLC控制系统，并写出逻辑表达式对应的梯形图程序。

解：① 明确控制任务和控制内容　按下启动按钮SB1，时间继电器KT和启动接触器KM$_Y$线圈得电，之后主接触器KM线圈得电并自锁，进行Y形启动。当KT的延时时间到，KM$_Y$线圈失电，同时KM$_\triangle$线圈得电，电动机完成Y形启动，进入△形正常运行。运行过程中，按下停止按钮SB或热继电器FR动作，电动机停止。

② 根据外部元件确定PLC的I/O口地址分配，并画出PLC的外部接线图　PLC的外部输入的开关信号有：启动按钮SB1，停止按钮SB，热继电器FR；PLC的输出驱动电器有：主接触器KM，星形启动接触器KM$_Y$，三角形运行接触器KM$_\triangle$；KT定时器由PLC中的定时器T0代替。根据外部信号确定PLC的I/O口地址分配如表7-3所示，PLC的外部接线如图7-8所示。

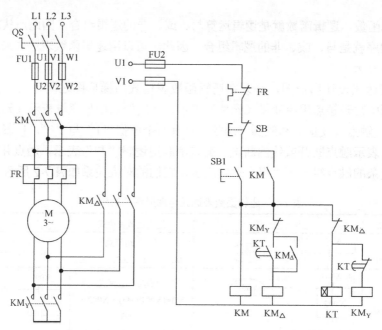

图 7-7 三相异步电机 Y/△降压启动继电-接触器控制线路

表 7-3 外部信号与 PLC 的 I/O 接点地址分配表

输入信号		输出信号		选用的 PLC 内部元件	
元件名称	地址分配	元件名称	地址分配	辅助继电器名称	地址分配
停止按钮 SB	X000	主接触器 KM	Y000	辅助继电器	M0
启动按钮 SB1	X001	星形接触器 KM_Y	Y001	定时器	T0
热继电器 FR	X002	三角形接触器 $KM_\triangle$	Y002		

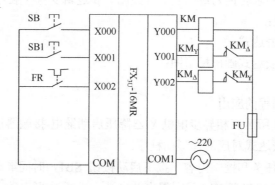

图 7-8 电机 Y/△启动的 PLC 接线图

③ 列出真值表 真值表就是根控制要求，列出 PLC 输出口驱动各线圈或内部元件线圈与相关输入口触点、内部元件触点状态关系的真值表，即当某个输出口使 KM 线圈函数要求为 1 时，与该端口相关的哪些触点变量为 1，哪些触点变量为 0；反之亦然。例如，当 Y1 驱动星形接触器线圈 KM_Y 为 1 时，应使启动按钮 SB1（X1）为 1，并且利用 Y1=1 的常开触点自锁；反之 Y1 使 KM_Y 为 0，应使停止按钮 SB（X0）开关闭合（即 X0 常闭触点断开）、热继电器 FR（X2）动作（即 X2 常闭触点断开）、驱动主接触器 $KM_\triangle$ 的 Y2 常闭触点和定时器

T0 的常闭触点头均要断开。根据控制要求，PLC 的各元件线圈与相关触点的真值表，如表 7-4 所示。

表 7-4　电动机 Y/△降压启动真值表

| I/O 及定时器触点 | | | | | | | | PLC 各元件线圈 | | | |
X000	X001	X002	Y000	Y001	Y002	T0	M0	Y001	Y000	Y002	T0
	1			1				1			
0		0		0	0			0			
			1	1					1		
0		0							0		
0		0			1	1				1	
0		0	0							0	
	1						1				1
0		0	0								0

④ 列出输出逻辑函数表达式　将真值表中每个线圈为 1 的触点状态进行逻辑"或"，再与该线圈为 0 的各触点状态以反变量形式进行逻辑"与"，即为线圈函数的逻辑表达式。由于 T0 没有瞬时触点，故可用辅助继电器 M0 来代替。因此，可列出如下的逻辑函数表达式：

$$T0(M0) = (X001 + M0) \cdot \overline{X000} \cdot \overline{X002} \cdot \overline{Y002}$$

$$Y001 = (X001 + Y001) \cdot \overline{X000} \cdot \overline{X002} \cdot \overline{Y002} \cdot \overline{T0}$$

$$Y000 = (Y001 + Y000) \cdot \overline{X000} \cdot \overline{X002}$$

$$Y002 = (T0 + Y002) \cdot \overline{X000} \cdot \overline{X002} \cdot \overline{Y001}$$

⑤ 画出梯形图　根据上述逻辑函数表达式，可编写出如图 7-9（a）所示的梯形图。

⑥ 优化梯形图　根据图 7-9（a）所示的梯形图，可以采用主控指令进行优化，如图 7-9（b）所示。

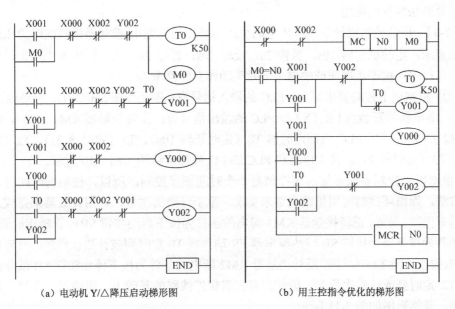

（a）电动机 Y/△降压启动梯形图　　　　（b）用主控指令优化的梯形图

图 7-9　电动机 Y/△降压启动 PLC 梯形图

3. 经验法编程

经验法编程就是运用自己或别人的经验编写 PLC 控制程序。所谓运用自己的经验是指采用自己熟悉的编程方法，或对以前编写的工艺相近的控制程序进行修改。所谓运用别人的经验是指借鉴别人的设计经验，参考有关资料介绍的典型控制程序来编写 PLC 控制程序。

经验法是用设计继电-接触器线路图的方法来设计比较简单的开关量控制系统的梯形图。这种方法没有普遍的规律可以遵循，具有很大的试探性和随意性，最后的结果也不是唯一的，设计所用的时间、设计的质量与设计者的经验都有很大的关系，一般用于较简单的梯形图的设计。

（1）基本方法

经验法是在一些典型线路的基础上，根据控制系统的具体要求，经过多次反复地调试、修改和完善，最后才能得到一个较为满意的结果。用经验法设计时，可以参考一些基本线路的梯形图或以往的一些编程经验。

（2）设计步骤

① 在准确了解控制要求后，确定控制系统中的输入、输出信号并分配 PLC 的 I/O 接口地址，画出 PLC 的外部输入、输出接线图。

② 对于一些控制要求比较简单的输出信号，可直接写出它们的控制条件，依启保停线路的编程方法完成相应输出信号的编程；对于控制条件较复杂的输出信号，可借助 PLC 内部辅助继电器来编程。

③ 对于较复杂的控制，要正确分析控制要求，确定各输出信号的关键控制点。在以空间位置为主的控制中，关键点为引起输出信号状态改变的位置点；在以时间为主的控制中，关键点为引起输出信号状态改变的时间点。

④ 确定了关键点后，用启保停线路编程方法或基本控制线路的梯形图，画出各输出信号的梯形图。

⑤ 在完成关键点梯形图的基础上，针对系统的控制要求，画出其他输出信号的梯形图。

⑥ 在此基础上，审查以上梯形图，更正错误，完善控制要求的功能，最后进行程序的优化。

（3）经验法编程的应用

【例 7-3】 用经验法设计三相异步电动机的循环正反转继电-接触器控制线路的梯形图。

控制要求：电动机正转 10s，暂停 3s，反转 10s，暂停 2s，如此循环 6 个周期，然后自动停车。运行中，按停止按钮或热继电器触头动作立即停车。

解： ① 根据以上控制要求可知：PLC 的输入信号有：停止按钮 SB（X0），启动按钮 SB1（X1），热继电器常开触点 FR（X2）。PLC 的输出信号有：正转接触器 KM1（Y0），反转接触器 KM2（Y1）。使用 PLC 内部定时器 T0（定时正转 10s）、T1（定时停 3s）、T2（定时反转 10s）、T3（定时停 2s）。其主电路和 PLC 的 I/O 外部接线图如图 7-10 所示。

② 根据以上控制要求可知：该控制是一个时间顺序控制，所以，控制的时间可用累计定时的方法，而循环控制可用振荡电路来实现，至于计数的次数，可用计数器来完成，也可用定时器来控制。另外，正转接触器 KM1 得电的条件为按下启动按钮 SB1，正转接触器 KM1 断电的条件为按下停止按钮 SB 或热继电器 FR 动作或 T0 定时到或计数次数到；反转接触器 KM2 得电的条件为 T1 定时到，反转接触器 KM2 断电的条件为按下停止按钮 SB 或热继电器动作或 T2 定时到或计数次数到。因此，可在启保停线路的基础上，再增加一个振荡线路和计数电路，其梯形图如图 7-11 所示。

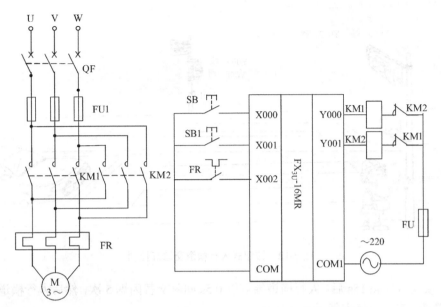

图 7-10　电动机正反转的主电路与 PLC 的 I/O 外部接线图

用经验法设计梯形图时，没有一套固定的方法和步骤可以遵循，具有很大的试探性和随意性。修改某一局部程序时，可能对系统的其他部分产生意想不到的影响，另外，用经验法设计出的梯形图往往比较抽象难理解，一定要在模拟运行中边调试边修改。因此，对于复杂的控制系统，特别是复杂的顺序控制系统，一般采用步进顺控的编程方法。步进顺控设计法是一种比较简明的设计方法，很容易被初学者接受，对于有经验的工程师，也会提高编程的效率，并且程序的调试、修改也很方便。

4. 步进顺序控制法

步进顺序控制法是借助于步进（或顺序控制）指令编写的 PLC 控制程序，它是将比较复杂的程序分解成若干个简单的程序段，每个程序段可以看成是 PLC 的一个执行步，这样就可以在不同的时刻或不同的进程中完成对各个步的控制。

在设计一个步进顺序控制序程时，应根据控制任务分解成若干个子任务，根据每个子任务选择合适的单流程结构程序、选择性分支程序、并行分支程序或跳转与循环，画出状态转移图 SFC，最后将每个子任务的 SFC 综合为控制系统的 SFC，并转换为梯形图 STL。

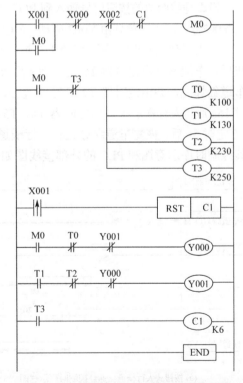

图 7-11　电动机循环正反转控制的梯形图

【例 7-4】 图 7-12 为按钮式人行横道交通灯控制示意图。控制要求是：人过横道，在路两边按人行横道按钮后，延时 20s 后车道黄灯亮，再延时 5s，车道红灯亮。此后延时 5s 使人行横道绿灯亮，行人才允许通过人行横道。

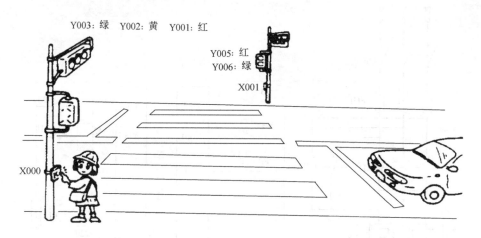

图 7-12 按钮式人行横道交通灯控制

人行横道绿灯亮 15s 后，人行横道绿灯以 0.5s 间隔交替闪烁 5 次，然后人行横道红灯亮。5s 后车道绿灯亮，车辆恢复正常通行状态。

解：（1）分析人行横道交通灯控制要求，分配 PLC 内部状态元件和确定 I/O 接点

设斑马线两边的按钮信号输入到 PLC 的 X000 或 X001。车道红灯由 Y001 驱动；车道绿灯由 Y003 驱动；车道黄灯由 Y002 驱动。人行横道红灯由 Y005 驱动，人行横道绿灯由 Y006 驱动。

无人过斑马线时，交通灯处于车道绿灯亮和人行横道红灯亮。当斑马线两边有人按下按钮后，车道绿灯由定时器 T0 定时 20s 后灭，车道黄灯亮，由定时器 T1 定时 5s 后使之熄灭，车道红灯亮，并由定时器 T2 延时 5s 使人行横道红灯灭，人行横道绿灯亮，经定时器 T3 定时 15s 后，人行横道绿灯由定时器 T4、T5 和计数器 C1 控制闪烁交替 5 次后灭，再由定时器 T6 定时 5s 后，恢复车道绿灯亮和人行横道红灯亮，结束一次按钮式人行横道交通灯的控制。其控制时序示意图和 PLC 的外部接线图如图 7-13 所示。

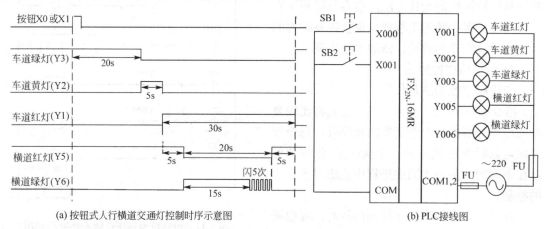

(a) 按钮式人行横道交通灯控制时序示意图　　　　(b) PLC 接线图

图 7-13 按钮式人行横道交通灯控制时序示意图和 PLC 接线图

（2）根据控制要求，选择合适的控制流程，编写状态转移图

① 当人行横道按钮未按下时，交通灯应处于车道绿灯和人行横道红灯亮；

② 当人行横道按钮 X000 或 X001 按下时，人行横道交通灯和车道交通灯应采用有两个分支的并行流程，控制同时运行；

③ 车道交通绿、黄、红灯采用单流程按时间顺序控制转换；

④ 人行横道交通红、绿灯采用单流程按时间顺序控制转换。当人行横道绿灯亮15s后，采用选择性流程，通过跳转与循环实现人行横道绿灯闪烁，当闪烁计5次后，使人行横道绿灯灭，人行横道红灯亮。

因此，状态转移图是一个单流程、并行流程、选择性流程和跳转与循环流程构成的复合性流程，其SFC如图7-14所示。

（3）由状态转移图编写状态梯形图，如图7-15所示。

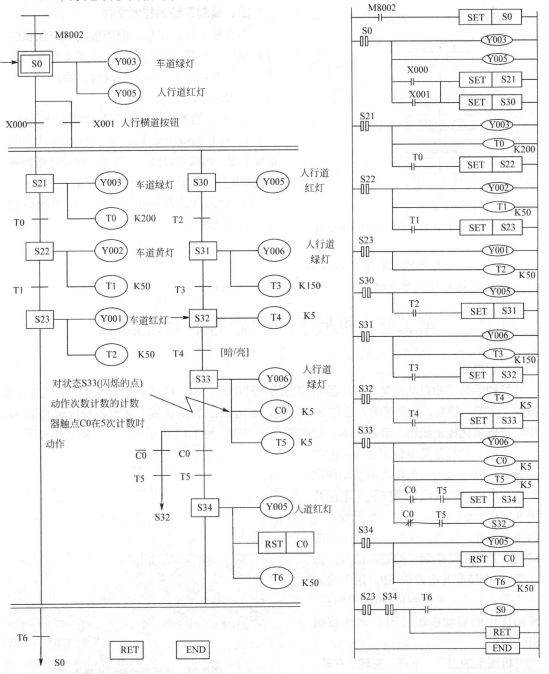

图 7-14 按钮式人行横道交通灯控制时状态转移图　　图 7-15 按钮式人行横道交通灯控制时梯形图

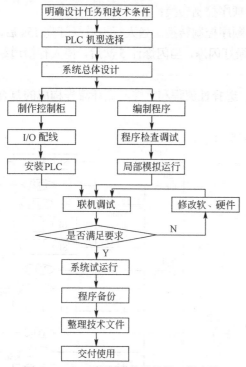

图 7-16　PLC 控制系统设计的一般步骤

五、PLC 控制系统设计的一般步骤

用 PLC 进行控制系统设计的一般步骤如图 7-16 所示。

5. 计算机辅助设计编程

计算机辅助设计编程是通过专用的 PLC 编程软件，在计算机上进行程序设计，可以进行在线编程或者离线编程，也可以进行离线仿真或者在线调试。通过专用的 PLC 编程软件，还可以方便地实现程序存取、加密或生成".EXE" 类型的应用程序。

四、编制系统的技术文件

当系统交付使用后，应当根据系统调试的最终结果，整理并编写完整的技术文件交给用户，以利于对系统的维护和改进。系统的技术文件一般包括：

① PLC 的外部接线图和其他的电气图纸；

② PLC 的编程元件表，包括输入/输出点的地址分配，内部定时器、计数器、辅助继电器等的选用地址，以及定时器和计数器的设定值；

③ 带注释的梯形图或者基于步进顺序控制的顺序功能图；

④ 必要的设计说明。

第二节　机械手的 PLC 控制系统设计

一、概述

机械手是工业自动控制领域中经常应用的一种控制对象。机械手可以完成许多工作，如搬物、装配、切割、喷染等等，应用非常广泛。应用 PLC 控制机械手实现各种规定的工序动作，可以简化控制线路，节省成本，提高劳动生产率。图 7-17 所示就是一种搬运机械手。

机械手的任务是将传送带 A 上的物品搬运到传送带 B。为使机械手动作准确，在机械手的极限位置安装了限位开关 SQ1、SQ2、SQ3、SQ4，对机械手分别进行上升、下降、左转、右转动作的限位，并发出动作到位的输入信号。传送带 A 上装有光电开关 SP，用于检测传送带 A 上物品是否到位。机械手的启、停由图中的启动按钮 SB1、停止按钮 SB2 控制。

机械手的上升、下降、左转、右转、抓紧、放松动作由液压驱动，并分别由

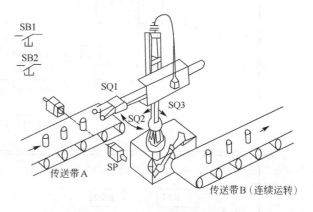

图 7-17　液压驱动搬运机械手

六个电磁阀来控制。传送带 A、B 由电动机拖动。

二、机械手动作控制要求

假设机械手在传送带 B 上，顺序控制动作的要求如下。

① 按下启动按钮 SB1 时，机械手系统工作。首先上升电磁阀 YV1 通电，手臂上升，至上升限位开关 SQ1 动作；

② 左转电磁阀 YV4 通电，手臂左转，至左转限位开关 SQ4 动作；

③ 下降电磁阀 YV2 通电，手臂下降，至下降限位开关 SQ2 动作；

④ 启动传送带 A 运行，由光电开关 SP 检测传送带 A 上有无物品送来，若检测到物品，则夹紧电磁阀 YV5 通电，机械手抓紧，延时 2s；

⑤ 上升电磁阀 YV1 再次通电，手臂上升，至上升限位开关 SQ1 再次动作；

⑥ 右转电磁阀 YV3 通电，手臂右转，至右转限位开关 SQ3 动作；

⑦ 下降电磁阀 YV2 再次通电，手臂下降，至下降限位开关 SQ2 再次动作；

⑧ 放松电磁阀 YV6 通电，机械手松开手爪，经延时 2s 后传送带 B 开始运行，完成一次搬运任务，然后重复循环以上过程。

⑨ 按下停止按钮 SB2 或断电时，机械手停止在现行工步上，重新启动时，机械手在停止前的动作上继续工作。

三、I/O 分配

根据机械手控制的要求，接收启、停，限位，光电开关的信号有 7 个，需要输出驱动电磁阀和电机的信号有 8 个，列出的 PLC I/O 地址分配表如表 7-5 所示。

表 7-5　机械手信号对应的 PLC 输入/输出地址分配表

输入点地址分配		输出点地址分配	
输入接点地址	输入开关名称	输出接点地址	驱动设备
X000	启动按钮 SB1	Y000	上升电磁阀 YV1
X005	停止按钮 SB2	Y001	下降电磁阀 YV2
X001	上升限位 SQ1	Y002	左转电磁阀 YV3
X002	下降限位 SQ2	Y003	右转电磁阀 YV4
X003	右转限位 SQ3	Y004	夹紧电磁阀 YV5
X004	左转限位 SQ4	Y005	放松电磁阀 YV6
X006	光电开关 SP	Y006	传送带 A 接触器
		Y007	传送带 B 接触器

四、画出机械手动作的顺序控制流程图

五、选择 PLC 型号并画出 PLC 的 I/O 接线图

六、编写梯形图程序

程序可以运用基本指令、步进指令、应用指令，采用各种合适的方法编写，能够实现控制要求即可。

七、调试并运行程序

八、程序运行说明

九、结束语

十、参考文献

第三节 霓虹灯广告屏的 PLC 控制系统设计

一、概述

随着市场经济的不断繁荣和发展，城市的夜晚需要亮化，企事业单位需要宣传自己的形象和产品，常采用霓虹灯广告屏来实现这一目的。由于霓虹灯可以做成各种图形和丰富多彩的色彩变化，再配上变化的广告语，可以达到意想不到的宣传效果。霓虹灯的亮灭、闪烁时间及图形有规律的变化等控制，均可以通过 PLC 来实现。

例如，某学校的霓虹灯广告屏如图 7-18 所示。广告屏上共有 8 个可变化的霓虹灯字，周围配有 24 只循环流水变化的彩色灯，每 4 只灯为一组，亮化非常醒目。

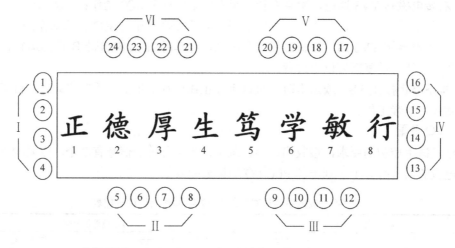

图 7-18 霓虹灯广告屏

二、工艺过程和控制要求

采用 PLC 对霓虹灯广告屏实现控制，其具体要求如下。

① 该广告屏中间 8 个霓虹灯字亮灭的时序是从第 1 个字点亮后，每 1s 亮一个字，8 个霓虹灯字全亮后，显示 10s，再反过来从第 8 个字开始，每 1s 顺序熄灭，全灭后，间熄 2s，8 个字全亮显示 10s，再从第 1 个字开始，每 1s 顺序熄灭，全部熄灭后，停亮 2s，再从头开始运行，周而复始。

② 广告屏四周的流水灯共 24 只，每 4 只为 1 组，共分 6 组，每组灯间隔 1s 向前移动一次，且 Ⅰ~Ⅵ每隔一组的灯点亮，即从 Ⅰ、Ⅲ亮-Ⅱ、Ⅳ亮-Ⅲ、Ⅴ亮-Ⅳ、Ⅵ亮……，移动一段时间后（如 30s），再反过来移动，即从Ⅵ、Ⅳ亮-Ⅴ、Ⅲ亮-Ⅳ、Ⅱ亮-Ⅲ、Ⅰ亮……，如此循环往复。

③ 系统有单步/连续控制，有启动和停止按钮。

④ 霓虹灯字、白炽灯的电压及供电电源均为市电 220V。

三、输入/输出地址表

根据控制要求可知，系统有启/停按钮、单步/连续选择开关、步进开关共四个输入开关信号，需要 14 个输出端控制 8 个霓虹灯字和 6 组流水灯泡，采用 PLC 控制霓虹灯广告显示屏的 I/O 地址编排如表 7-6 所示。

表 7-6　霓虹灯广告显示屏中 PLC 的 I/O 分配表

输入点地址分配		输出点地址分配	
输入接点	输入开关名称	输出接点	驱动设备
X000	启动按钮 SB1	Y000～Y007	控制 8 个霓虹灯字
X001	停止按钮 SB2	Y010～Y015	控制 6 组流水灯泡
X002	单步/连续选择开关		
X003	步进按钮开关		

四、画出控制流程图

五、选择 PLC 型号并画出 PLC 的 I/O 接线图

六、编写梯形图程序

程序可以运用基本指令、步进指令、应用指令中移位指令，采用各种合适的方法编写，能够实现控制要求即可。

七、调试并运行程序

八、程序运行说明

九、结束语

十、参考文献

第四节　电铃的 PLC 自动控制系统设计

一、概述

电铃按时间铃响的控制方式有多种，一般都选用各种类型的电子装置进行电铃的自动控制，其实也可以采用 PLC 进行控制，其运行的准确性、灵活性和可靠性可大大提高。现以某学校每天的上课时间安排表为例，如表 7-7 所示，采用 PLC 控制电铃实现学校上课时间表的要求。

表 7-7　上课时间安排表

上午		下午		晚上	
节次	时间	节次	时间	节次	时间
预备铃	7:55	预备铃	13:25	预备铃	18:25
第一节	8:00—8:40	第五节	13:30—14:10	第九节	18:30—19:10
第二节	8:50—9:30	第六节	14:20—15:00	第十节	19:20—20:00
第三节	9:40—10:20	第七节	15:10—15:50	第十一节	20:10—20:50
第四节	10:30—11:10	第八节	16:00—16:40		
第五节	11:20—12:00	备注：上、下课铃，预备铃均持续响铃 10s 钟			

二、控制要求

上午、下午和晚上第一节课开始前 5min，均响预备铃持续 10s；上课和下课响铃均为持续 10s；每天能自动循环控制电铃，周而复始；能进行手动控制，修改打铃时间，但手动控制时不影响自动循环控制程序的正常运行。三种 PLC 控制方案的比较如下。

一是采用从早上第一节课到晚上最后一节课按时序进行"流水帐"式编程方案。

二是采用步进指令进行状态编程法方案。

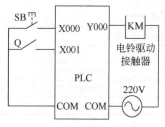

SB——手动控制响铃按钮；
Q——禁止自动控制输出开关

图 7-19　PLC 控制电铃的接线图

这两种方案编程条理清楚，修改打铃时间及调试都较简便，但程序较长，使用计数器、定时器和内部继电器较多。

三是采用共用子程序方案，即把相同控制功能和时间要求归类为几个共用子程序，这种方案所用计数器、定时器等较少，且程序较短，需要有一定的设计技巧。

其 PLC 输入/输出分配接线图如图 7-19 所示。图中 SB 为手动控制打铃按钮，Q 为手动/自动转换开关，即合上 Q 时，电铃自动铃响禁止，只能按下 SB 实现手动响铃；断开 Q 时，手动打铃禁止，电铃按课表时间自动打铃。

三、画出控制流程图

四、编写梯形图程序

根据流程图，选择合适的方法编写，以实现课表时间的顺序控制要求即可。

五、调试并运行程序

六、程序运行说明

七、结束语

八、参考文献

第五节　液体自动罐装线的 PLC 控制系统设计

一、概述

某工厂的液体自动罐装生产线如图 7-20 所示。生产线启动后，空饮料瓶由传送带送到罐装设备处，传感器检测到瓶子时，传送带停止前进，罐装设备对空瓶开始罐装饮料，同时显示器显示"正在罐装"，饮料装满后，显示器显示熄灭并自动计数。电机驱动传送带继续前进，移走装满的饮料瓶，继续对下一个空饮料瓶罐装，直到生产线停止运行为止。

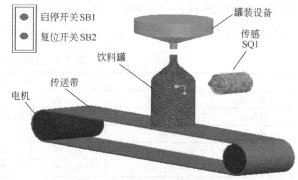

图 7-20　液体自动罐装生产线

二、控制要求

① 自动罐装生产线一旦启动，则驱动传送带的电机启动并一直保持到停止开关动作或罐装设备的传感器 SQ1 检测到一个瓶子时停止；瓶子装满饮料后，传送带电机自动启动，并保持到检测到下一个瓶子或停止开关动作时为止。

② 当瓶子定位在罐装设备下时，停顿 1s，罐装设备开始工作，罐装过程为 5s，罐装过程应有"正在罐装"显示，显示 5s 后停止。

③ 用传感器 SQ2 进行检测瓶数。系统启动后，用计数器记录罐装数，采用二位十六进制数码管显示，最大计数为 255。

④ 可以手动对计数值清零。（复位）

三、PLC 的 I/O 分配表

根据自动罐装生产线的控制要求可知，PLC 控制系统需要接收启/停、计数复位、罐装瓶子计数和定位检测传感器等五个输入开关信号，输出需要驱动传送带电动机、罐装显示器、两位十六进制计数器等，共需要 19 个输出端，因此，PLC 的 I/O 分配如表 7-8 所示。

表 7-8 自动罐装生产线中 PLC 的 I/O 分配表

输	入	输	出
X000	启动按钮 SB1	Y000	传送带驱动电动机
X001	停止按钮 SB2	Y001	罐装显示牌
X002	计数复位按钮 SB3	Y002	驱动饮料罐装电磁阀
X003	瓶子检测传感器 SQ2	Y010～Y017	对应低位数码管的 a～g
X004	瓶子定位检测传感器 SQ1	Y020～Y027	对应高位数码管 a～g

四、选择 PLC 型号并画出 PLC 的 I/O 接线图

五、绘出控制流程图

六、程序设计

七、调试并运行程序

八、程序运行说明

九、结束语

十、参考文献

第六节　自动门的 PLC 控制系统设计

一、概述

玻璃自动门已广泛应用于宾馆、饭店、银行、企事业单位等的大厅，人靠近自动门时，自动快速打开，人离开后，自动关闭，不仅可以高档次地迎送宾客，提升单位的形象，而且可以使大厅与外界隔离，又不失厅内的采光和内外的观光，确保厅内环境卫生、保温。自动门采用 PLC 进行控制，成本低，可靠性高，安装较为方便。

二、控制要求

① 人接近自动门的有效范围内时，人体传感器 SQ1 动作，电动机驱动自动门快速开门，碰到开门减速开关 SQ2 时，自动门减速开门，碰到开门极限开关 SQ3 时，电动机停止，门全开；

② 自动门开启后，若在 1s 内人体传感器检测到无人，电动机驱动自动门高速关门，碰到关门减速开关 SQ4 时，减速关门，碰到关门极限开关 SQ5 时，电动机停止。自动门在关门期间若人体传感器检测到有人，则停止关门，延时 1s 后自动转换为①的开门过程。

三、PLC 的 I/O 分配表

根据自动门的控制要求可知，PLC 需要接收人体传感器、开/关门减速开关、开/关门极限开关的五个输入开关信号，输出需要四个信号驱动自动门电动机高速正反转、减速正反转，因此，PLC 的 I/O 分配如表 7-9 所示。

表 7-9 自动门中 PLC 的 I/O 分配表

	输入		输出
X000	人体传感器 SQ1	Y000	驱动电动机高速开门
X001	开门减速开关 SQ2	Y001	驱动电动机减速开门
X002	开门极限开关 SQ3	Y002	驱动电动机高速关门
X003	关门减速开关 SQ4	Y003	驱动电动机减速关门
X004	关门极限开关 SQ5		

第七节　工业洗衣机的 PLC 控制系统设计

一、概述

工业洗衣机常用于宾馆、洗衣店、企事业等单位。要求具有自动进水、洗涤、暂停、排水、循环洗涤、脱水、烘干等一系列功能。工业洗衣机的这些功能可以采用 PLC 来进行控制。

二、控制要求

工业洗衣机的 PLC 控制功能的要求如下：

① 按下洗衣机的启动按钮则开始进水，水到达高位，高水位开关动作，停止进水，并开始洗涤。

② 开始洗涤时正转 15s，暂停 2.5s，再洗涤反转 15s，暂停 2.5s，为一个小循环。若小循环未满 3 次，则返回洗涤正转，开始下一个小循环；若小循环已满 3 次，则结束小循环，开始排水。

③ 排水水位降到低水位，低水位开关动作时，洗衣机开始进行脱水并继续排水，脱水 10s 即完成一个大循环。若大循环未满 3 次，则返回到进水，进入下一次大循环；若完成 3 次大循环，则进行烘干。

④ 烘干采用洗衣筒旋转，热风泵吹风方式：洗衣筒正转 15s，暂停 2.5s，再洗涤反转 15s，暂停 2.5s，为一个小循环，小循环 5 次后，蜂鸣器进行洗完报警，报警 5s 后结束全部过程。若不需要烘干，则蜂鸣器进行洗完报警，报警 5s 后结束全部过程。

工业洗衣机的洗涤控制流程如图 7-21 所示。

三、PLC 的 I/O 接点分配

工业洗衣机有启/停按钮、高低水位开关，PLC 需要接收这四个输入开关信号；PLC 需要驱动进/排水电磁阀、脱水电磁阀、电动机的正反转接触器、热风泵、蜂鸣器，因此需要七个输出信号端。PLC 的 I/O 接点分配如表 7-10 所示。

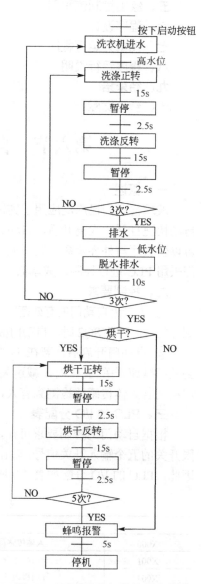

图 7-21　工业洗衣机的控制流程图

表 7-10 工业洗衣机中 PLC 的 I/O 分配表

输 入		输 出	
X000	启动按钮 SA1	Y000	进水电磁阀 DZF1
X001	停止按钮 S22	Y001	排水电磁阀 DZF2
X002	高水位限位开关 SQ1	Y002	脱水电磁阀 DZF3
X003	低水位限位开关 SQ2	Y003	报警蜂鸣器
		Y004	热风泵接触器 KM0
		Y005	电动机正转接触器 KM1
		Y006	电动机反转接触器 KM2

四、选择 PLC 型号并画出 PLC 的 I/O 接线图

五、绘出控制流程图

六、程序设计

七、调试并运行程序

八、程序运行说明

九、结束语

十、参考文献

第八节 自动洗车机的 PLC 控制系统设计

一、概述

采用 PLC 控制的自动洗车机是一种对小型轿车洗涤、清洁、烘干的自动化设备，可以节省人力、水资源、清洁车辆，对城市起到美化和减少环境污染的作用。自动洗车机的结构示意图如图 7-22 所示。

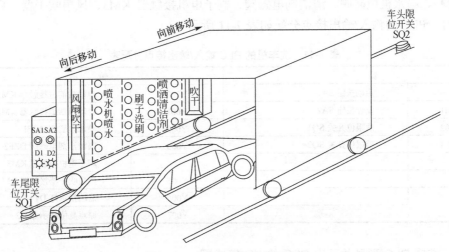

图 7-22 自动洗车机结构示意图

二、自动洗车的控制要求

小型轿车进入自动洗车机内停好后，洗车机装置沿轨道对汽车车身前后移动来自动清洁车身的，其控制要求如下。

① 轿车停入自动洗车机内，按下启动开关 SA1，启动指示灯 D1 亮，洗车机开始从车头限位开关 SQ2 处向后移动，喷水设备对车身一边喷水，两侧刷子边旋转洗刷；洗车机向后移到车尾限位开关 SQ1 时，再返回移动，边喷水边旋转洗刷车身，往返移动喷水洗刷次数，可视车身清洁程度设定，当喷水洗刷 N 次结束后，进入下步的清洁剂喷洒洗涤工序。

② 洗车机来回移动喷水洗刷 N 次后，停在车前限位开关 SQ2 处，再次向车尾移动，并向车身喷洒清洁剂，洗车机移动到车尾限位开关 SQ1 处时，喷洒清洁剂结束。进入下步的清洁剂洗刷工序。

③ 洗车机从车尾限位开关 SQ1 处，开始向车前移动，每移动 3s 停下，刷子开始洗刷车身 5s 后停下，洗车机再向车前移动 3s 停下，刷子再开始洗刷车身 5s 后停下……，直到移到车前限位开关 SQ2，洗车机再返回向车尾每移动 3s 停下，刷子洗刷车身 5s 后停下，洗车机再向车前移动 3s 停下，刷子再开始洗刷 5s 后停下……，直到碰到车尾限位开关 SQ1，完成对车身一个来回的清洁剂洗刷工作，进入下步的清水喷洒洗涤工序。

④ 洗车机移动到车尾限位开关 SQ1 处时，开始向车前移动，喷水设备对车身边喷水，刷子旋转边洗刷，移到车前限位开关 SQ2 时，再继续返回向车尾移动，继续边喷水边洗刷，来回 2 次，停在车尾限位开关 SQ1 处，喷水和洗刷结束，进入下步的车身风干工作。

⑤ 洗车机停在车尾限位开关 SQ1 时，风扇设备动作对车吹干，来回 1.5 次，洗车机碰到车前限位开关 SQ2 时，洗车机完成整个洗车流程结束，启动指示灯 D1 熄灭。

⑥ 若洗车机运行中发生停电或故障，故障排除后通电，必须先按下原点复位按钮 SA2，洗车机的喷水、洗刷、喷洒清洁剂、吹风等均需停止，并移到原点限位开关 SQ2 处，原点复位指示灯 D2 才亮，表示洗车机复位工作完成。

三、PLC 的 I/O 接点分配

洗车机有启动开关 SA1、复位开关 SA2、前/后限位开关 SQ1 和 SQ2，需要 PLC 的四个输入端接收它们的开关信号；需要 PLC 的八个输出端控制洗车机的电机正/反转接触器 KM1/KM2、喷水机电磁阀、清洁剂电磁阀、刷子电机接触器 KM3、风扇吹干器、启动、复位指示灯。PLC 的输入/输出接点分配如表 7-11 所示。

表 7-11　洗车机的 PLC 输入/输出接点分配表

输	入	输	出
X000	启动按钮 SA1	Y000	电动机前进接触器 KM1
X001	复位按钮 SA2	Y001	电动机后退接触器 KM2
X002	后限位开关 SQ1	Y002	喷水电磁阀 DZF1
X003	前限位开关 SQ2	Y003	喷清洁剂电磁阀 DZF2
		Y004	刷子电机接触器 KM3
		Y005	风扇吹干器接触器 KM4
		Y006	启动指示灯 D1
		Y007	原点复位指示灯 D2

四、选择 PLC 型号并画出 PLC 的 I/O 接线图

五、绘出自动洗车流程图

六、程序设计

七、调试并运行程序

第九节　花式喷泉的 PLC 控制系统设计

一、概述

在公园、广场、旅游景点以及一些知名建筑广场中，经常会修建一些喷泉供人们观赏和美化环境。这些喷泉如果采用 PLC 来控制，可以按一定的规律改变喷水式样，如果再与五颜六色的灯光相配合，在和谐优雅的音乐中，更使人心旷神怡，流连忘返。图 7-23 所示是某广场的花式喷泉示意图和控制面板示意图，图（a）为花式喷泉示意图，1 号为外环喷头，2 号为中环喷头，3 号为内环状喷头，4 号为中心喷头。图（b）内外环喷头侧面图。图（c）为控制面板示意图，可以采用触摸屏软件进行设计（见第九章介绍）。

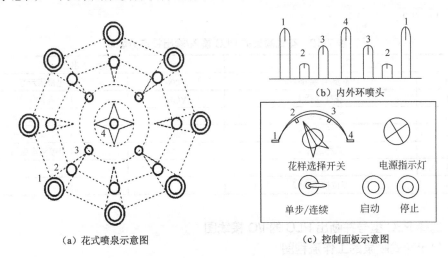

（a）花式喷泉示意图　　　　（b）内外环喷头　　　　（c）控制面板示意图

图 7-23　花式喷泉示意图和控制面板

二、控制要求

① 接通电源，按下图 7-23（c）控制面板上的启动按钮，喷泉控制装置开始工作；按下停止按钮，喷泉控制装置停止工作。

② 喷泉的工作方式由图 7-23（c）控制面板上的花样选择开关和单步/连续开关决定。

③ 当单步/连续开关拨在单步位置时，喷泉只能按照花样选择开关设定的方式，运行一个循环。

④ 花样选择开关用于选择喷泉的喷水花样，喷水花样有如下四种。

• 花样选择开关拨在位置 1 时，按下启动按钮后，4 号喷头喷水，延时 2s 后 3 号喷头喷水，再延时 2s 后 2 号喷头喷水，又延时 2s 后 1 号喷头喷水。一起喷水 20s 为一个循环，如果为单步工作方式，则全部停喷。如果为连续工作方式，则继续循环下去。

• 花样选择开关拨在位置 2 时，按下启动按钮后，1 号喷头喷水，延时 2s 后 2 号喷头喷水，再延时 2s 后 3 号喷头喷水，又延时 2s 后 4 号喷头喷水。一起喷水 30s 为一个循环，如果为单步工作方式，则全部停喷。如果为连续工作方式，则继续循环下去。

● 花样选择开关拨在位置 3 时，按下启动按钮后，1 号、3 号喷头同时喷水，延时 3s 后，2 号、4 号喷头喷水，1 号、3 号喷头停止喷水。如此交替运行 15s 后，4 组喷头全喷水，30s 为一个循环，如果为单步工作方式，则全部停喷。如果为连续工作方式，则继续循环下去。

● 花样选择开关在位置 4 时，按下启动按钮后，按照 1—2—3—4 的顺序，依次间隔 2s 喷水，然后一起喷水 30s 后，按照 1—2—3—4 的顺序，分别延时 2s，依次停止喷水。再经 2s 延时，按照 4—3—2—1 的顺序，依次间隔 2s 喷水，然后一起喷水。30s 后停止。60s 为一个循环，如果为单步工作方式，则停下来。如果为连续工作方式，则继续循环下去。

三、设计方案提示

① 根据花样选择开关所拨的位置信号，采用跳转指令或子程序编程。
② 在每个跳转程序段内或子程序段内，采用定时器指令实现顺序控制。

四、PLC 的 I/O 接点分配

根据花式喷泉的控制要求，PLC 的输入应接收启动、停止、单步/连续三个开关以及四种花样信号，输出需要驱动 1~4 号喷头电磁阀、电源指示灯等五个负载。PLC 的 I/O 接点分配如表 7-12 所示。

表 7-12　化式喷泉的 PLC 输入/输出接点分配表

输	入	输	出
X000	单步/连续开关	Y000	电源指示灯
X001	花样选择 1	Y001	1 号喷头电磁阀
X002	花样选择 2	Y002	2 号喷头电磁阀
X003	花样选择 3	Y003	3 号喷头电磁阀
X004	花样选择 4	Y004	4 号喷头电磁阀
X005	启动按钮 SA1		
X006	停位按钮 SA2		

五、选择 PLC 型号并画出 PLC 的 I/O 接线图
六、绘出花式喷泉的工作流程图
七、程序设计并调试运行程序
八、程序运行说明
九、结束语
十、参考文献

第十节　三层电梯的 PLC 控制系统的设计

一、概述

在现代社会中，电梯的使用非常普遍。随着 PLC 控制技术的普及，大大提高了电梯控制系统的可靠性，减少了控制装置的体积。三层电梯自控系统模型正面的示意图如图 7-24 所示。轿厢在模型的左侧，由小型直流电机来控制它的上升和下降，轿厢门模拟在装置的右上方，可进行开门和关门控制。

面板上的输入信号端子有厢内选择按钮信号、厢外选择按钮信号、平层、限位信号、厢门限位信号及公共端 I 等共计二十四个，控制时应分别与 PLC 主机输入端连接，公共端 I 与主机输入 COM 点连接。

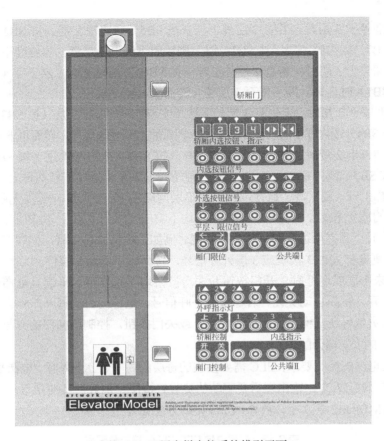

图 7-24　三层电梯自控系统模型正面

面板上的输出信号端子有外呼指示灯、轿厢上升下降控制、内选指示灯、厢门控制、公共端 II 等共计十八个，控制时应分别与 PLC 主机输出端连接，公共端 II 与主机输出的 COM 点连接。

设计的程序进行调试时，首先应将三层电梯模型与 PLC 主机的输入、输出端口连接好，检查无误后，接通电源，模型处于待机状态，启动 PLC 运行程序，按动模型选层的内呼或外呼按钮，若 PLC 运行程序编制正确的话，电梯模型将按内、外呼按钮指令正常运行。

二、三层电梯的控制要求

① 当轿厢停于 1 层或 2 层时，若有内呼 3 层（按 SB3）或 3 层外下呼（按 SB7）时，则轿厢上升至 3 层停。

② 当轿厢停于 3 层或 2 层时。若有 1 层外上呼（按 SB4）或内呼 1 层（按 SB1）时，则轿厢下降至 1 层停。

③ 当轿厢停于 1 层时，若 2 层外有下呼（按 SB5）或上呼（按 SB6）或 2 层内呼（按 SB2）时，则轿厢上升至 2 层停。

④ 当轿厢停于 3 层时，若 2 层外有下呼（按 SB5）或上呼（按 SB6）或内呼 2 层（按 SB2）时，则轿厢下降至 2 层停。

⑤ 当轿厢停于 1 层时，若有 2 层下呼（按 SB6）或内呼 2 层（按 SB2），同时又有 3 层下呼（按 SB7）或内呼 3 层（按 SB3）时，则轿厢上升至 2 层暂停，继续上升至 3 层停。

⑥ 当轿厢停于 1 层时，若有 2 层下呼（按 SB5），同时又有 3 层下呼（按 SB7）或内呼 3 层（按 SB3）时，则轿厢上升至 3 层停，转而下降至 2 层停。

⑦ 当轿厢停于 3 层时，若有 2 层外下呼（按 SB5）或内呼 2 层（按 SB2），同时又有 3 层下呼（按 SB7）或内呼 1 层（按 SB1）时，则轿厢下降至 2 层停，再继续下降至 1 层停。

⑧ 当轿厢停于 3 层时，若有 2 层外上呼（按 SB6），同时又有 3 层下呼（按 SB7）或内呼 1 层（按 SB1）时，则轿厢下降至 1 层停，转而上升至 2 层停。

⑨ 当轿厢停于 2 层时，若先有 3 层外下呼（按 SB7）或内呼 3 层（按 SB3），接着又有 1 层外上呼（按 SB4）或内呼 1 层（按 SB1）时，则轿厢上升至 3 层停，转而再下降至 1 层停。

⑩ 当轿厢停于 2 层时，若先有 1 层外上呼（按 SB4）或内呼 1 层（按 SB1），接着有 3 层外下呼（按 SB7）或内呼 3 层（按 SB3），则轿厢下降至 1 层停，转而再上升至 3 层停。

⑪ 在电梯上升（或下降）运行过程中，如果同时有多个呼叫，则优先响应与当前运行方向相同的就近楼层，对反方向的呼叫均不响应仅进行记忆，待轿厢返回时就近停车。电梯停止时，具有最远反向外呼响应功能。例如：电梯停在 1 楼，同时有 2 层外下呼和 3 层外下呼，则电梯先去 3 楼响应 3 层外呼信号，转而再下降至 2 层停。

⑫ 电梯未平层或运行时，开门按钮和关门按钮均不起作用。平层且电梯停止运行后，电梯门自动打开，5s 后自动关闭，若梯外有外呼信号，电梯门自动打开，5s 自动关闭后才能运行。乘坐人员也可在电梯停止时在厢内按开或关门按钮，控制电梯门的开与关。

三、PLC 的 I/O 端分配表

根据三层电梯的控制要求，PLC 需要接收的每层的内呼、上下外呼、电梯平层限位、开、关门按钮等信号共 12 个，输出端需要驱动的负载有楼层指示灯、呼叫指示灯、轿厢电机正/反转接触器 KM1/KM2 共 9 个，PLC 的 I/O 接口分配如表 7-13 所示。

表 7-13　三层电梯 PLC 的 I/O 接口分配表

输　　入		输　　出	
内呼一层 SB1	X001	一层指示灯 E1	Y001
内呼二层 SB2	X002	二层指示灯 E2	Y002
内呼三层 SB3	X003	三层指示灯 E3	Y003
一层外上呼 SB4	X004	一层呼叫灯 E4	Y004
二层外下呼 SB5	X005	二层向下呼叫灯 E5	Y005
二层外上呼 SB6	X006	二层向上呼叫灯 E6	Y006
三层外下呼 SB7	X007	三层呼叫灯 E7	Y007
一层限位开关 SQ1	X011	轿厢下降 KM1	Y011
二层限位开关 SQ2	X012	轿厢上升 KM2	Y012
三层限位开关 SQ3	X013		
开门按钮 SBK	X014		
关门按钮 SBG	X015		

四、选择 PLC 型号并画出 PLC 的 I/O 接线图
五、绘出三层电梯的工作流程图
六、程序设计
七、调试并运行程序
八、程序运行说明
九、结束语
十、参考文献

第十一节　水塔水位的 PLC 控制系统设计

一、概述

在自来水供水系统中，常常修建一些水塔来解决高层建筑的供水问题。例如，某水塔高 60m，塔顶水池正常水位变化为 2.5m，为保证水塔的正常水位，需要用水泵为其供水。水泵房有 5 台泵用异步电动机，交流 380V，22kW。正常运行时，4 台电动机运转，1 台电动机备用。

二、控制要求

① 因水泵电动机功率较大，为减少启动电流，电动机定子采用 Y-△降压启动，每台电动机顺序错开 5s 启动。

② 为防止备用的一台电动机因长期闲置而产生锈蚀，备用电动机可通过预置开关预先随意设置。如果未设置备用电动机组号，则系统默认 5 号电动机组为备用。

③ 每台电动机都有手动和自动两种控制状态。在自动控制状态时，不论设置哪一台电动机作为备用，其余的 4 台电动机都要按顺序逐台启动。

④ 在自动控制状态下，如果由于故障使某台电动机组停车，而水塔水位又未达到高水位时，备用电动机组自动降压启动；同时对发生故障的电动机组根据故障性质发出停机报警信号，提请维护人员及时排除故障。当水塔水位达到高水位时，高液位传感器发出停机信号，4 台电动机组停止运行。当水塔水位低于低水位时，低液位传感器自动发出开机信号，系统自动按顺序降压启动。

⑤ 每台电动机都有运行、备用和故障状态指示灯。

⑥ 液位传感器要有位置状态指示灯。

⑦ 在自动控制状态下，水塔水位控制系统的流程图如图 7-25 所示。

三、PLC 的 I/O 点分配

根据水塔水位控制要求，PLC 需要接

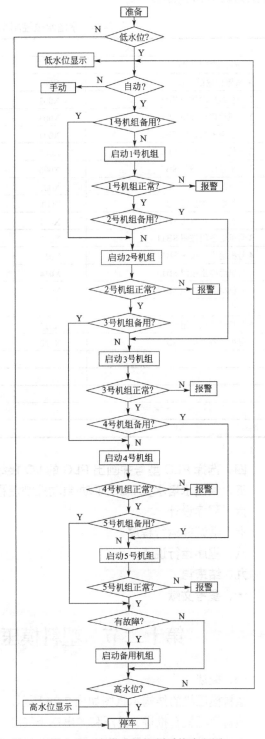

图 7-25　水塔水位控制系统流程图

收系统的启动、停止信号和每台电动机的启、停，备用开关信号共 17 个；需要驱动每台电动机的运行（运行指示灯与 KM△ 并联，以减少输出点）、备用和故障状态指示灯，高/低水位指示灯，每台电动机的 Y-△ 降压启动接触器 KMY，KM△，等负载共 22 个， PLC 的 I/O 接口分配如表 7-14 所示。

表 7-14　水塔水位控制系统中 PLC 的 I/O 分配表

输　入		输　出	
系统启动按钮 SB1	X000	系统低水位指示灯	Y000
系统停止按钮 SB2	X001	系统高水位指示灯	Y001
1 号机组启动按钮 SB3	X002	1 号机组降压 KMY1	Y002
1 号机组停止按钮 SB4	X003	1 号机组全压 KM△1 及运行指示灯	Y003
1 号机组备用按钮 SB5	X004	1 号机组备用指示灯	Y004
2 号机组启动按钮 SB6	X005	1 号机组故障状态指示灯	Y005
2 号机组停止按钮 SB7	X006	2 号机组降压 KMY2	Y006
2 号机组备用按钮 SB8	X007	2 号机组全压 KM△2 及运行指示灯	Y007
3 号机组启动按钮 SB9	X10	2 号机组备用指示灯	Y010
3 号机组停止按钮 SB10	X011	2 号机组故障状态指示灯	Y011
3 号机组备用按钮 SB11	X012	3 号机组降压 KMY3	Y012
4 号机组启动按钮 SB12	X013	3 号机组全压 KM△3 及运行指示灯	Y013
4 号机组停止按钮 SB13	X014	3 号机组备用指示灯	Y014
4 号机组备用按钮 SB14	X015	3 号机组故障状态指示灯	Y015
5 号机组启动按钮 SB15	X016	4 号机组降压 KMY4	Y016
5 号机组停止按钮 SB16	X017	4 号机组全压 KM△4 及运行指示灯	Y017
5 号机组备用按钮 SB17	X020	4 号机组备用指示灯	Y020
		4 号机组故障状态指示灯	Y021
		5 号机组降压 KMY5	Y022
		5 号机组全压 KM△5 及运行指示灯	Y023
		5 号机组备用指示灯	Y024
		5 号机组故障状态指示灯	Y025

四、选择 PLC 型号并画出 PLC 的 I/O 接线图

五、绘出水塔水位 PLC 手动/自动控制流程图

六、程序设计

七、调试并运行程序

八、程序运行说明

九、结束语

十、参考文献

第十二节　塑料模压机的 PLC 控制设计

一、概述

塑料模压机的结构示意图如图 7-26 所示。

塑料模压机有推进、模压和弹出三个气缸以及喷嘴，分别由气阀 YQ1～YQ4 控制。三个气缸中的推进器、模压器和弹出器的运动极限位置均安装有位置开关 SW1～SW6。喷嘴的喷

气将成形的塑料产品吹到收集箱，由光电传感器 SG 产生信号使模压机复位，开始下次模压。塑料模压机可以通过操作面板上的工作方式选择开关来选择自动运行或手动调整方式，操作面板示意图，可以采用触摸屏软件进行设计（见第九章介绍）。

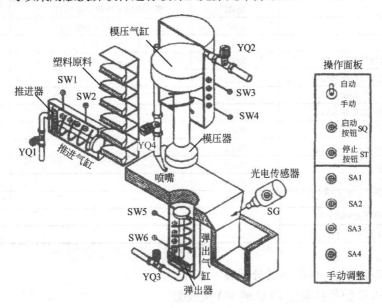

图 7-26　塑料模压机结构示意图

二、塑料模压机的控制要求

① 当工作方式选择开关从手动方式切换到自动方式时，按下启动按钮 SQ，模压过程开始，气阀 YQ1 打开，推进器向前运动。当推进器前进到行程开关 SW2 位置时，原料进入工作台，气阀 YQ1 关闭，在弹簧的作用下，推进器后退。

② 当推进器后退到行程开关 SW1 处时，气阀 YQ2 打开，模压器向下运动，对原料进行模压操作。当模压器运动到行程开关 SW4 处时，气阀 YQ2 关闭，在弹簧的作用下，模压器返回。

③ 当模压器返回到行程开关 SW3 处时，气阀 YQ3 打开，弹出器向上运动，将产品推出。

④ 当弹出器向上运动到行程开关 SW5 处时，气阀 YQ4 打开，喷嘴开始喷吹，将模压好的产品经过光电传感器 SG 吹到收集箱（见图 7-26 中的右下角）中。

⑤ 在喷嘴启动后的 15s 内，光电传感器 SG 发出的信号，使气阀 YQ3、 YQ4 关闭 5s，弹出器向下运动，喷嘴关闭。

⑥ 当弹出器返回到行程开关 SW6 处时，自动开始下一个模压过程。

⑦ 如果在模压机自动运行期间，将工作方式选择开关切换到手动调整工作方式，则程序运行到当前模压过程结束，不启动下一个模压过程。

⑧ 将工作方式选择开关切换到手动调整工作方式，可以通过操作面板上的四个手动操作按钮 SA1～SA4，分别控制相应的气阀 YQ1～YQ4 打开，完成整个模压过程。

三、PLC 的 I/O 点分配

PLC 的输入端接收塑料模压机的动作开关信号有自动/手动开关、启动/停止开关、手动操作气阀开关、推进器、模压器、弹出器的限位开关、光电传感器信号等共有 15 个；需要驱动塑料模压机的负载有推进器气阀、模压器气阀、弹出器气阀和喷嘴气阀共 4 个，则 PLC 的 I/O 端口地址分配如表 7-15 所示。

表 7-15 PLC 的 I/O 地址分配表

输　　入		输　　出	
自动运行方式选择开关	X000	推进器向前推进气阀 YQ1	Y000
手动运行方式选择开关	X001	模压器向下移动气阀 YQ2	Y001
启动按钮 SQ	X002	弹出器向上移动气阀 YQ3	Y002
停止按钮 ST	X003	喷嘴喷吹气阀 YQ4	Y003
气阀 YQ1 手动操作按钮 SA1	X004		
气阀 YQ2 手动操作按钮 SA2	X005		
气阀 YQ3 手动操作按钮 SA3	X006		
气阀 YQ4 手动操作按钮 SA4	X007		
推进器后退限位开关 SW1	X010		
推进器前进限位开关 SW2	X011		
模压器上升限位开关 SW3	X012		
模压器下降限位开关 SW4	X013		
弹出器上升限位开关 SW5	X014		
弹出器下降限位开关 SW6	X015		
光电传感器 SG 信号	X016		

四、画出其他编程元件的地址分配表

五、选择 PLC 型号并画出 PLC 的 I/O 接线图

六、程序设计

七、调试并运行程序

八、程序运行说明

九、结束语

十、参考文献

第十三节　污水净化处理的 PLC 控制系统设计

一、概述

在冶金企业中，每天需要大量的水用于工业冷却，由于冷却过的水中含有大量的氧化铁杂质，不能多次循环使用，为此要消耗大量的水资源。为了保护环境节约用水，需要对含有氧化铁杂质的水进行净化处理，实现工业用水的循环使用。

1. 污水净化处理系统的组成

该系统由 2 台磁滤器、10 只电磁阀和连接管道组成的 2 台机组组成。系统组成的方框示意图如图 7-27 所示。

2. 工艺流程

污水净化处理可分为两道工序，以 1 号机组为例，其工艺流程图如图 7-28 所示。

① 滤水工序　打开进水阀和出水阀，污水流经磁滤器时，如果磁滤器的线圈一直通电，则污水中的氧化铁杂质会吸附在磁滤器的磁铁上，使水箱中流出的是净化水。

② 反洗工序　滤水一段时间后，必须清洗附着在磁铁上的氧化铁杂质。这时只要切断磁滤器线圈的电源，关闭进水阀和出水阀，打开排污阀和空气压缩阀，让压缩空气强行把水箱中的水打入磁滤器中，冲洗磁铁，去掉附着的氧化铁杂质，使冲洗后的污水流入污水池，进行二次处理。

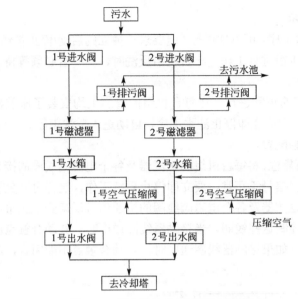

图 7-27　污水净化处理系统组成示意图

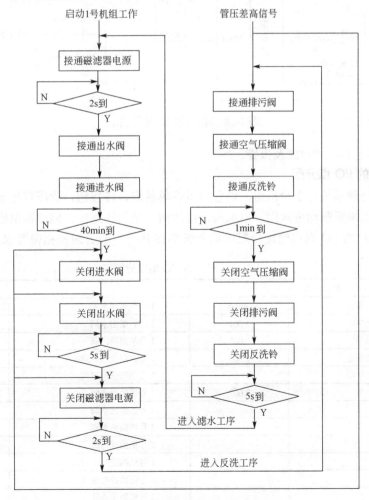

图 7-28　污水净化处理工艺流程图

二、控制任务和要求

① 两台机组的滤水工序,可单独进行(但要求有独立的启动/停止按钮),也可同时进行。而反洗工序只允许单台机组进行工作,一台机组反洗时,另一台必须等待。两台机组同时要求反洗时,1 号机组优先。

② 为保证滤水工序的正常进行,在每台机组的管道上均安装了压差检测仪表,只要出现了"管压差高"信号,则应立即停止滤水工序,自动进入反洗工序。"管压差高"检测和反洗铃在每台机组上均单独配置。

③ 为增强系统的可靠性,将每台机组的磁滤器及各个电磁阀线圈的接通信号反馈到 PLC 的输入端,一旦某一输出信号不正常,要立即停止系统工作,这样可避免发生事故。

所谓将每台机组的磁滤器及各个电磁阀线圈的接通信号反馈到 PLC 的输入端,如图 7-29 所示。考虑到由接触器控制这些线圈,当接触器线圈通电时,其动合触点应当闭合,动断触点应当断开;反之亦然。如果接触器线圈通电时,其动合触点不能闭合,或者动断触点不能断开,可能发生事故。

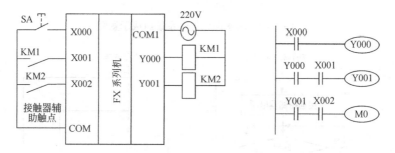

图 7-29 输出反馈信号的接法

④ 接触器输出故障检测及报警。

三、PLC 的 I/O 点分配

污水净化处理系统有 2 台机组,每台机组有单独启、停按钮,管压差检测仪表、反洗铃 4 个信号,输出需要驱动进水阀、出水阀、排污阀、空气压缩阀、磁滤器电磁阀、反洗铃 6 个负载。则 PLC 的 I/O 端口地址分配可参考表 7-16 所示(设计时根据需要也可增减)。

表 7-16 PLC 的 I/O 地址分配表

输　入		输　出	
1 号机组启动按钮	X000	1 号机组进水阀	Y000
1 号机组停止按钮	X001	1 号机组出水阀	Y001
1 号管压差信号	X002	1 号机组排污阀	Y002
2 号机组启动按钮	X005	1 号机组空气压缩阀	Y003
2 号机组停止按钮	X006	1 号磁滤器电磁阀	Y004
2 号管压差信号	X007	1 号机组反洗铃	Y005
		2 号机组进水阀	Y006
		2 号机组出水阀	Y007
		2 号机组排污阀	Y010
		2 号机组空气压缩阀	Y011
		2 号磁滤器电磁阀	Y012
		2 号机组反洗铃	Y013

四、选择 PLC 型号并画出 PLC 的 I/O 接线图

五、程序设计

六、调试并运行程序

七、程序运行说明

八、结束语

九、参考文献

第十四节　直流伺服电机的 PLC 控制系统设计

一、概述

数控机床工作台由直流伺服电动机控制系统拖动,可由 PLC 控制系统控制直流伺服电动机的转速,实现工作台的不同加工速度。工作台的工作分快进（速度为 v_1）—工进（速度为 v_2）—慢进（速度为 v_3）—快退（速度为 v_1）四个过程,为一个循环,如图 7-30 所示。

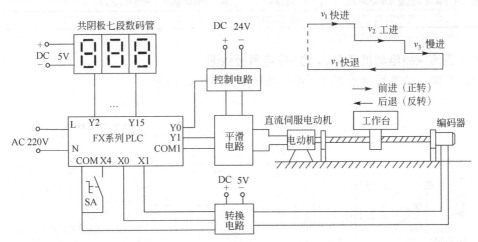

图 7-30　数控机床工作台的直流伺服电动机 PLC 控制系统示意图

直流伺服电动机的转速为 3000r/min,为了获得电动机的实际转速,图中采用了 100 线的编码器进行转速检测,编码器为圆光栅编码器（YGM-40Φ）,控制器采用 FX 系列 PLC,显示部分为共阴极七段数码管。

由于电动机为直流伺服电机,可以应用 PLC 的脉宽调制（PWM）指令,提供不同脉宽的控制脉冲,并通过平滑电路（即对 Y1 输出的 PWM 脉冲滤波的电路）以获得不同输出的电压值,控制直流伺服电动机转速的大小。电动机的正、反转,通过 PLC 的输出信号 Y0,控制"极性控制电路",改变加到直流伺服电动机两端直流电源的正、负极性实现。

二、控制要求

① 按下启动开关 SA,电动机正转,PLC 输出固定脉冲,工作台以 v_1 速度前进（快进）；运行到工进位置,PLC 改变输出脉冲,转入以 v_2 速度前进（工进）；运行到慢进位置,PLC 改变输出脉冲,转入以 v_3 速度前进（慢进）；运行到终点位置,电动机停转,然后电动机反转,以 v_1 速度快速返回,退回到原位后,再重复上述过程。

② 进行转速检测并显示,显示单位为 r/s（每秒的转速）。

③ 断开启动开关 SA，电动机停转，工作台停止。

三、PLC 的 I/O 地址分配

由图 7-30 可知，直流伺服电动机控制系统中的 PLC 需要接收的输入信号有启动/停止开关、圆光栅编码器产生的一组高速脉冲信号（电动机每转一圈它产生 100 个脉冲信号），通过转换电路，产生的标准脉冲信号需要通过专门的 X000、X001 端口送给 PLC 内部高速计数器 C235、C236 计数。PLC 需要驱动的负载为电源极性控制电路、平滑电路，则 PLC 的 I/O 地址分配如表 7-17 所示。

表 7-17　直流伺服电动机控制系统中 FX 系列 PLC 的 I/O 地址分配表

名称	器件代号	地址号	功　能
输入	编码器 CP1 输出脉冲	X000	高速计数器 C235 输入口信号
	编码器 CP2 输出脉冲	X001	高速计数器 C236 输入信号
	SA	X004	启动，停止开关
输出	KA1、KA2	Y000	改变直流电源极性的继电器
	PWM（脉宽调制脉冲）	Y001	输出 PWM 脉冲，产生变频信号
	8421 三组 BCD 码	Y002-Y015	驱动 LED 显示（3 组 8421 码，共 12 路）

四、直流伺服电动机与 PLC 的 I/O 电气接线图

直流伺服电动机与 PLC 的 I/O 电气接线图如图 7-31 所示。

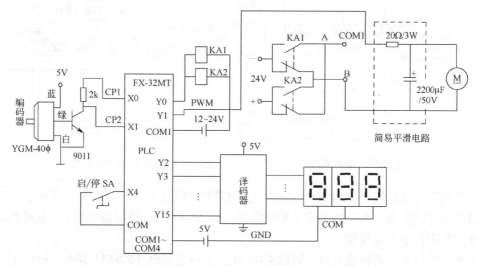

图 7-31　直流伺服电动机与 PLC 的 I/O 电气接线图

在图 7-31 中，PLC 需选用晶体管输出方式的 FX-MT 系列 PLC，其 Y002～Y015 输出信号接至译码器输入端，显示部分为带有 BCD 译码的共阴极七段数码管。PLC 的 Y000 信号控制直流伺服电动机电源的极性，当 Y000=OFF 时，继电器 KA1、KA2 失电，其常开触点断开，常闭触点闭合，使电源 A 点为正，B 点为负；当 Y000=ON 时，继电器 KA1、KA2 得电，其常开触点闭合，常闭触点断开，使电源 A 点为负，B 点为正。将 Y001 输出信号（PWM）接到直流伺服电动机的两端，即可实现电动机的调速与正、反转控制。

五、控制流程图

PLC 控制直流伺服电动机的程序流程框图如图 7-32 所示。由控制流程图可知，C236 高

速计数器是对编码器产生的脉冲计数的，C235 控制直流伺服电动机转速的。系统启动后，在第一阶段，C236 计数小于 60000 个脉冲时，C235 每秒输出 7500 个脉冲，电动机快速转动，工作台以 v_1 速度快进；在第二阶段，C236 再计 60000 个脉冲，即在 60000～120000 个脉冲内，C235 每秒输出 6600 个脉冲；电动机以中速转动，工作台以 v_2 速度工进，在第三阶段，C236 再计 60000 个脉冲，即在 120000～180000 个脉冲内，C235 每秒输出 5700 个脉冲，电动机以慢速转动，工作台以 v_3 速度慢进。当 C236 计满 180000 个脉冲时，Y0 输出为 1，使电动机反转，工作台以速度 v_1（C235 每秒输出 7500 个脉冲）快退。计数器 C236 计满 180000 个脉冲后，将 C236 清零，再重复上述过程。

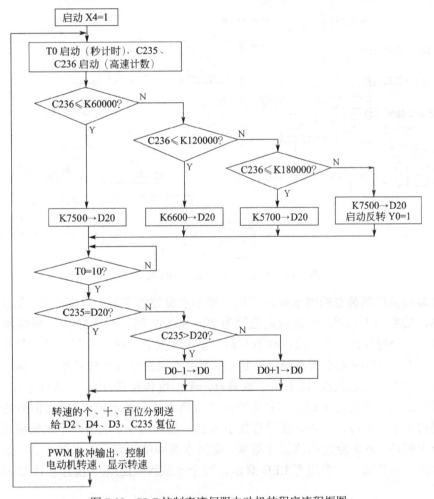

图 7-32　PLC 控制直流伺服电动机的程序流程框图

转速的个、十、百位分别送给数据寄存器 D2、D4、D3，并分别送至输出口 Y2～Y15 进行转速显示。

六、选择 PLC 型号并画出 PLC 的 I/O 接线图

七、调试并运行程序

八、程序运行说明

九、结束语

十、参考文献

第十五节 恒温控制装置的 PLC 控制系统设计

一、概述

水温恒温控制装置的结构示意图如图 7-33 所示，它由恒温水箱、冷却风扇及电动机、搅拌电动机、储水箱、加热装置、测温装置、温度显示、功率显示、流量显示、阀门及有关状态指示部件等组成。该系统示意图可以采用触摸屏软件进行设计（见第九章介绍）。

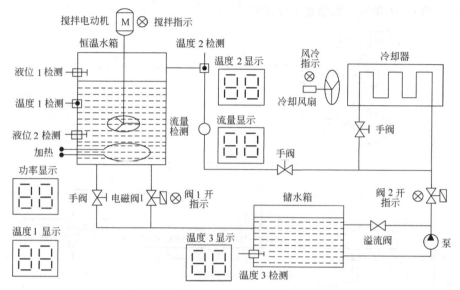

图 7-33　水温恒温控制装置的结构示意图

该水温恒温控制装置的要求是将恒温水箱的水温控制在某一设定值上。水温采用电加热器加热，功率为 1.5kW，水温设定范围为 20～80℃之间。图 7-33 中，恒温水箱内有一个加热器、一个搅拌器、两个液位检测和两个温度传感器。液位检测为开关量传感器，测量水位的高低，以反映无水或水溢出的状态。恒温水箱两个温度传感器分别测量水箱入口处的水温和水箱中水的温度；储水箱中也装有一个温度传感器，用于检测储水箱中的温度。恒温水箱中的水可以通过手动阀门和电磁阀 2 或将水放到储水箱中。储水箱中的水也可以通过电磁阀 2 引入到冷却器中，也可直接引入到恒温水箱中。水由一个水泵提供动力，使水在系统中循环，水的流速由流量计测量。恒温水箱中的水温、入水口水温、储水箱中的水温、水的流量及加热功率均有 LED 显示。两个电磁阀的通/断、搅拌和冷却环节均有指示灯指示。

二、控制要求

① 当设定温度后，启动水泵向恒温水箱供水，水上升到一定液位后，启动搅拌电动机，测量水箱水温并与设定值比较，若温差小于 5℃，采用 PID 调节加热。

② 当水温高于设定值 5～10℃时，要进冷水调节温度。

③ 当水温高于设定值 10℃以上时，采用进水与风机冷却两种方式同时实现降温控制。

④ 对温度、流量和加热的电功率进行实测并显示。

⑤ 若进水时无流量或加热、冷却时水温无变化应报警。

三、PLC 的 I/O 地址分配

系统输入信号有启动按钮、停止按钮、液位按钮、流量计开关、温度传感器等；输出信号控制的对象有水泵继电器、电磁阀、冷却风机、搅拌电动机、电加热继电器、温度显示和状态指示等。则 PLC 的 I/O 地址分配如表 7-18 所示。

表 7-18　PLC 的 I/O 地址分配表

类别	器件代号	PLC 地址分配	功能说明
输入信号	SB1	X010	启动按钮
	SQ1	X011	上液位开关（在恒温水箱内）
	SQ2	X012	下液位开关（在恒温水箱内）
	SP	X013	流量计开关
	SB2	X015	停止按钮
输出信号	KA1	Y000	泵继电器
	YV1	Y001	电磁阀 1
	YV2	Y002	电磁阀 2
	KA2	Y003	冷却风机继电器
	KA3	Y004	搅拌电动机继电器
	KA4	Y005	电加热继电器
	HL	Y007	报警信号灯
	BCD 码	Y010~Y017	数据显示
	C1	Y020	温度 1 显示 LED 信号地址
	C2	Y021	温度 2 显示 LED 信号地址
	C3	Y022	温度 3 显示 LED 信号地址
	C4	Y023	流量显示 LED 信号地址
	C5	Y024	功率显示 LED 信号地址

四、PLC 的 I/O 电气接线图

根据控制要求，PLC 恒温控制的 I/O 电气接线图如图 7-34 所示。由于温度测量的输入信号 T1、T2 和 T3 为模拟量电压值，功率输出也是模拟量，因此，系统可选用两个 FX$_{0N}$-3A 模/数转换功能模块（该模块有 2 路 A/D 转换和 1 路 D/A 转换功能）作为系统模拟量与数字量相互转换的环节（模/数转换模块的使用与 PID 编程请参考有关教材的介绍）。

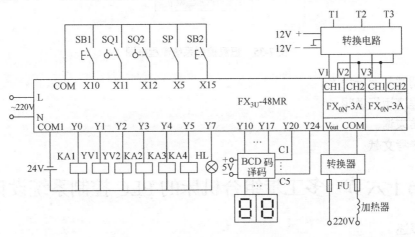

图 7-34　恒温控制 PLC 的 I/O 电气接线图

五、根据控制系统流程图编程

恒温控制装置的控制流程图如图 7-35 所示，请根据控制流程图进行编写程序。

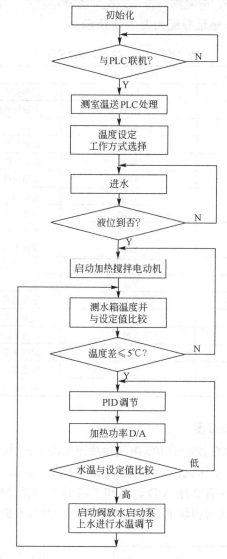

图 7-35　恒温控制系统流程框图

六、调试并运行程序
七、程序运行说明
八、结束语
九、参考文献

第十六节　多工步组合机床的 PLC 控制系统设计

一、概述

多工步组合机床可以对工件进行钻孔、扩孔、攻丝、切削等工序加工，能实现比较复杂的加工工艺。组合机床的加工过程由七把刀具分别按七个工步要求，依次进行切削，各加工工步的动作循环图如图7-36所示。

工　步	工　步　名　称	工步动作分解
1	钻孔	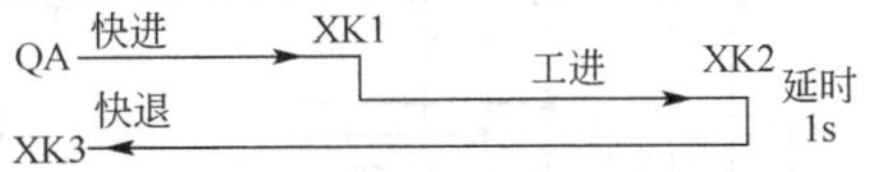 QA 快进 → XK1　工进 → XK2 延时1s；XK3 ← 快退
2 3	在平面、钻深孔	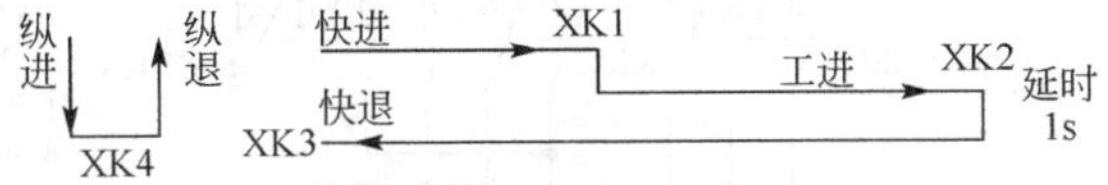 纵进↓ 纵退↑ XK4；快进 → XK1　工进 → XK2 延时1s；XK3 ← 快退
4	车外圆及钻孔	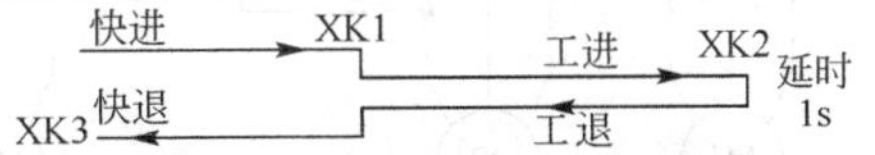 快进 → XK1　工进 → XK2 延时1s；XK3 ← 快退　工退
5	粗铰双节孔及倒角	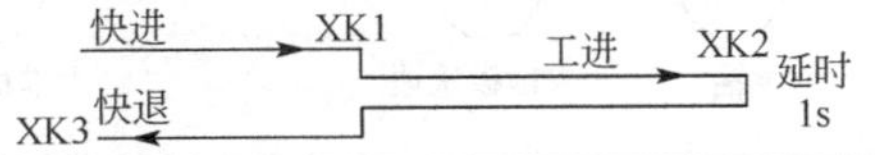 快进 → XK1　工进 → XK2 延时1s；XK3 ← 快退
6	精铰双节孔	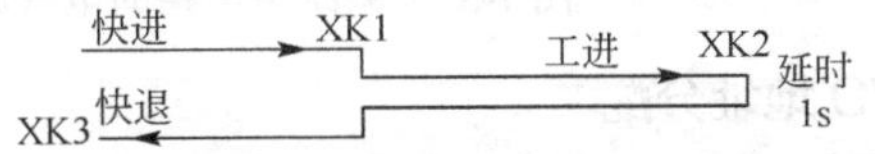 快进 → XK1　工进 → XK2 延时1s；XK3 ← 快退
7	铰锥孔	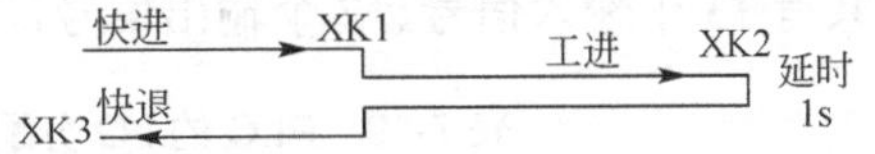 快进 → XK1　工进 → XK2 延时1s；XK3 ← 快退

图7-36　多工步组合机床加工工步图

加工时，工件由主轴上的卡盘夹紧，并由主轴电动机 M1 驱动作旋转运动，大拖板载着六角回转工位台作横向进给运动，其进给速度由快进电机 M21 和慢进电动机 M22 控制，可实现快进和工进。小拖板载着工位台作纵向气动进给运动，其运动由单线圈两位置电磁阀控制。当电磁阀线圈得电时，工位台纵向进给；断电时，工位台纵向后退。在七个工步中，除了工步 2 由小拖板纵向运动切削外，其余六工步均由大拖板进行横向运动切削，这六个工步每完成一个工步，六角工位台由电动机 M3 驱动转过一个工位，进行下一工步的工作。

二、加工过程的控制要求

① 原位　多工步机床的动作原位定在工步 1 开始工作之前，即六角回转工位台处在工位 1，大拖板处在原点，压合大拖板原点位置开关 XK3。

② 各工步的动作　工件由主轴上的卡盘夹紧后，按下启动按钮 QA，工件由 M1 驱动主轴旋转，机床按工步 1 进行快进、工进、快退动作，完成钻孔加工。工步 1 完成后，大拖板回到原点压合 XK3 时，工件停止旋转。M3 驱动六角工位台转到工位 2。进入工位 2 后，工件再次由 M1 驱动主轴旋转，机床按工步 2 动作，工步 2 完成后按工位 3 动作，然后六角工位台依次进入工位 3、4、5、6、执行工步 4、5、6、7。工步 7 完成后，工位台进入工位 1，回到动作原位停止。换完工件再按下启动控钮 SB1，重复上述动作。

③ 为了便于调试和维修，系统中需要增加六角工位台的手动旋转和大拖板手动回位。按下大拖板手动回位按钮 SB3，自动工作停止，大拖板回到原点位置。当大拖板在原点位置时，按一下六角工位台手动旋转按钮 SB2，M3 驱动工位台转动至下一个工位。

三、系统主电路的组成

系统主电路的电气原理图如图7-37所示。

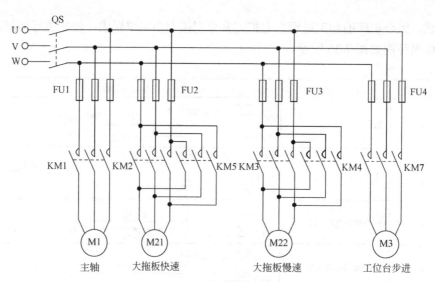

图 7-37　系统主电路的电气原理图

四、PLC 的 I/O 地址分配

该控制系统中共有 13 个输入信号、7 个输出信号，PLC 的 I/O 分配如表 7-19 所示。

表 7-19　PLC 的 I/O 分配表

输　入		输　出	
系统启动按钮 QA	X000	主轴电动机接触器 KM1	Y000
横向快进位置限位 XK1	X001	大拖板横向快进接触器 KM2	Y001
横向工进位置限位 KX2	X002	大拖板横向工进接触器 KM3	Y002
大拖板原点位置 XK3	X003	大拖板横向慢退接触器 KM4	Y003
小拖板纵向位置 XK4	X004	大拖板横向快退接触器 KM5	Y004
工位 1 位置限位 SQ1	X005	小拖板纵进电磁阀	Y005
工位 2 位置限位 SQ2	X006	工作台电动机接触器 KM7	Y006
工位 3 位置限位 SQ3	X007		
工位 4 位置限位 SQ4	X010		
工位 5 位置限位 SQ5	X011		
工位 6 位置限位 SQ6	X012		
工位台手动旋转按钮 SB1	X013		
大拖板手动回位按钮 SB2	X014		

五、选择 PLC 型号并画出 PLC 的 I/O 接线图

要求 PLC 的每个输出并联动作指示灯，以便了解系统的运行情况。

六、程序设计

根据系统的动作过程，大拖板双速电动机每完成一次快进、工进（工退）、快退循环，工位台旋转一个工位进入下一工步，重复运行，可以把该任务分为大拖板双速电动机控制和工位台控制两部分，根据工步图 7-36，编制出系统的控制程序。

七、调试并运行程序

八、程序运行说明

九、结束语

十、参考文献

第十七节 变频调速恒压供水系统的 PLC 控制设计

一、概述

变频调速恒压供水系统是一种新型的机电一体化设备，具有高效节能、压力恒定、运行安全可靠、管理简单等特点，可以直接取代水塔或者高位水箱，有效地解决了高层楼宇用水及夏天水压过低的问题。

某小区的变频调速恒压供水系统有 3 个贮水池、3 台水泵（2 台主水泵和 1 台小水泵），采用部分流量调节方法，即 3 台水泵中，任何时候只有 1 台水泵在变频调速器的控制下做变速运行，其余的水泵做定频恒速运行。当系统启动后，当前流量压力正常下，PLC 首先接通 KM0，由变频器供电对小水泵电机 M0 做软启动及调速运行，两台主水泵电机 M1、M2 停机。当水压表 SP 检测到用水量大于小水泵的最大供水量时（水压下降），PLC 切断接触器 KM0，接通接触器 KM1，即由变频器输出端供电主水泵电机 M1，使其软启动并调速运行，主水泵电机 M2 停机。当用水量大于主水泵 M1 的最大供水量时，PLC 切换接触器 KM1 到 KM2，并接通 KM2 和 KM4，使主水泵电机 M1 运行在工频下，而变频器输出端通过接触器 KM2 接通主水泵电机 M2，使 M2 软启动并调速运行。系统的组成示意图如图 7-38 所示。

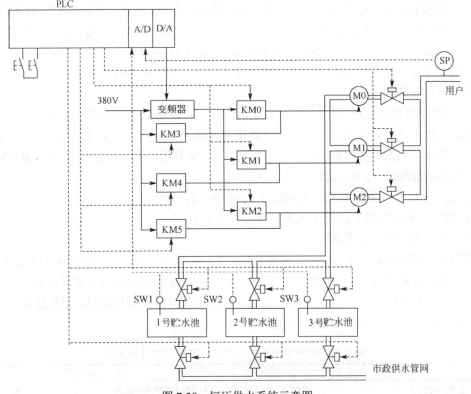

图 7-38 恒压供水系统示意图

二、控制要求

① 通过安装在水泵出水管上的水压传感器 SP，把供水管网的水压力信号变成电信号，经过信号处理，送到 PLC 的 A/D 模板，变换为电压 V_P，与 PLC 的设定压力信号 V_S 比较后进行数字 PID 运算，如果运算结果 $\Delta V = V_S - V_P > 0$，经过 PLC 的 D/A 模板，产生控制信号 V_f

送到变频器，控制变频器的输出频率，进而控制水泵电机的转速，使供水管网的水压与设定压力趋于一致。

② 若每台主泵在工频下的流量为 Q_K，在调频时的流量为 Q_f，最低调频流量为 Q_t，则有 $Q_K > Q_f > Q_t$。当用水量 Q_u 增大时，每当 $Q_f = Q_K$ 时，PLC 发出开泵信号 S_K，将当前运行的水泵由变频状态切换到工频状态，并启动下一个水泵通过变频器工作在变频状态下。反之，当用水量减少时，每当 $Q_f = Q_t$ 时，PLC 发出停泵信号 S_t，使运行在工频状态下的水泵停止工作，由变频器驱动的水泵调节平衡水压。依此类推，循环控制。在自动运行过程中，主水泵始终是软启动，先启动先停止，使每台水泵的平均工作时间相同。

③ 为保证系统的安全可靠运行，防止水泵倒转时使用变频器软启动损坏变频器，当 PLC 发出停泵信号的同时，也将对应水泵出口的电磁阀关闭，启动水泵时再把对应的电磁阀打开。

④ 自动完成主水泵和小水泵供水系统的切换。当小流量供水时，PLC 启动小水泵供水，自动切断主水泵供水；当大流量供水时，PLC 启动主水泵供水，自动切断小水泵供水。

⑤ 自动完成贮水池供水及水位控制。当系统启动时，PLC 先关闭所有贮水池的进水电磁阀及 2 号、3 号贮水池的出水电磁阀，从 1 号贮水池开始，将 1 号贮水池的水位（由安装在水池上的浮球水位计 SW1 检测）与设定的低水位值比较，如果检测到水位与低水位设定值相等，则关闭 1 号贮水池的出水电磁阀，发出 1 号贮水池的缺水报警信号，同时打开 2 号贮水池的出水电磁阀并对其水位进行监控。依此类推，循环控制 3 个贮水池对生活区的供水。

⑥ 自动完成贮水池的定时灌水。每天的 23 时，在市政供水管网的低峰期，PLC 依次读出每个贮水池的水位并与设定的高水位值比较，若低于设定的高水位值，则打开相应贮水池的进水电磁阀进行灌水，直到贮水池水位与设定的高水位值相等时，关闭进水电磁阀。

三、设计方案提示

① PLC 控制系统涉及模拟量输入、输出的控制，假定供水压力的设定值恒定，贮水池的低水位和高水位设定值恒定，则需要 2 路模拟量输入（1 路用于 SP 检测用水管网压力，1 路用于循环检测贮水池的水位）和 1 路模拟量输出（变频器的频率设定值），可选择 $FX_{ON}-3A$ 模拟量特殊功能模块（2 路 A/D，1 路 D/A）。

② 假定 PID 的控制参数为：$K_C = 0.6$，$T_S = 0.3$ s，$T_I = 5$ min，$T_D = 10$ min。

③ 假定小水泵的最大供水量为系统额定供水量的 20%，主水泵为 50%。

四、PLC 的 I/O 地址分配

变频调速恒压供水系统有启动、停止按钮、2 路模拟信号输入（1 路管网水压信号 V_P，1 路是贮水池水位差信号 V_H）；输出需要控制三个贮水池的进/出口、三个水泵出水口的九个电磁阀、三台水泵电机的六个变频/工频接触器，以及变频器的变频设定值。则恒压供水系统基本的 PLC I/O 接口地址分配如表 7-20 所示。

表 7-20　恒压供水系统 PLC 的 I/O 接口地址分配表

输入		输出	
系统启动按钮 SA1	X000	1 号贮水池进水电磁阀	Y000
系统停车按钮 SA2	X001	1 号贮水池出水电磁阀	Y001
SP 检测的管网压力	A/D 模块通道 1	2 号贮水池进水电磁阀	Y002
贮水池水位差	A/D 模块通道 2	2 号贮水池出水电磁阀	Y003
		3 号贮水池进水电磁阀	Y004
		3 号贮水池出水电磁阀	Y005
		小水泵 M0 的出水电磁阀	Y006

续表

输　　入		输　　出	
		主水泵 M1 的出水电磁阀	Y007
		主水泵 M2 的出水电磁阀	Y010
		小水泵 M0 的变频接触器 KM0	Y011
		小水泵 M0 的工频接触器 KM3	Y012
		主水泵 M1 的变频接触器 KM1	Y013
		主水泵 M1 的工频接触器 KM4	Y014
		主水泵 M2 的变频接触器 KM2	Y015
		主水泵 M2 的工频接触器 KM5	Y016
		变频器的频率设定值	D/A 模块通道

五、选择 PLC 型号并画出 PLC 的 I/O 接线图

六、程序设计

七、调试并运行程序

八、程序运行说明

九、结束语

十、参考文献

第十八节　三层立体停车库的 PLC 调车控制系统设计

一、概述

随着社会的发展，人民的生活水平不断提高，小汽车已进入了市民的家庭，城市的停车场所已远远跟不上汽车的增长需求，为了解决小区存车难的突出矛盾，节约城市面积，建设立体停车库是今后的一个发展方向。采用 PLC 调车控制系统的立体停车库，具有占地面积小、存车容积率高、存取放便等优点。

本课题是某小区的一个三层立体停车库单元，如图 7-39 所示。该立体车库为地上二层、地下一层，共可停放 8 辆小汽车。

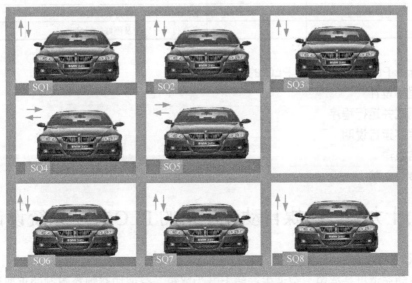

图 7-39　三层立体停车库

二、控制要求

① 车库上层 1~3 车位和地下的 6~8 车位只能上下移动，不能左右移动，地面层的 4~5 车位只能左右移动，不能上下移动。

② 在地面的车位，车辆可直接进出。

③ 如要存取上或下层某个车位车辆时，按下该车位号，系统自动判断将该车位的地面层车位是否空？若不空，将地面车位向左或向右移开，腾出空位后，该车位才能向下或向上移到地面，车辆才可开进或开出。例如：需要调取 1 号车位时，按下车位号 1，该车位红灯亮，系统判断该车位下面的地面层是否空？不空则将地面车位 4~5 车位一起向右移，或者有上或下层车位占着地面层空位，则将地下层的上或下层车位上或下移到原位后腾出地面空位，再将地面层车位向左或向右移动，空出 1 号车位下的空位后，1 号车位才能下移到地面层，且该车位红灯变成绿灯，车辆才能进出。若位置传感器 SQ1 检测到车在车位 1 上没有停好，该车位红灯闪烁报警，直至停好车，变绿灯后 2min 灭灯，才能调取其他车位进行存取车。

三、PLC 的 I/O 地址分配

根据控制要求，立体车库上和下层 3 个车位应有相应的编号按钮和一个叫车按钮；每个车位上装有位置开关 SQi，以确保汽车停在车位的合适位置；8 个车位的移动分别由交流电动机控制。因此，PLC 控制系统有九个输入信号，十个输出驱动信号，PLC 的 I/O 接点地址分配如表 7-21 所示。

表 7-21　PLC 的 I/O 接点地址分配表

输　　入		输　　出	
叫车按钮	X000	1 号车位电机上升 KM1/下降 KM2	Y000~Y001
1~3 号上层车位按钮	X001~X003	2 号车位电机上升 KM3/下降 KM4	Y002~Y003
6~8 号下层车位按钮	X004~X006	3 号车位电机上升 KM5/下降 KM6	Y004~Y005
1~8 号车位位置开关 SQi	X010~X017	4 车位电机左移 KM7/右移 KM8	Y006~Y007
		5 车位电机左移 KM7/右移 KM8	Y010~Y011
		6 号车位电机上升 KM9/下降 KM10	Y012~Y013
		7 号车位电机上升 KM11/下降 KM12	Y014~Y015
		8 号车位电机上升 KM13/下降 KM14	Y016~Y017
		各车位调车或没停好的红灯	Y020
		各车位调车完成及停好的绿灯	Y021

四、选择 PLC 型号并画出 PLC 的 I/O 接线图

五、程序设计

六、调试并运行程序

七、程序运行说明

八、结束语

九、参考文献

第十九节　冷媒自动充填机的 PLC 控制系统设计

一、概述

冷媒自动充填机是冰箱、空调生产线上专为冰箱、空调加充制冷媒剂的重要设备。冷媒

充填机的 PLC 控制系统的组成如图 7-40 所示。关于触摸屏的界面设计见本教材第九章。

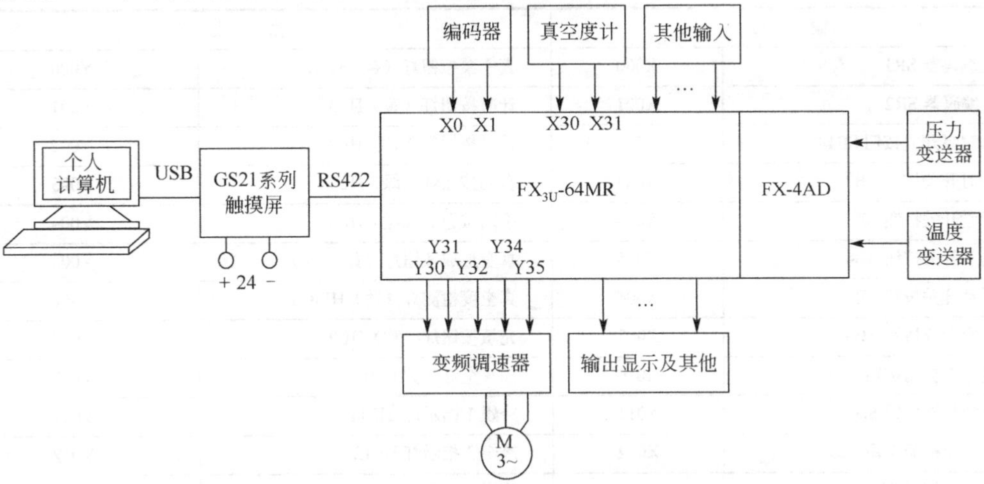

图 7-40　冷媒充填机 PLC 控制系统的组成

二、冷媒充填机工作的控制流程

1. 冷媒充填机的工作原理

冷媒充填机内有两条通道，即真空通道和冷媒通道。在给冰箱、空调灌注冷媒之前，应先把冷机内冷媒通道抽真空。因此，在冷媒机充冷媒之前，首先打开由电磁阀 YV1 驱动的快速接头，压缩空气，使针状阀顶开冷机内冷媒通道。然后打开真空阀门，抽真空电动机启动抽真空，真空度满足要求后开始灌液。灌液之前，先把冷媒送入计量缸，计量缸中有驱动装置控制的移动活塞把冷媒注入冷机中。驱动装置由计量电动机、变频调速器、编码器与丝杆组成。冷媒的注入量精度为±1g。变频调速器控制计量电动机的转速，通过带动丝杆的转动使活塞上下移动。丝杆上装了编码器，丝杆转一圈，编码器产生 240 个脉冲，一个脉冲对应 0.14g 冷媒。同时对冷媒通道中的温度和压力进行实时测量和控制，使冷媒注入量的精度不变。

2. 冷媒充填机工作的控制流程

冷媒充填机工作的控制流程如图 7-41 所示。

三、PLC 的 I/O 地址分配

冷媒充填机是由继电器、接触器控制的。经分析，该系统有 24 个输入量、27 个输出量，均为开关量信号。除此以外还有 2 路模拟量信号（温度和压力）要测量和控制。根据系统输入输出的性质和数量，应选用 FX$_{3U}$-64MR 主机和 FX$_{3U}$-4AD 四通道模拟量输入模块进行配置，可满足系统输入、输出信号的数量要求。PLC 的 I/O 地址分配如表 7-22 所示。

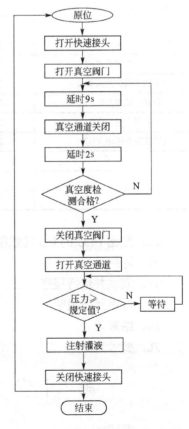

图 7-41　冷媒自动充填机的控制流程图

表 7-22　PLC 的 I/O 接点地址编号

输　入		输　出	
A 编码器 SR1	X000	真空泵按钮灯（黄）HL2	Y000
B 编码器 SR2	X001	计时按钮灯（黄）HL3	Y001
真空泵开关按钮 SB1	X002	计量按钮灯（黄）HL4	Y002
计时开关按钮 SB2	X003	自动按钮灯（绿）HL5	Y003
计量开关按钮 SB3	X004	手动按钮灯（绿）HL6	Y004
自动开关按钮 SB4	X005	真空形成按钮灯（黄）HL7	Y005
手动开关按钮 SB5	X006	真空度检测灯（黄）HL8	Y006
真空形成按钮 SB6	X007	充填按钮灯（黄）HL9	Y007
真空度检测按钮 SB7	X010	抽真空灯（黄）HL10	Y010
充填检测按钮 SB8	X011	冷媒 1 指示灯 HL11	Y011
抽真空检测按钮 SB9	X012	冷媒 2 指示灯 HL12	Y012
冷媒 1 按钮 SB10	X013	冷媒 3 指示灯 HL13	Y013
冷媒 2 按钮 SB11	X014	冷媒 4 指示灯 HL15	Y014
冷媒 3 按钮 SB12	X015	冷媒 5 指示灯 HL16	Y015
冷媒 4 按钮 SB13	X016	复位灯（红）HL16	Y016
冷媒 5 按钮 SB14	X017	RUN1（绿）HL17	Y017
复位/停止按钮 SB15	X020	运行等待（绿）HL19	Y021
RUN1 按钮 SB16	X021	快速接头打开 YV1	Y024
RUN2 按钮 SB17	X023	真空通道关闭 K5	Y025
计量缸上限位开关 SL1	X024	真空阀门打开 YV3	Y026
计量缸下限位开关 SL2	X025	电动机正转 K2	Y030
注射系统故障 QS	X027	电动机反转 K3	Y031
真空度节点输出 YH1	X030	电动机高速 K4	Y032
真空度节点输出 YH2	X031	电动机低速 K6	Y034
		电动机停转 K7	Y035
		真空泵运转 KM1	Y036
		蜂鸣器 K1	Y037

四、画出 PLC 的 I/O 接线图

五、程序设计

六、调试并运行程序

七、程序运行说明

八、结束语

九、参考文献

第二十节　炉窑恒温 PLC 控制系统设计

一、概述

　　某恒温养护炉根据工艺要求，需要对养护炉窑内的温度进行严格的控制。炉窑温度控制系统的示意图如图 7-42 所示。

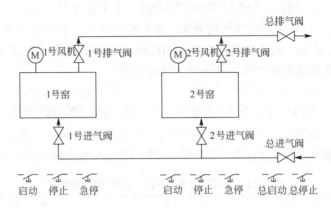

图 7-42　炉窑温度控制系统示意图

二、控制要求

系统总的控制过程是：按下总启动按钮后，允许两个炉窑按照各自的控制要求运行。每个炉窑都有启动按钮、停止按钮和急停按钮。如果按下总停止按钮，则禁止系统运行。

每个炉窑的具体控制要求如下。

① 启动风机电机，使炉窑内的热气流循环。

② 打开进气阀，使热气流（蒸汽）进入炉窑。

③ 经过一定时间的恒温控制（如 10h），关闭进气阀。

④ 打开排气阀，排出热气流。

⑤ 按下停止按钮，则关闭风机和排气阀。

⑥ 每个炉窑的进气阀只有在总进气阀打开后才能打开。

⑦ 只要有一个炉窑需要排气，就要打开总排气阀。

⑧ 每个炉窑通过一只铂热敏电阻（PT100）和温度变送器（电流输入型）进行温度检测。

三、设计方案提示及 PLC 的 I/O 地址分配

由于系统是对炉窑温度的模拟量控制，程序设计方案可以采用模糊控制算法，也可以采用 PID 算法。

1. 采用模糊控制算法

① 模糊控制算法的控制规则　在采用模糊控制算法时，总进气阀、总排气阀及每个炉窑的进气阀和排气阀都是采用电磁阀，通过控制进气电磁阀的接通时间，实现恒温控制。

根据长期的恒温养护经验，采用模糊控制算法实现的控制规则如下。

• 如果检测温度低于设定值的 50%，则进气阀打开的占空比为 100%。

• 如果检测温度高于设定值的 50%，且低于设定值的 80%，则进气阀打开的占空比为 70%。

• 如果检测温度高于设定值的 80%，且低于设定值的 90%，则进气阀打开的占空比为 50%。

• 如果检测温度高于设定值的 90%，且低于设定值的 100%，则进气阀打开的占空比为 30%。

• 如果检测温度高于设定值的 100%，且低于设定值的 102%，则进气阀打开的占空比为 10%。

• 如果检测温度高于设定值的 102%，则进气阀打开的占空比为 0%。

为了实现以上控制规则，每个恒温养护窑安排了 8 个定时器（T_i），用以产生不同占空比的脉冲，再由这些脉冲去控制进气阀的通断。例如用两个定时器构成交替定时的振荡器，一个定时 7s，一个定时 3s，则可产生占空比为 30% 或 70% 的脉冲去控制进气阀的通断。

② PLC 的 I/O 地址分配和内部软元件的使用分配

• PLC 的 I/O 地址分配　每个恒温养护窑有 1 个模拟量输入点（测温输入）、3 个开关量输入点（启动、停止、急停）和 3 个开关量输出点（风机、进气阀、排气阀），系统还有 2 个开关量输入点（总启动、总停止）和 2 个开关量输出点（总进气阀、总排气阀），总共 2 个模拟量输入点、8 个开关量输入点和 8 个开关量输出点。PLC 的输入/输出接点分配如表 7-23 所示。

表 7-23　模糊控制算法 PLC 的 I/O 地址分配表

输　　入		输　　出	
1 号养护窑启动按钮 SB1	X000	1 号养护窑进气电磁阀 YV1	Y000
1 号养护窑停止按钮 SB2	X001	1 号养护窑排气电磁阀 YV2	Y001
1 号养护窑急停按钮 SB3	X002	1 号养护窑风机电动机 KM1	Y002
2 号养护窑启动按钮 SB4	X003	2 号养护窑进气电磁阀 YV3	Y003
2 号养护窑停止按钮 SB5	X004	2 号养护窑排气电磁阀 YV4	Y004
2 号养护窑急停按钮 SB6	X005	2 号养护窑风机电动机 KM2	Y005
总启动按钮 SB7	X006	总进气电磁阀 YV5	Y006
总停止按钮 SB8	X007	总排气电磁阀 YV6	Y007
1 号养护窑热敏电阻 R_{T1}	FX$_{2N}$-2AD		
2 号养护窑热敏电阻 R_{T2}	FX$_{2N}$-2AD		

• PLC 的内部软元件使用分配　PLC 内部编程元件地址分配如表 7-24 所示。

表 7-24　PLC 内部编程元件地址分配表

编程元件	编程元件及编号	作　　用
辅助继电器	M0	1 号养护窑运行标志
	M1	2 号养护窑运行标志
计数器	C0	1 号养护窑运行时间
	C1	2 号养护窑运行时间
定时器	T1	1 号养护窑定时 3s（70% 占空比）
	T2	1 号养护窑定时 7s（70% 占空比）
	T3	1 号养护窑定时 5s（50% 占空比）
	T4	1 号养护窑定时 5s（50% 占空比）
	T5	1 号养护窑定时 7s（30% 占空比）
	T6	1 号养护窑定时 3s（30% 占空比）
	T7	1 号养护窑定时 9s（10% 占空比）
	T8	1 号养护窑定时 1s（10% 占空比）
	T9	2 号养护窑定时 3s（70% 占空比）
	T10	2 号养护窑定时 7s（70% 占空比）
	T11	2 号养护窑定时 5s（50% 占空比）
	T12	2 号养护窑定时 5s（50% 占空比）
	T13	2 号养护窑定时 7s（30% 占空比）
	T14	2 号养护窑定时 3s（30% 占空比）
	T15	2 号养护窑定时 9s（10% 占空比）
	T16	2 号养护窑定时 1s（10% 占空比）

续表

编程元件	编程元件及编号	作　　用
数据寄存器	D0	1 号养护窑检测温度值
	D2	1 号养护窑反馈值
	D4	1 号养护窑设定值
	D6	1 号养护窑温差 1 控制数据
	D8	1 号养护窑温差 2 控制数据
	D10	1 号养护窑温差 3 控制数据
	D12	1 号养护窑温差 4 控制数据
	D14	1 号养护窑温差 5 控制数据
	D20	2 号养护窑检测温度值
	D22	2 号养护窑反馈值
	D24	2 号养护窑设定值
	D26	2 号养护窑温差 1 控制数据
	D28	2 号养护窑温差 2 控制数据
	D30	2 号养护窑温差 3 控制数据
	D32	2 号养护窑温差 4 控制数据
	D34	2 号养护窑温差 5 控制数据

③ 采用模糊控制算法设计梯形图程序的提示　因为两个养护窑的控制过程是完全一样的，所以控制程序可以采用分块结构来设计。程序中可安排两个子程序分别控制两个养护窑，子程序 SBR1 控制 1 号养护窑，子程序 SBR2 控制 2 号养护窑，通过主程序 OB1 不断查询每个子程序的启动条件来调用两个子程序，并根据检测到的实际温度，完成恒温控制。由于子程序 SBR1 和程序 SBR2 是完全相似的，所以只要设计主程序 OB1 和子程序 SBR1 即可。

2. 采用 PID 控制算法

① 设计提示　在采用 PID 控制算法时，应将每个养护窑的进气阀由电磁阀（开关量输出）改为电动阀（模拟量输出），通过控制电动阀门的开度来调节蒸汽进气量，从而实现恒温控制。

控制程序采用 PID 控制算法来控制电动阀门的进气开度，从而调节养护窑的蒸汽进入量，仍然采用分块结构。程序中可安排两个子程序分别控制两个养护窑，子程序 SBR1 为 1 号养护窑的温度控制参数，子程序 SBR2 为 2 号养护窑的温度控制参数。主程序 OB1 中设置定时中断程序，采用定时中断方式，每 10ms 中断一次，进入中断服务程序 INT0，对两个养护窑分别进行 PID 控制。

在本设计课题中，为完成 PID 控制，还应选用一个模拟量输出模块 FX_{2N}-2DA，把 0～32000 的数字量转换成 0～10V 的电压。由于选用双向晶闸管来控制加热系统，而双向晶闸管的控制电压 U_K 为 0～5V，这个控制电压是由 FX_{2N}-2DA 提供的。所以 PLC 送到 FX_{2N}-2DA 的最大数字量应限制在 16000，这样可保证送到双向晶闸管上的电压不会超过 5V。

在本设计课题中，还有一个有关双向晶闸管的特殊问题要考虑，该双向晶闸管的控制信号增大时，触发角后移，输出电压反而降低。因此 PID 的输出不能直接作为 PLC 向 FX_{2N}-2DA 输出数字量，而应当用"16000-（16000×PID 输出值）"的值作为 PLC 向 FX_{2N}-2DA 输出的数字量来控制加温电压。

② PLC 的 I/O 地址分配和内部软元件的使用分配

• PLC 的 I/O 地址分配　在其他条件不变的情况下，每个养护窑需要 3 个开关量输入（启动、停止、急停）、2 个开关量输出、1 个模拟量输入和 1 个模拟量输出。整个控制系统需要

8 个开关量输入、6 个开关量输出、2 个模拟量输入和 2 个模拟量输出（可选 FX$_{2N}$-2AD 和 FX$_{2N}$-2DA 各一块），温度测量部分由铂热敏电阻和温度变送器（电流型输入）组成，模拟量输出部分由硅调压器和交流负载组成。PLC 的输入/输出继电器地址分配如表 7-25 所示。

表 7-25　PLC 的 I/O 继电器地址分配表

输　入		输　出	
1 号养护窑启动按钮 SB1	X000	1 号养护窑排气电磁阀 YV1	Y000
1 号养护窑停止按钮 SB2	X001	1 号养护窑风机电动机 KM1	Y001
1 号养护窑急停按钮 SB3	X002	2 号养护窑排气电磁阀 YV2	Y002
2 号养护窑启动按钮 SB4	X003	2 号养护窑风机电动机 KM2	Y003
2 号养护窑停止按钮 SB5	X004	总进气电磁阀 YV3	Y004
2 号养护窑急停按钮 SB6	X005	总排气电磁阀 YV4	Y005
总启动按钮 SB7	X006	1 号养护窑电动阀 YD1	FX$_{2N}$-2DA
总停止按钮 SB8	X007	2 号养护窑电动阀 YD2	FX$_{2N}$-2DA
1 号养护窑热敏电阻 R_{T1}	FX$_{2N}$-2AD		
2 号养护窑热敏电阻 R_{T2}	FX$_{2N}$-2AD		

● PLC 的内部软元件的使用分配　PLC 内部编程元件地址分配如表 7-26 所示。

表 7-26　PLC 内部编程元件地址分配表

编程元件	编程元件及编号	作　　用
辅助继电器	M0	1 号养护窑运行标志
	M1	2 号养护窑运行标志
计数器	C0	1 号养护窑运行时间
	C1	2 号养护窑运行时间
数据寄存器	D100	1 号养护窑设定值
	D101	1 号养护窑检测值
	D102	1 号养护窑采样时间
	D106	1 号养护窑比例增益
	D107	1 号养护窑积分时间
	D108	1 号养护窑微分时间
	D130	1 号养护窑输出值控制
	D200	2 号养护窑设定值
	D201	2 号养护窑检测值
	D202	2 号养护窑采样时间
	D206	2 号养护窑比例增益
	D207	2 号养护窑积分时间
	D208	2 号养护窑微分时间
	D230	2 号养护窑输出值控制

四、选择 PLC 型号并画出 PLC 外部接线图

五、程序设计

六、调试并运行程序

七、程序运行说明

八、结束语

九、参考文献

特殊功能模块实践应用篇

第八章　AD、DA 转换模块及实践应用

第一节　FX₃ᵤ-4AD 转换模块及实践应用

一、输入模式

FX₃ᵤ-4AD 的输入模式可为电压（-10~+10V）和电流（4~20mA、-20~+20mA）两种模式，根据需要可进行输入模式设定，如图 8-1 所示。

输入模式设定：　0
输入形式：　　电压输入
模拟量输入范围：-10~+10V
数字量输出范围：-32000~+32000
偏置/增益调整：可以

输入模式设定：　1
输入形式：　　电压输入
模拟量输入范围：-10~+10V
数字量输出范围：-4000~+4000
偏置/增益调整：可以

输入模式设定：　2
输入形式：　　电压输入（模拟量直接显示）
模拟量输入范围：-10~+10V
数字量输出范围：-10000~+10000
偏置/增益调整：不可以

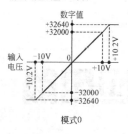
模式0

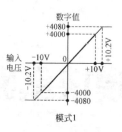
模式1

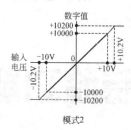
模式2

(a) 电压输入的三种模式特性

输入模式设定：　3
输入形式：　　电流输入
模拟量输入范围：4~20mA
数字量输出范围：0~16000
偏置/增益调整：可以

输入模式设定：　4
输入形式：　　电流输入
模拟量输入范围：4~20mA
数字量输出范围：0~4000
偏置/增益调整：可以

输入模式设定：　5
输入形式：　　电流输入（模拟量直接显示）
模拟量输入范围：4~20mA
数字量输出范围：4000~20000
偏置/增益调整：不可以

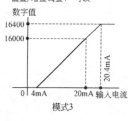
模式3

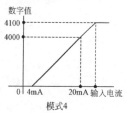
模式4

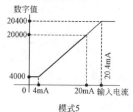
模式5

(b) 电流输入4~+20mA的三种模式特性

输入模式设定：　6
输入形式：　　电流输入
模拟量输入范围：-20~20mA
数字量输出范围：-16000~+16000
偏置/增益调整：可以

输入模式设定：　7
输入形式：　　电流输入
模拟量输入范围：-20~20mA
数字量输出范围：-4000~+4000
偏置/增益调整：可以

输入模式设定：　8
输入形式：　　电流输入（模拟量直接显示）
模拟量输入范围：-20~20mA
数字量输出范围：-20000~+20000
偏置/增益调整：不可以

模式6

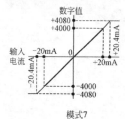
模式7

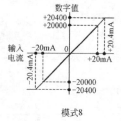
模式8

(c) 电流输入-20~+20mA的三种模式特性

图 8-1　FX₃ᵤ-4AD 输入模式

1. 电压输入模式与特性

FX$_{3U}$-4AD 输入模拟电压范围在-10～+10V 内的输入模式设定有 0、1、2 三种，可以转换为三种不同的输出数字量供用户进行选择，它们的输入-输出特性如图 8-1（a）。

2. 电流输入 4～20mA 的模式与特性

FX$_{3U}$-4AD 输入模拟电流在 4～20mA 范围内的输入模式设定有 3、4、5 三种，可以转换为三种不同的输出数字量供用户进行选择，它们的输入-输出特性如图 8-1（b）。

3. 电流输入-20～+20mA 的模式与特性

FX$_{3U}$-4AD 输入模拟电流在-20～+20mA 范围内的输入模式设定有 6、7、8 三种，可以转换为三种不同的输出数字量供用户进行选择，它们的输入-输出特性如图 8-1（c）。

二、模拟量输入接线

模拟量的每个通道可以根据需要选择使用电压输入或电流输入方式接线，接线图如图 8-2 所示。

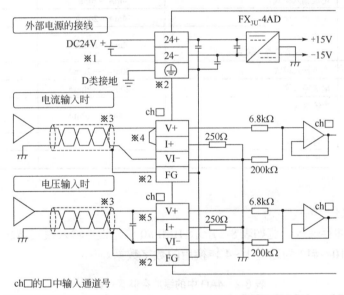

图 8-2　模拟量输入接线图

※1. FX$_{3U}$ 可编程控制器（AC 电源型）时，可以使用 DC24V 供给电源。

※2. 在内部连接「FG」端子和 ⏚ 端子。

　　没有通道 1 用的 FG 端子。使用通道 1 时，请直接连接到 ⏚ 端子上。

※3. 模拟量的输入线使用 2 芯的屏蔽双绞电缆，请与其他动力线或者易于受感应的线分开布线。

※4. 电流输入时，请务必将 V+ 端子和 I+ 端子短接。

※5. 输入电压有电压波动，或者外部接线上有噪音时，请连接 0.1～0.47μF 25V 的电容。

三、缓冲存储区

1. 输入模式的设定

四个通道的通道号和出厂时的初始值如图 8-3 所示，通道 1～通道 4 的输入模式设定种类参考表 8-1。

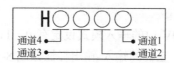

初始值（出厂时）：H0000

数据的处理：16进制(H)

图 8-3   FX₃U-4AD 通道号及初始值

表 8-1   输入模式的种类

设定值 [HEX]	输入模式	模拟量输入范围	数字量输出范围
0	电压输入模式	−10V～+10V	−32000～+32000
1	电压输入模式	−10V～+10V	−4000～+4000
2①	电压输入 模拟量值直接显示模式	−10V～+10V	−10000～+10000
3	电流输入模式	4mA～20mA	0～16000
4	电流输入模式	4mA～20mA	0～4000
5①	电流输入 模拟量值直接显示模式	4mA～20mA	4000～20000
6	电流输入模式	−20mA～+20mA	−16000～+16000
7	电流输入模式	−20mA～+20mA	−4000～+4000
8①	电流输入 模拟量值直接显示模式	−20mA～+20mA	−20000～+20000
9～E	不可以设定	—	—
F	通道不使用	—	—

① 不能改变偏置/增益值。

2. 缓冲存储区一览

4AD 中的缓冲存储区一览如表 8-2 所示。BMF#0 单元设定输入模式,#2～#5 设定通道 1～4 的平均次数,#10～#13 为通道 1～4 转换后的数字数据。

表 8-2   4AD 中的缓冲存储区一览表

BFM 编号	内容	设定范围	初始值	数据的处理
#0①	指定通道 1～4 的输入模式	②	出厂时 H0000	16 进制
#1	不可以使用	—	—	—
#2	通道 1 平均次数［单位：次］	1～4095	K1	10 进制
#3	通道 2 平均次数［单位：次］	1～4095	K1	10 进制
#4	通道 3 平均次数［单位：次］	1～4095	K1	10 进制
#5	通道 4 平均次数［单位：次］	1～4095	K1	10 进制
#6	通道 1 数字滤波器设定	0～1600	K0	10 进制
#7	通道 2 数字滤波器设定	0～1600	K0	10 进制
#8	通道 3 数字滤波器设定	0～1600	K0	10 进制
#9	通道 4 数字滤波器设定	0～1600	K0	10 进制
#10	通道 1 数据（即时值数据或者平均值数据）	—	—	10 进制
#11	通道 2 数据（即时值数据或者平均值数据）	—	—	10 进制
#12	通道 3 数据（即时值数据或者平均值数据）	—	—	10 进制
#13	通道 4 数据（即时值数据或者平均值数据）	—	—	10 进制

续表

BFM 编号	内容	设定范围	初始值	数据的处理
#14～#18	不可以使用	—	—	—
#19^①	设定变更禁止 禁止改变下列缓冲存储区的设定。 • 输入模式指定<BFM #0> • 功能初始化<BFM #20> • 输入特性写入<BFM #21> • 便利功能<BFM #22> • 偏置数据<BFM #41～#44> • 增益数据<BFM #51～#54> • 自动传送的目标数据寄存器的指定<BFM #125- #129> • 数据历史记录的采样时间指定<BFM #198>	变更许可： K2080 变更禁止： K2080 以外	出厂时 K2080	10 进制
#20	功能初始化 用 K1 初始化。初始化结束后，自动变为 K0。	K0 或者 K1	K0	10 进制
#21	输入特性写入 偏置/增益值写入结束后，自动变为 H0000 （ b0～b3 全部为 OFF 状态）。	③	H0000	16 进制
#22^①	便利功能设定便利功能：自动发送功能、数据加法运算、上限制值检测、突变检测、峰值保持	④	出厂时 H0000	16 进制
#23～#25	不可以使用	—	—	—
#26	上下限值出错状态（BFM #22 b1 ON 时有效）	—	H0000	16 进制
#27	突变检测状态（BFM #22 b2 ON 时有效）	—	H0000	16 进制
#28	量程溢出状态	—	H0000	16 进制
#29	出错状态	—	H0000	16 进制
#30	机型代码 K2080	—	K2080	10 进制
#31～#40	不可以使用	—	—	—

① 通过 EEPROM 进行停电保持。
② 用 16 进制数指定各通道的输入模式，16 进制的各位数中指定 0～8 以及 F。
③ 使用 b0～b3。
④ 使用 b0～b7。

3. 缓冲存储区的读出和写入方法

FX$_{3U}$-4AD 缓冲存储区的读出和写入方法，可以由缓冲存储区直接指定或者用 FROM/TO 读写指令进行读写。使用缓冲存储区直接指定时，如图 8-4，需要使用 GX Works2 软件。FROM/TO 指令进行读写如图 8-5。

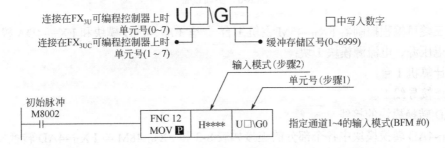

图 8-4　FX$_{3U}$-4AD 缓冲存储区直接指定

FROM指令 (BFM→可编程控制器，读取)
读出缓冲存储区的内容时，使用FROM指令。
顺控程序中的使用方法如下所示。

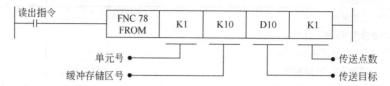

在执行上述程序时，将与PLC连接的1号地址单元内的#10缓冲存储区(即1号通道)中数据读到D10数据寄存器中。

TO指令(可编程控制器→BFM，写入)
向缓冲存储区写入数据时，使用TO指令，
顺控程序中的使用方法如下所示。

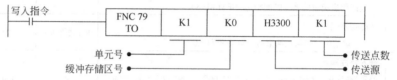

在执行上述程序时，将H3300数据写入到与PLC连接的1号地址单元内的#0缓冲存储区中(即设定1、2号通道接收±10V输入电压，输出数字量范围为±32000，设定3、4号通道接收4～20mA输入电流，输出数字量范围为0～16000)。

图 8-5　FROM/TO 指令

四、AD 转换的实践应用例 1

1. 实践应用要求

FX₃ᵤ-4AD 模块的单元号为0，设置 4 个通道的输入模式，连接相应的模拟量信号，进行 AD 转换，将 4 个通道的转换结果送到 D0-D3 中。

2. 实践应用设备

所用到的实践设备如图 8-6 所示。

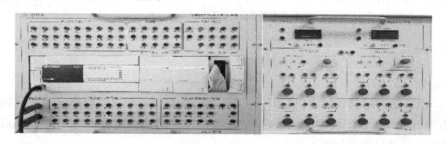

图 8-6　实训设备

① 三菱可编程控制器 FX₃ᵤ-48M 主机 1 台 ，含 FX₃ᵤ-4AD 模块和 FX₃ᵤ-4DA 模块；
② 电压源、电流源模块 1 块；
③ 计算机 1 台；
④ 连接导线 1 套。

3. AD 转换模块的接线

FX₃ᵤ-4AD 转换模块中各个部分的连接如表 8-3 和 FX₃ᵤ-48M 与 FX₃ᵤ-4AD 转换模块的接线图 8-7 所示。

表 8-3　AD 实验电气连接

电压源、电流源端子	PLC 端子	功能模块端子（FX$_{3U}$-4AD）	电源端子	备注
电源输入 24V+		24V+	24V+	
电源输入 0V		24V−	0V	
可调电流源 0~20mA+		CH1 V+ I+		V+和 I+短接
可调电流源 0~20mA−		CH1 VI−		
可调电压源 0~10V+		CH2 V+		
可调电压源 0~10V−		CH2 VI−		

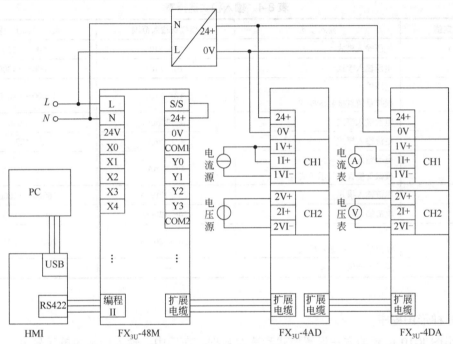

图 8-7　PLC 与 FX$_{3U}$-4AD 转换模块的接线

4. 程序设计

（1）确认 FX$_{3U}$-4AD 模块与 PLC 连接的位置单元号

从图 8-8 中 PLC 基本单元左侧的特殊功能模块开始，依次分配单元号 0~7，FX$_{3U}$-4AD 的连接位置单元号为 0。

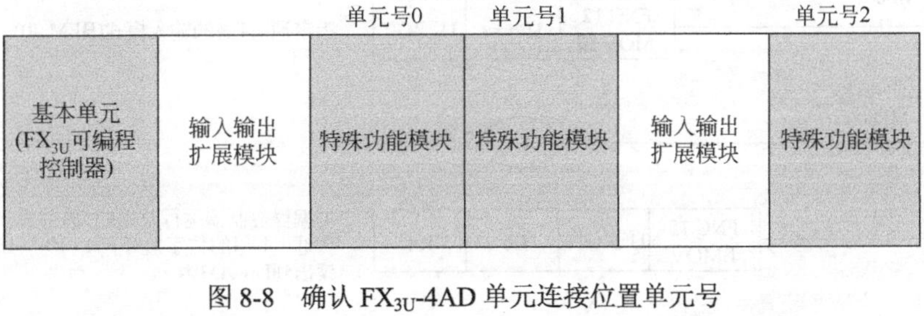

图 8-8　确认 FX$_{3U}$-4AD 单元连接位置单元号

（2）确定 FX$_{3U}$-4AD 输入模式

根据连接的模拟量信号，设定通道的输入模式，用 16 进制数设定输入模式，参见图 8-9 和表 8-4 所示的输入模式进行设定。通道 1 为电流输入，选择 7，输入电流范围−20~20mA，输出数字量范围-4000～4000，通道2为电压输入，选择1，输入电压范围-10~10V，输出数字量范围-4000～4000，通道3，通道4不用，用"F"代替，则BFM#0内写入HFF17。

图8-9　FX₃U-4AD通道号的设置

表8-4　输入模式选择表

设定值	输入模式	模拟量输入范围	数字量输出范围
0	电压输入模式	$-10\sim+10V$	$-32000\sim+32000$
1	电压输入模式	$-10\sim+10V$	$-4000\sim+4000$
2	电压输入 模拟量值直接显示模式	$-10\sim+10V$	$-10000\sim+10000$
3	电流输入模式	$4\sim20mA$	$0\sim16000$
4	电流输入模式	$4\sim20mA$	$0\sim4000$
5	电流输入 模拟量值直接显示模式	$4\sim20mA$	$4000\sim20000$
6	电流输入模式	$-20\sim+20mA$	$-16000\sim+16000$
7	电流输入模式	$-20\sim+20mA$	$-4000\sim+4000$
8	电流输入 模拟量值直接显示模式	$-20\sim+20mA$	$-20000\sim+20000$
F	通道不使用	—	—

（3）梯形图程序

采用图8-10所示的方法设置模式和读取数据，在□中，输入确定的单元号0，即U0。H****的值为确定的输入模式HFF17，则G0单元即BFM#0缓存单元内写入HFF17，将HFF17送到U0\G0中。4AD转换后的数值在缓存单元BFM#10～BFM#13中，即U0\G10～U0\G13中，最终再把转换的数字值送到数据寄存器D0～D3中。

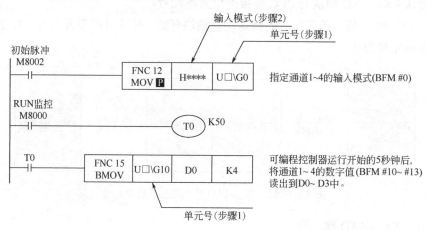

图8-10　设置模式和读取数据

图 8-10 对应的梯形图程序如图 8-11 所示，调节电压源和电流源值，观察 D0～D3 中的数值。

```
     M8002                                                    U0\
0    ├─┤├─────────────────────────────────[MOVP  HOFF17   G0    ]

                                                             K50
     M8000                                                 ─(T0    )
6    ├─┤├─┐

     T0                                                     U0\
10   ├─┤├─────────────────────────────────[BMOV   G10   D0   K4   ]

18   ───────────────────────────────────────────────────[END    ]
```

图 8-11 设置模式和读取数据的梯形图

五、AD 转换实践应用例 2

1．控制要求

FX₃ᵤ 可编程控制器连接 FX₃ᵤ-4AD，单元号 0；输入模式设定通道 1、通道 2 为模式 0，电压输入范围-10～+10V，输出范围-32000～+32000，设定通道 3、通道 4 为模式 3，电流输入范围 4～20mA，输出范围 0～+16000；通道 1～通道 4 的平均次数均设定为 10 次。通道 1～通道 4 的数字滤波器功能均无效（初始值）。4 个通道的转换结果送到 D0～D3 中。

实践应用设备和系统接线与实践应用例 1 相同。

2．梯形图设计

梯形图设计如图 8-12 所示。

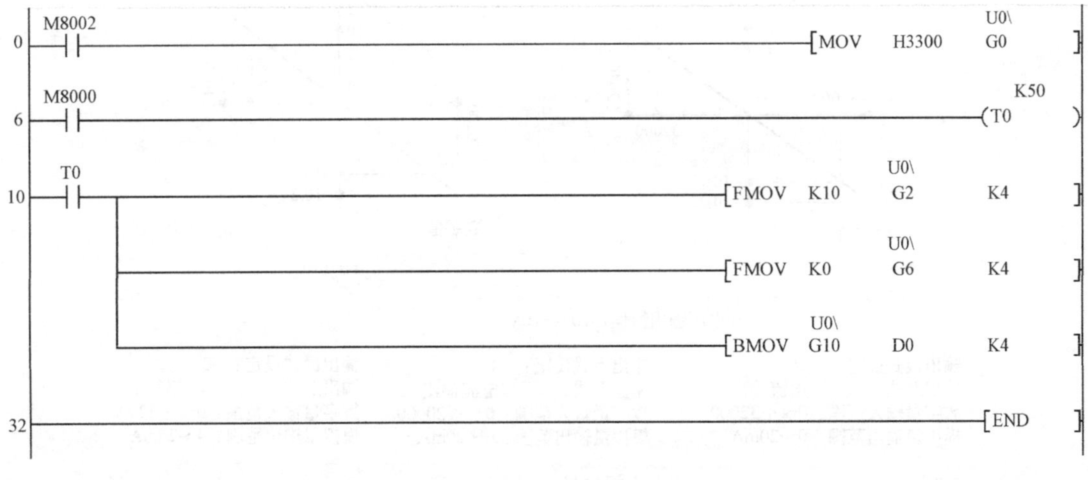

```
     M8002                                                    U0\
0    ├─┤├─────────────────────────────────[MOV   H3300   G0    ]

                                                             K50
     M8000                                                 ─(T0    )
6    ├─┤├─┐

     T0                                                      U0\
10   ├─┤├─┬───────────────────────────────[FMOV   K10   G2   K4   ]

                                                             U0\
         ├───────────────────────────────[FMOV   K0    G6   K4   ]

                                                             U0\
         └───────────────────────────────[BMOV   G10   D0   K4   ]

32   ───────────────────────────────────────────────────[END    ]
```

图 8-12 梯形图设计

六、AD 转换实践应用例 3

（1）控制要求

FX₃ᵤ-4AD 单元号为 0，通道 1 为电流输入，通道 2 为电压输入，通道 3、4 不用，平均 100 次的电流输入送到 D0，平均 100 次的电压输入送到 D1。

实践设备和系统接线与 AD 转换实践应用例 1 相同。

（2）梯形图设计

梯形图设计如图 8-13 所示。

图 8-13　梯形图

第二节　FX₃U-4DA 转换模块及实践应用

一、输出模式

FX₃U-4DA 将数字信号转换为模拟信号有电压输出（输出范围-10～+10V）和电流输出（输出范围 4～20mA、0～20mA 两种）两类，可根据输入的数字量范围，选择输出的 0～4 五种模式，如图 8-14 所示。

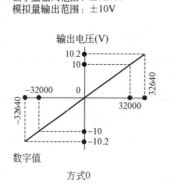

输出模式设定：　　0	输出模式设定：　　1
输出形式：　　电压输出	输出形式：　　电压输出
数字量输入范围：±32000	数字量输入范围：±10000
模拟量输出范围：±10V	模拟量输出范围：±10V

方式0　　　　　　　　方式1

(a) 电压输出特性(-10～+10V)

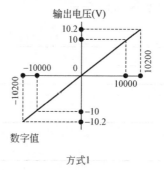

(b) 电流输出特性(0～+20mA)　　　(c) 电流输出特性(4～+20mA)

图 8-14　FX₃U-4DA 输出模式

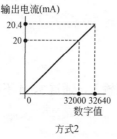

1. 电压输出模式与特性

电压输出范围为 $-10\sim+10V$，可根据数字量输入范围选择输出模式 0 或模式 1，它们的特性如图 8-14（a）所示。

2. 电流输出 $0\sim+20mA$ 的模式与特性

要求电流输出范围为 $0\sim+20mA$ 时，可根据数字量输入范围选择模式 2 或 4，它们的特性如图 8-14（b）所示。

3. 电流输出 $4\sim+20mA$ 模式与特性

要求电流输出范围为 $4\sim+20mA$ 时，可选择模式 3，其特性如图 8-14（c）所示。

二、模拟量输出接线

模拟量输出四个通道根据需要可以使用电压输出或电流输出形式接线，接线图如图 8-15 所示。

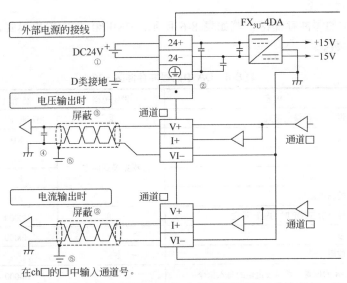

图 8-15　模拟量输出接线图

① 连接的基本单元为 FX$_{3U}$ 可编程控制器（AC 电源型）时，可以使用 DC24V 供给电源。

② 请不要对「·」端子接线。

③ 模拟量的输出线使用 2 芯的屏蔽双绞电缆，请与其他动力线或者易于受感应的线分开布线。

④ 输出电压有噪音或者波动时，请在信号接收侧附近连接 $0.1\sim0.47\mu F\ 25V$ 的电容。

⑤ 请将屏蔽线在信号接收侧进行单侧接地。

三、缓冲存储区

1. 输出模式的设定

四个通道的通道号和出厂时的初始值如图 8-16 所示，设定通道 1～4 的输出模式种类参考表 8-5。

图 8-16　FX$_{3U}$-4DA 通道号及初始值

表 8-5　输出模式选择表

设定值［HEX］	输出模式	模拟量输出范围	数字量输入范围
0	电压输出模式	−10～+10V	−32000～+32000
1①	电压输出模拟量值 mV 指定模式	−10～+10V	−10000～+10000
2	电流输出模式	0～20mA	0～32000
3	电流输出模式	4～20mA	0～32000
4①	电流输出模拟量值 μA 指定模式	0～20mA	0～20000
5～E	无效（设定值不变化）	—	—

① 不能改变偏置/增益值。

2. 缓冲存储区一览

FX$_{3U}$-4DA 中的缓冲存储区一览如表 8-6 所示。BMF#0 指定输出模式，#1～#4 设定通道 1～4 的平均次数。

表 8-6　DA 中的缓冲存储区一览

BFM 编号	内容	设定范围	初始值	数据的处理
#0①	指定通道 1～4 的输出模式	②	出厂时 H0000	16 进制
#1	通道 1 的输出数据		K0	10 进制
#2	通道 2 的输出数据	根据模式而定	K0	10 进制
#3	通道 3 的输出数据		K0	10 进制
#4	通道 4 的输出数据		K0	10 进制
#5①	可编程控制器 STOP 时的输出设定	③	H0000	16 进制
#6	输出状态	—	H0000	16 进制
#7、#8	不可以使用	—	—	—
#9	通道 1～4 的偏置、增益设定值的写入指令	④	H0000	16 进制
#10①	通道 1 的偏置数据（单位： mV 或者 μA）			10 进制
#11①	通道 2 的偏置数据（单位： mV 或者 μA）	根据模式而定	根据模式而定	10 进制
#12①	通道 3 的偏置数据（单位： mV 或者 μA）			10 进制
#13①	通道 4 的偏置数据（单位： mV 或者 μA）			10 进制
#14①	通道 1 的增益数据（单位： mV 或者 μA）			10 进制
#15①	通道 2 的增益数据（单位： mV 或者 μA）	根据模式而定	根据模式而定	10 进制
#16①	通道 3 的增益数据（单位： mV 或者 μA）			10 进制
#17①	通道 4 的增益数据（单位： mV 或者 μA）			10 进制
#18	不可以使用	—	—	—
#19②	设定变更禁止	变更许可：K3030 变更禁止：K3030 以外	出厂时 K3030	10 进制
#20	功能初始化用 K1 初始化。初始化结束后，自动变为 K0.	K0 或者 k1	K0	10 进制
#21-#27	不可以使用	—	—	—
#28	断线检测状态（仅在选择电流模式时有效）	—	H0000	16 进制
#29	出错状态	—	H0000	16 进制
#30	机型代码 K3030		K3030	10 进制

续表

BFM 编号	内容	设定范围	初始值	数据的处理
#31	不可以使用	—	—	—
#32①	可编程控制器 STOP 时，通道 1 的输出数据（仅在 BFM #5=H○○○2 时有效）	根据模式而定	K0	10 进制
#33①	可编程控制器 STOP 时，通道 2 的输出数据（仅在 BFM #5=H○○2○ 时有效）	根据模式而定	K0	10 进制
#34①	可编程控制器 STOP 时，通道 3 的输出数据（仅在 BFM #5=H○2○○ 时有效）	根据模式而定	K0	10 进制
#35①	可编程控制器 STOP 时，通道 4 的输出数据（仅在 BFM #5=H2○○○ 时有效）	根据模式而定	K0	10 进制
#36、#37	不可以使用			

① 通过 EEPROM 进行停电保持。

② 用 16 进制数指定各通道的输出模式，在 16 进制的各位数中，用 0～4 以及 F 进行指定。

③ 用 16 进制数对各通道在可编程控制器 STOP 时的输出做设定，在 16 进制的各位数中，用 0～2 进行指定。

④ 使用 b0～b3。

3. 缓冲存储区的读出和写入方法

FX$_{3U}$-4DA 缓冲存储区的读出或者写入方法，可以用 FROM/TO 指令或者缓冲存储区直接指定两种方法。使用缓冲存储区直接指定时，需要使用 GX Works2 软件。两种方法的使用情况参见本章第一节的相关内容。

四、DA 转换实践应用例 1

1. 实践应用要求

FX$_{3U}$-DA 模块的单元号为 1，设置 4 个通道的输出模式，将需要转换的数据送到 D0～D3 中，进行 DA 转换。

2. 实践应用设备

所用到的实践应用设备如图 8-17 所示。

图 8-17 实践应用的设备

① 三菱可编程控制器 FX$_{3U}$-48M 主机 1 台，含 FX$_{3U}$-4DA 模块；

② 电压源、电流源模块 1 块；

③ 计算机 1 台；

④ 连接导线 1 套。

3. DA 转换系统接线

DA 转换系统中各个部分的连接如表 8-7 和图 8-7 所示。

表8-7　DA电气实践应用连接

实验箱端子	PLC端子	功能模块端子（FX₃U-4DA）	电源端子	备注
电源输入24V+				
电流表24V+		24V+	24V+	
电压表24V+				
电源输入0V				
电流表0V		24V-	0V	
电压表0V				
电流表（0～20mA）+		1I+		
电流表（0～20mA）-		1VI-		
电压表（0～10V）+		2V+		
电压表（0～10V）-		2VI-		

4. 程序设计

（1）确认FX₃U-4DA模块与PLC连接的位置单元号

从图8-18中PLC基本单元左侧的特殊功能模块开始，依次分配单元号0～7，若FX₃U-4DA连接在0号单元FX₃U-4AD右侧，则确认分配的单元号为1。

图8-18　确认FX₃U-4DA连接位置的单元号

（2）确定输出模式

根据需要输出的模拟量信号形式，设定通道的输出模式，用16进制数设定，参见图8-19和表8-8所示的输出模式，进行设定。

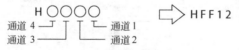

图8-19　FX₃U-4DA通道号

表8-8　输出模式选择表

设定值	输出模式	模拟量输出范围	数字量输入范围
0	电压输出模式	-10～+10V	-32000～+32000
1	电压输出模拟量值mV指定模式	-10～+10V	-10000～+10000
2	电流输出模式	0～20mA	0～32000
3	电流输出模式	4～20mA	0～32000
4	电流输出模拟量值μA指定模式	0～20mA	0～20000
F	通道不使用		

设定通道1为电流输出，设定模式为2，输出范围为0～20mA，输入数字量为0～32000。设定通道2为电压输出，设定模式为1，输出范围为-10～10V，输入数字量为-10000～+10000。

设定通道 3、通道 4 不用，用 F 代替，则 BFM#0 内应写入 HFF12。

（3）编写顺控程序

DA 转换程序可采用图 8-20 所示的一般模式编写，在 MOVP 指令中，源操作数 H****
的值为确定的输出模式 HFF12，目标操作数中，在 U□中，输入确定的单元号 U1，指定 G0
（BFM#0）缓存单元内接收 HFF12，即 HFF12 送到 U1\G0 中。经过延时，将通道 1～4 的数
值数据预先存入 D0～D3 中，并通过块传送指令 BMOV，将转换的输出送入缓存单元
BFM#1～BFM#4 中，即 U1\G1～U1\G4 中。

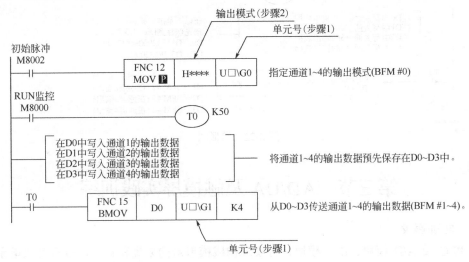

图 8-20　设置模式和读取数据

通道 1、2 的 DA 转换梯形图如图 8-21 所示，运行程序，观察电流表、电压表上的数据。

图 8-21　梯形图

五、DA 转换实践应用例 2

1. 控制要求

FX$_{3U}$ 可编程控制器上连接的 FX$_{3U}$-4DA，单元号为 1；输出模式设定通道 1、通道 2 为
模式 0，电压输出-10～+10V。设定通道 3 为模式 3，电流输出 4～20mA。设定通道 4 为模
式 2，电流输出 0～20mA。

实训设备和系统接线与 DA 转换实训 1 相同。

2．梯形图

采用图 8-22 模式编程。

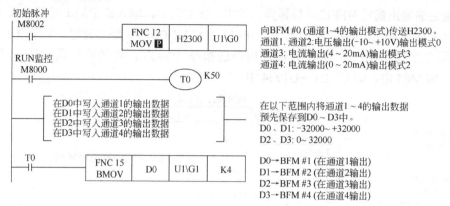

图 8-22　梯形图

第三节　AD/DA 及触摸屏实践训练

一、实训要求

用 PLC 及 A/D 模块、D/A 模块、触摸屏构成模拟量的采集和数字量转换模拟量系统。要求触摸屏显示可调电流源和可调电压源的电流及电压值；也可以在触摸屏上设置输出的电流及电压值，用电流表及电压表测量 D/A 的输出值。

A/D 模块的通道 1 为电压输入，选择模式 1，输入范围 $-10\sim10V$，输出范围 $-4000\sim4000$。通道 2 为电流输入，选择模式 7，输入范围 $-20\sim20mA$，输出范围 $-4000\sim4000$，通道 3，通道 4 不用，用 F 代替，则 BFM#0 内写入 HFF71。

D/A 模块的通道 1 为电压输出，设定模式 0，输出范围 $-10\sim10V$，输入范围 $-32000\sim+32000$。通道 2 为电流输出，设定模式 2，输出范围 $0\sim20mA$，输入范围 $0\sim32000$。通道 3，通道 4 不用，用 F 代替，则 BFM#0 内写入 HFF20。

二、实训设备

所用到的实训设备如图 8-23 所示。

图 8-23　实训设备

① 三菱可编程控制器 FX_{3U}-48M 主机 1 台，含 FX_{3U}-4AD 和 FX_{3U}-4DA 模块；

② 电压源、电流源模块 1 块；

③ 计算机 1 台；

④ 触摸屏 1 块；

⑤ 连接导线 1 套。

三、系统接线

PLC 系统接线图如图 8-7 所示。

四、程序设计

参考梯形图程序如图 8-24 所示。

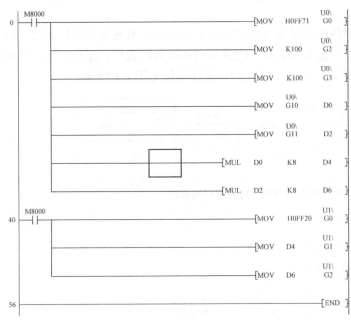

| | | 将输出模式字送入AD转换模块的#0BFM中，即指定通道1为±10V电压输入，输出为±4000;指定通道2为±20mA电流输入，输出为±4000 |

梯形图注释：
- 将输出模式字送入AD转换模块的#0BFM中，即指定通道1为±10V电压输入，输出为±4000;指定通道2为±20mA电流输入，输出为±4000
- 将平均转换次数100输入通道1的#2BMF中；
- 将平均转换次数100输入通道2的#3BMF中；
- 将通道1#10BMF中的数字量送入D0中；
- 将通道2#11BMF中的数字量送入D2中；
- 将D0中数据乘以8；存入D5、D4中；
- 将D2中数据乘以8；存入D7、D6中；
- 将输出模式字送入DA转换模块的#0BFM中，即指定通道1为电压±10V输出，输入为±32000;指定通道2为0～20mA电流输出,输入为0～32000
- 将D4、D5中数据±32000转换为模拟电压存入通道1的#1BMF中；
- 将D7、D6中数据0～32000转换为模拟电流存入通道2的#2BMF中。

图 8-24 梯形图参考程序

五、人机界面设计

通过 GT Designer3 软件设计的界面如图 8-25 所示，详细设计方法参考第九章。

图 8-25 人机界面设计

第九章　触摸屏 GT-Desinger3 软件的使用

第一节　GT-Desinger3 软件的使用

　　三菱触摸屏的型号有很多，但使用方法基本相同，本章以 GS21 系列为例进行介绍。触摸屏与计算机的连接有三种接口，分别是 RS232、USB 接口和以太网接口，连接时可以任选其一。触摸屏与 PLC 的连接一般采用 RS422/485 接口，系统连接如图 9-1 所示。

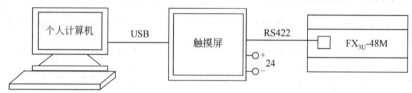

图 9-1　触摸屏与计算机、PLC 系统接线图

一、创建工程步骤

① 打开软件出现新建窗口，点击新建如图 9-2 所示。

② 进入如图 9-3 的新建工程导向窗口，点击"下一步"。

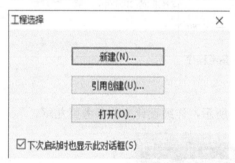

图 9-2　新建窗口

图 9-3　新建工程导向窗口

　　③ 进入图 9-4 点击左侧的"系统设置"，在右侧"系列"栏中选择 GS 系列触摸屏，点击"下一步"。

图 9-4　选择 GS 系列

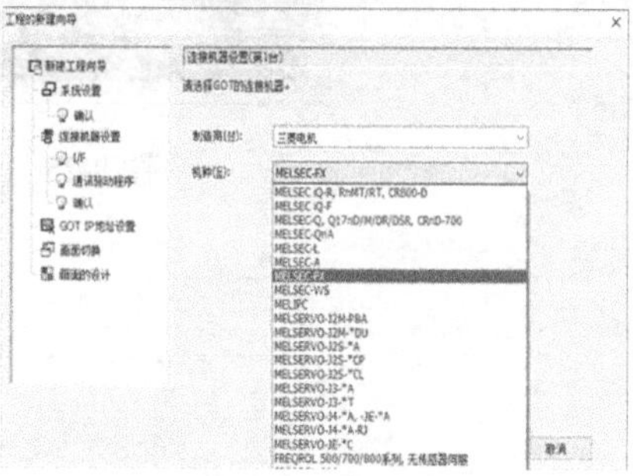

图 9-5　确认 GOT 制造商和选择机种

④ 进入图 9-5，点击左侧的"连接机器设置"，在右边"制造商"栏中确认三菱电机；在"机种"栏中选择 MELSEC-FX，点击下一步。

⑤ 进入图 9-6，连续点击下一步，一直到点击结束，完成新建。

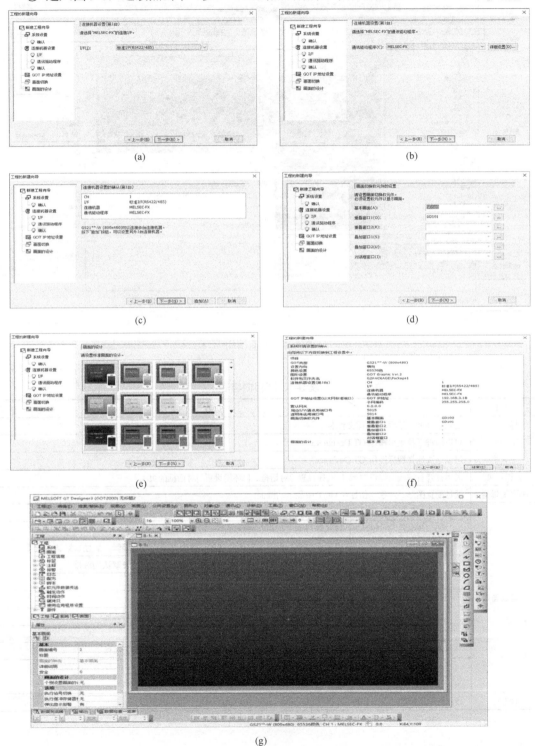

图 9-6 完成新建

二、界面结构

界面结构如图 9-7 所示，界面中各个项目的内容如表 9-1 所示。

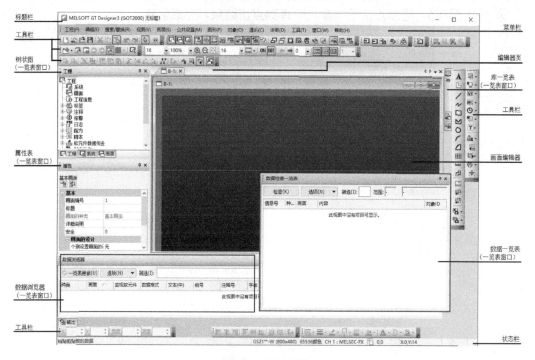

图 9-7　界面结构

表 9-1　项目内容表

项目	内 容
标题栏	显示软件名、工程名/工程文件名
菜单栏	可以通过下拉菜单操作 GT Designer3
工具栏	可以通过选择图标操作 GT Designer3
编辑器页	显示打开着的画面编辑器或 [机种设置]对话框、[环境设置]对话框的页
画面编辑器	通过配置图形、对象，创建在 GOT 中显示的画面
一览表窗口	一览表窗口有以下几种类型

项目		内 容
一览表窗口	树状图	树状图分为工程树、树状画面一览表、树状系统。树状图默认为对接
	属性表	可显示画面或图形、对象的设置一览表，并可进行编辑。属性表默认为对接
	库一览表	可显示作为库登录的图形、对象的一览表。库一览表默认为对接
	连接机器类型一览表	可显示连接机器的设置一览表
	数据一览表	可显示在画面上设置的图形、对象一览表
	画面图像一览表	可显示基本画面、窗口画面的缩略图，或创建、编辑画面
	分类一览表	可分类显示图形、对象
	部件图像一览表	可显示作为部件登录的图形一览表，或者登录、编辑部件
	数据浏览器	可显示工程中正在使用的图形/对象的一览表
		可对一览表中显示的图形/对象进行搜索和编辑
状态栏		显示光标所指的菜单、图标的说明或 GT Designer3 的状态

第二节　触摸屏设计实训

一、电动机正反转控制

1．控制要求

触摸屏画面上组态"正转启动""反转启动"和"停止"功能按钮；具有"正转"和"反转"指示显示；具有电动机的运行时间设置及运行时间显示功能。

2．实训设备

所用到的实训设备如图 9-8 所示。

图 9-8　实训设备

① 三菱可编程控制器 FX_{3U}-48M 主机 1 台；

② 电机控制模块 1 块；

③ 计算机 1 台；

④ 触摸屏 1 块；

⑤ 连接导线 1 套。

3．系统接线

计算机、触摸屏、PLC 系统接线图如图 9-9 所示，触摸屏的软元件分配和 PLC 软元件分配见表 9-2。

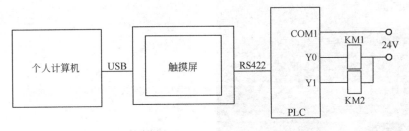

图 9-9　计算机、触摸屏、PLC 控制系统接线图

表 9-2　软元件分配

软元件分配			
M100	正转启动	Y000	正转接触器
M101	反转启动	Y001	反转接触器
M102	停车	Y000	正转指示
D100	存放运行时间设定值	Y001	反转指示
D102	存放运行时间显示值	D101	存放 T0 的定时设定值

4. 触摸屏画面设计

根据系统的控制要求及触摸屏的软元件分配表，触摸屏的画面设计方案如图 9-10 所示。

图 9-10　触摸屏画面设计方案

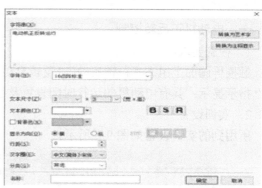

图 9-11　文本对象的设置

（1）文本对象的设置

单击图 9-7 触摸屏界面工具栏中 **A** 按钮，单击画面编辑器，弹出如图 9-11 所示的文本对象设置窗口，然后按图进行设置。首先在字符串栏中输入显示的文字，在下面选择颜色和尺寸，设置完毕，点"确定"键，然后再将字符串栏中输入显示的文字文本拖到画面编辑器的合适位置即可。图 9-10 中"运行时间设置"和"已运行时间显示"的操作方法与此相同。

（2）触摸键的设置

以"正转启动"按钮为例，先单击图 9-7 触摸屏界面的工具栏中 按钮，在画面编辑器上画出按钮，如图 9-12 所示，双击按钮，弹出如图 9-13 所示的开关界面，在基本设置菜单中点击"动作设置"，在动作追加栏中点击 "位"，弹出动作窗口，在软元件栏右侧点击 按钮，弹出软元件窗口，选定 M100 为启动触发元件，其他保持默认，连续点击两次"确定"。

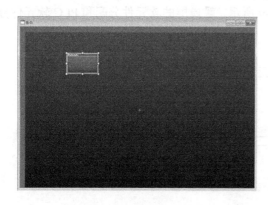

图 9-12　画出按钮

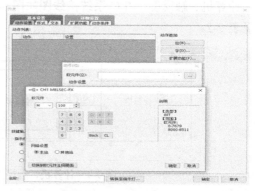

图 9-13　触摸键动作设置

在图 9-13 的基本设置菜单下单击"样式"标签，跳转到如图 9-14 所示的样式属性画面。点击"图形…"，弹出图像一览表，根据自己喜好选择触摸键的形状和颜色，选择 OFF 时设置，是在设置触摸键在"关"时的形状和颜色。

在图 9-14 的基本设置菜单下单击"文本"标签，跳转到如图 9-15 所示的触摸键文本设置画面。在文本界面上方选择字体、文本尺寸和文本颜色，在下面界面的字符串栏中输入显示的文字"正转启动"，然后在旁边选择位置、设置完毕，点"确定"键。

反转按钮和停止按钮设置方法与此相同。

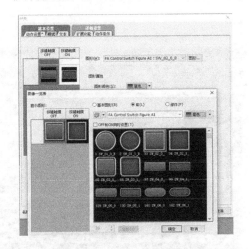

图 9-14 触摸键样式设置

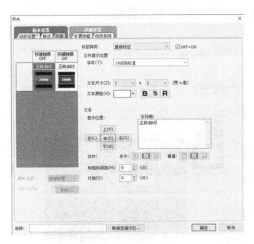

图 9-15 触摸键文本设置

（3）输出显示设置

指示灯显示以电机"正转"为例，单击图 9-7 触摸屏界面工具栏 按钮，在画面编辑器上画出指示灯，如图 9-16 所示，双击指示灯，弹出如图 9-17 所示指示灯设置窗口，在指示灯种类点击"位"，在软元件栏右侧点击 ... 按钮，弹出软元件设置窗口，选择"Y000"，其他设置保持默认，点击"确定"。分别在"OFF"和"ON"时点击 图形... 按钮，如图 9-18 所示，选择自己喜好的形状和颜色。显示"反转"的指示灯设置方法和"正转"相同。正转灯亮表示正转，反转灯亮，表示反转，两灯都不亮，表示停止。

图 9-16 画出指示灯

图 9-17 指示灯软元件设置

（4）数据输入和数据显示的设置

运行时间设置需要用数据输入对象来实现，单击触摸屏界面工具栏中 123 按钮，在画面编辑器上画出数值输入，如图 9-19 所示，双击数值输入，弹出如图 9-20 所示数值显示窗口。

点击软元件栏右侧 ... 按钮，弹出软元件窗口，选择 D100，点击确定。再单击基本设置中"样式"标签，跳转出如图 9-21 所示的样式属性画面。点击"图形…"，根据自己喜好选择数值边框的形状、颜色和背景色。触摸屏上"已运行时间显示"的数字显示的设定方法与"运行时间设置"的数字输入类似。

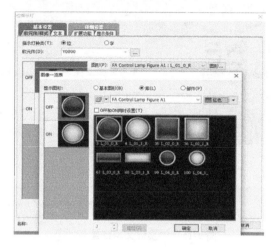

图 9-18　指示灯样式设置

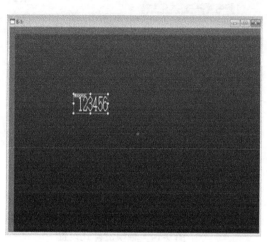

图 9-19　画出数值输入

图 9-20　数据对应软元件设置

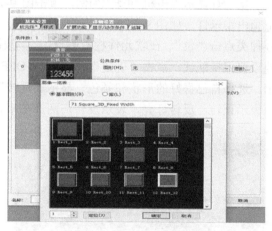

图 9-21　数据显示样式设置

5. PLC 控制程序设计

电动机正反转 PLC 控制程序如图 9-22 所示。

二、水循环控制

1. 控制要求

触摸屏画面如图 9-25，画面上组态两个储水池，有管道连接，其间有一个水泵，当水泵开启后，由下水池往上水池抽水。当上水池水满后，水再往下流。如此反复。管道中间接有散热管，旁边有风机，风机开启起散热作用。风机运转时要有动画效果，实质就是两幅风叶不同位置的图交替显现。水泵开启和停止时以不同颜色反映不同的工作状态。在画面上部有一个汽车部件，运行时做左右移动。画面中有"水泵控制""风机控制"按钮和"水泵指示""风机指示"指示灯。

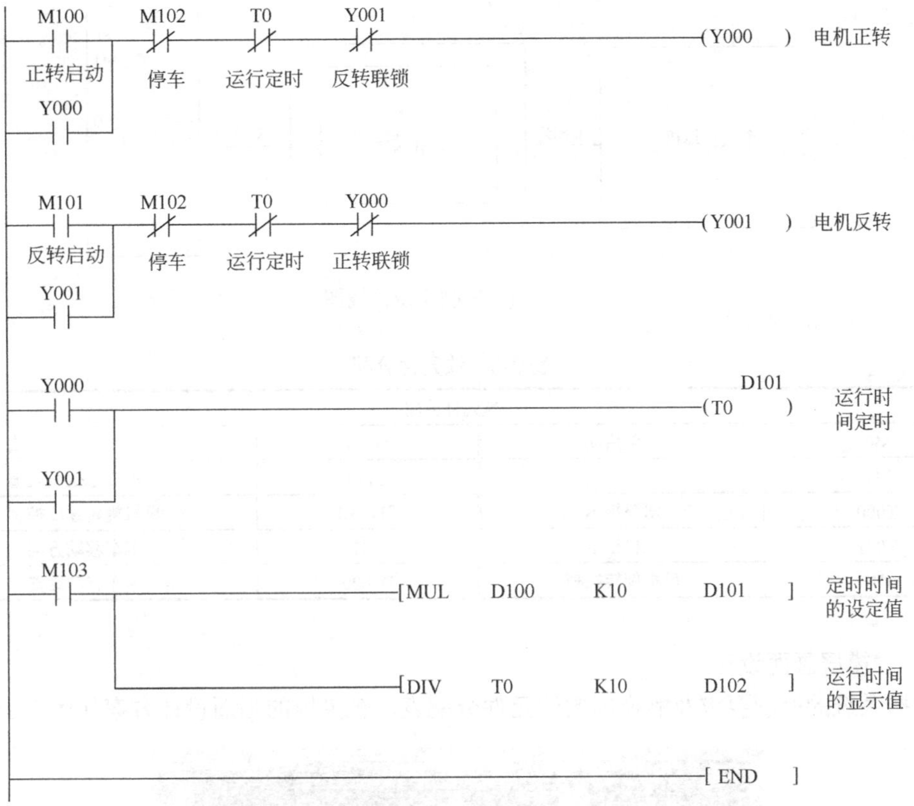

```
      M100    M102     T0      Y001                                    ( Y000 )   电机正转
      ─┤├─    ─┤/├─   ─┤/├─   ─┤/├─                                   
    正转启动   停车    运行定时  反转联锁
      Y000
      ─┤├─

      M101    M102     T0      Y000                                    ( Y001 )   电机反转
      ─┤├─    ─┤/├─   ─┤/├─   ─┤/├─
    反转启动   停车    运行定时  正转联锁
      Y001
      ─┤├─

      Y000                                                      D101
      ─┤├─                                                     ( T0  )   运行时
                                                                          间定时
      Y001
      ─┤├─

      M103                              ─[ MUL   D100    K10    D101 ]   定时时间
      ─┤├─                                                              的设定值

                                        ─[ DIV   T0      K10    D102 ]   运行时间
                                                                          的显示值

                                                              ─[ END    ]
```

图9-22　电动机正反转PLC控制程序

2. 实训设备

所用到的实训设备如图9-23所示。

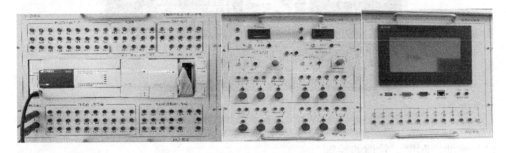

图9-23　实训设备

① 三菱可编程控制器FX3U-48M主机1台;

② 电机控制模块1块;

③ 计算机1台;

④ 触摸屏1块;

⑤ 连接导线1套。

3. 系统接线

计算机、触摸屏、PLC系统接线图如图9-24所示,触摸屏的软元件分配和PLC软元件分配见表9-3。

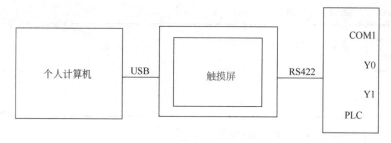

图 9-24　控制系统接线图

表 9-3　软元件分配

软元件分配			
M0	水泵启动	D100	水池 1 水位变化值
M1	风机启动	D110	水池 2 水位变化值
Y000	水泵指示	T1、T2	风机旋转速度控制
Y001	风机指示	M12	卡车移动方向
M10	风机旋转控制	D1000	卡车移动距离

4．触摸屏画面设计

根据系统的控制要求及触摸屏的软元件分配表，触摸屏的画面设计方案如图 9-25 所示。

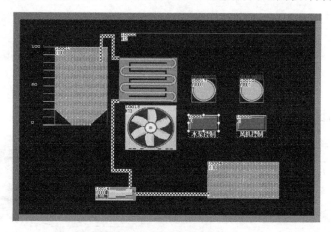

图 9-25　触摸屏画面设计方案

（1）水池、刻度、管道的绘制

点击图 9-26 所示右侧工具栏中的"图表/仪表"，如点击（a）选择"液位"，绘制水池 1 和水池 2，如图 9-27 所示。双击水池，进行相应的设置，如图 9-28 所示。同样刻度和管道的绘制和设置如图 9-26（b）、图 9-26（c）、图 9-27、图 9-29 所示。

（2）水泵、风机的绘制

在菜单栏中，点击"公共设置"中的部件图像一览表，如图 9-30 所示，选择风机和水泵放在画面相应的位置，如图 9-31 所示。分别双击"风机"和"水泵"图像，进行相应的设置，如图 9-32 所示。

（3）散热管的绘制

散热管是由其它绘图软件绘制后导入进来的，也可以查找现成的图片导入，如图 9-33 所示。

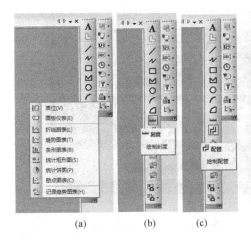

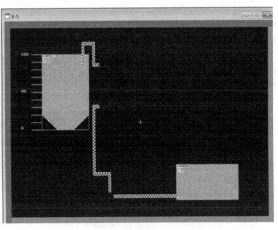

图 9-26 液位、刻度、管道的绘制工具选择

图 9-27 绘制液位、刻度、管道

图 9-28 液位的设置（一）

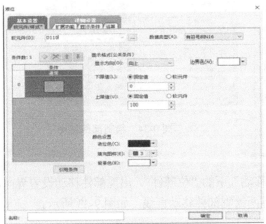

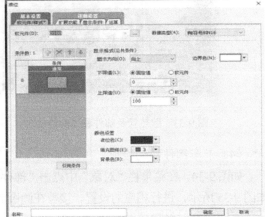

图 9-29 液位的设置（二）

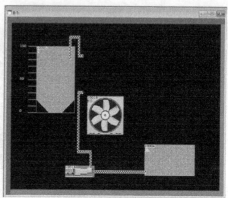

图 9-30　部件图像选择　　　　　　　　　图 9-31　水泵、风机的绘制

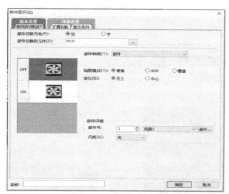

图 9-32　水泵、风机的设置

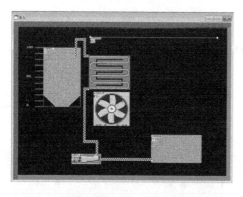

图 9-33　散热管及部件移动的绘制　　　　　图 9-34　绘制部件移动

（4）卡车部件移动绘制

如图 9-34，在菜单栏"对象"中点击"部件移动"下的"位部件"，出现部件移动设置界面，如图 9-35 所示，进行相应的设置。接着在画图界面绘制部件移动直线，如图 9-33 所示。

系统运行时触摸屏画面如图 9-36。

5．PLC 程序设计

水循环系统控制程序如图 9-37 所示。

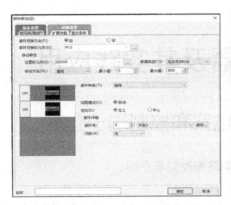

图 9-35 部件移动设置

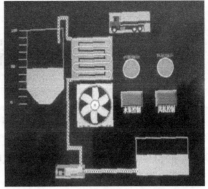

图 9-36 系统运行时触摸屏画面

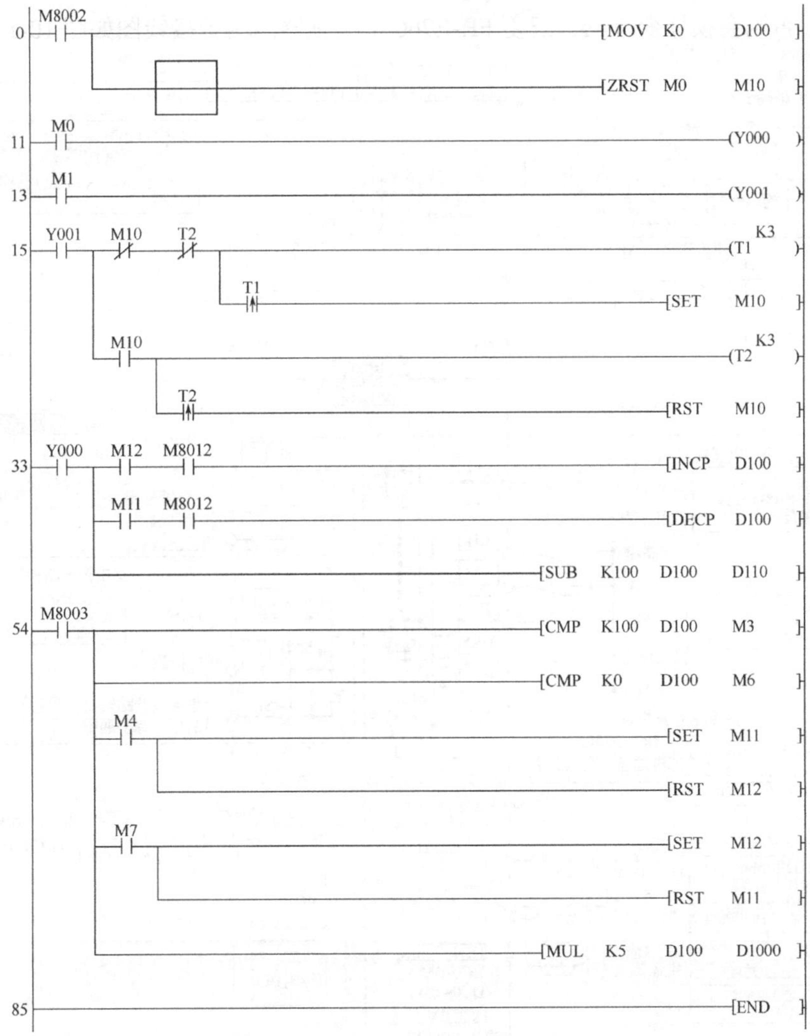

图 9-37 水循环系统控制程序

第十章 变频器及其实践应用

第一节 变频器主电路和控制端子介绍

本节将以 FR-E700 型变频器为例对其主电路和控制端介绍。

一、三菱 FR-E700 型变频器的主接线

FR-E700 型变频器的主接线有 6 个端子，其中输入端子 R/L1、S/L2、T/L3 接工频电源；输出端子 U、V、W 接三相鼠笼电动机，电源线必须连接至 R/L1，S/L2，T/L3，绝对不能接 U、V、W，否则会损坏变频器。三菱 FR-E700 型变频器的端子接线图如图 10-1 所示。

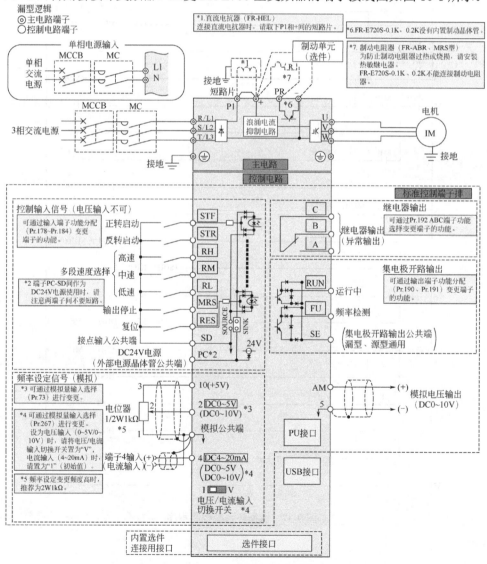

图 10-1 变频器的端子接线图

二、三菱 FR-E700 型变频器的控制电路端子说明

三菱 FR-E700 型变频器的有关标准控制电路端子的说明如表 10-1 所示。

表 10-1 变频器的标准控制电路端子说明

（一）输入信号端

种类	端子记号	端子名称	端子功能说明		额定规格
接点输入	STF	正转启动	STF 信号 ON 时为正转、OFF 时为停止指令	STF、STR 信号同时 ON 时变成停止指令	输入电阻 4.7kΩ 开路时电压 DC21～26V 短路时 DC4～6mA
	STR	反转启动	STR 信号 ON 时为反转、OFF 时为停止指令		
	RH、RM RL	多段速度选择	用 RH、RM 和 RL 信号的组合可以选择多段速度		
	MRS	输出停止	MRS 信号 ON（20ms 以上）时，变频器输出停止。电磁制动器停止电机时用于断开变频器的输出		
	RES	复位	用于解除保护电路动作时的报警输出。请使 RES 信号处于 ON 状态 0.1s 以上，然后断开。初始设定为始终可进行复位。但进行了 Pr.75 的设定后，仅在变频器报警发生时可进行复位。复位所需时间约为 1s		
	SD	接点输入公共端（漏型）（初始设定）	接点输入端子（漏型逻辑）的公共端子		—
		外部晶体管公共端（源型）	源型逻辑时当连接晶体管输出（即集电极开路输出）、例如可编程控制器（PLC）时，将晶体管输出用的外部电源公共端接到该端子时，可以防止因漏电引起的误动作		
		DC24V 电源公共端	DC24V 0.1A 电源（端子 PC）的公共输出端子。与端子 5 及端子 SE 绝缘		
	PC	外部晶体管公共端（漏型）（初始设定）	漏型逻辑时当连接晶体管输出（即集电极开路输出）、例如可编程控制器（PLC）时，将晶体管输出用的外部电源公共端接到该端子时，可以防止因漏电引起的误动作		电源电压范围 DC22～26.5V 容许负载电流 100mA
		接点输入公共端（源型）	接点输入端子（源型逻辑）的公共端子		
		DC24V 电源	可作为 DC24V、0.1A 的电源使用		
频率设定	10	频率设定用电源	作为外接频率设定（速度设定）用电位器时的电源使用。（参照 Pr.73 模拟量输入选择）		DC5.2V±0.2V 容许负载电流 10mA
	2	频率设定（电压）	如果输入 DC0～5V（或 0～10V），在 5V（10V）时为最大输出率，输入输出成正比。通过 Pr.73 进行 DC0～5V（初始设定）和 DC0～10V 输入的切换操作		输入电阻 10kΩ±1kΩ 最大容许电压 DC20V
	4	频率设定（电流）	如果输入 DC4～20mA（或 0～5V，0～10V），在 20mA 时为最大输出频率，输入输出成正比。只有 AU 信号为 ON 时端子 4 的输入信号才会有效（端子 2 的输入将无效）。通过 Pr.267 进行 4～20mA（初始设定）和 DC0～5V、DC0～10V 输入的切换操作。电压输入（0～5V/0～10V）时，请将电压／电流输入切换开关切换至"V"		电流输入的情况下：输入电阻 233Ω±5Ω 最大容许电流 30mA 电压输入的情况下：输入电阻 10kΩ±1kΩ 最大容许电压 DC220 电流输入（初始状态）电压输入
	5	频率设定公共端	频率设定信号（端子 2 或 4）及端子 AM 的公共端子。请勿接地		—

（二）输出信号端

种类	端子记号	端子名称	端子功能说明		额定规格
继电器	A、B、C	继电器输出（异常输出）	指示变频器因保护功能动作时输出停止的 I_C 接点输出。异常时：B–C 间不导通 （A–C 间导通），正常时：B–C 间导通 （A–C 间不导通）		接点容量 AC230V 0.3A （功率因数＝0.4） DC30V 0.3A
集电极开路	RUN	变频器正在运行	变频器输出频率大于或等于启动频率 （初始值 0.5Hz） 时为低电平，已停止或正在直流制动时为高电平*		容许负载 DC24 （最大 DC27V） 0.1A （ON 时最大电压降 3.4V）
	FU	频率检测	输出频率大于或等于任意设定的检测频率时为低电平，未达到时为高电平*		* 低电平表示集电极开路输出用的晶体管处于 ON （导通状态）。高电平表示处于 OFF （不导通状态）
	SE	集电极开路输出公共端	端子 RUN、FU 的公共端子		—
模拟	AM	模拟电压输出	可以从多种监视项目中选一种作为输出。变频器复位中不被输出。输出信号与监视项目的大小成比例	输出项目：输出频率（初始设定）	输出信号 DC0～10V 许可负载电流 1mA （负载阻抗 10kΩ 以上）分辨率 8 位

（三）通讯

种类	端子记号	端子名称	端子功能说明
RS-485	—	PU 接口	通过 PU 接口，可进行 RS-485 通信。 •标准规格：EIA-485 （RS-485） •传输方式：多站点通信 •通信速率：4800～38400bps •总长距离：500m
USB	—	USB 接口	与个人电脑通过 USB 连接后，可以实现 FR Configurator 的操作。 •接口：USB1.1 标准 •传输速度：12Mbps •连接器：USB 迷你-B 连接器 （插座迷你-B 型）

第二节　变频器的面板及操作实践

一、变频器操作面板各部分名称

三菱 FR-E700 型变频器操作面板各部分的名称和功能如图 10-2 所示。

二、变频器面板基本操作实践

1．运行模式转换操作

三菱 FR-E700 型变频器默认的运行模式是外部控制，当系统接通电源后，变频器会自动进入外部控制运行状态，即 EXT 指示灯亮。通过【PU/EXT】切换变频器的运行模式，使变频器的运行模式在外部控制、PU 控制、点动控制（JOG）三者之间转换，如图 10-3 所示。

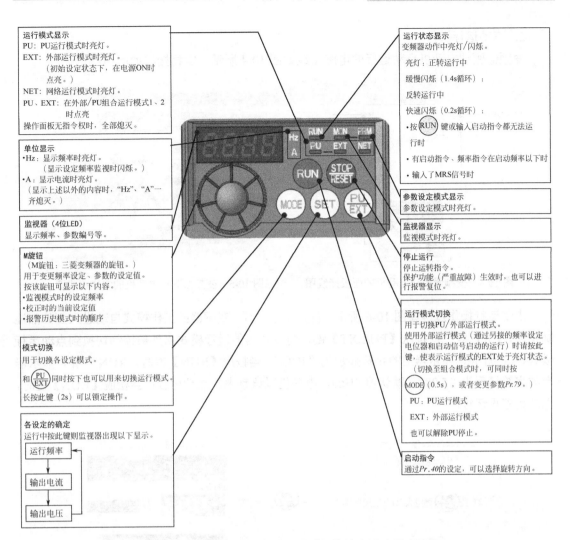

运行模式显示
PU：PU运行模式时亮灯。
EXT：外部运行模式时亮灯。
　　　（初始设定状态下，在电源ON时
　　　　点亮。）
NET：网络运行模式时亮灯。
PU、EXT：在外部/PU组合运行模式1、2
　　　时点亮
操作面板无指令权时，全部熄灭。

单位显示
·Hz：显示频率时亮灯。
　　（显示设定频率监视时闪烁。）
·A：显示电流时亮灯。
　　（显示上述以外的内容时，"Hz"、"A"一
　　齐熄灭。）

监视器（4位LED）
显示频率、参数编号等。

M旋钮
　（M旋钮：三菱变频器的旋钮。）
用于变更频率设定、参数的设定值。
按该旋钮可显示以下内容。
·监视模式时的设定频率
·校正时的当前设定值
·报警历史模式时的顺序

模式切换
用于切换各设定模式。
和 (PU/EXT) 同时按下也可以用来切换运行模式。
长按此键（2s）可以锁定操作。

各设定的确定
运行中按此键则监视器出现以下显示。

运行频率 → 输出电流 → 输出电压

运行状态显示
变频器动作中亮灯/闪烁。

亮灯：正转运行中
缓慢闪烁（1.4s循环）：
反转运行中
快速闪烁（0.2s循环）：
·按 (RUN) 键或输入启动指令都无法运
行时
·有启动指令、频率指令在启动频率以下时
·输入了MRS信号时

参数设定模式显示
参数设定模式时亮灯。

监视器显示
监视模式时亮灯。

停止运行
停止运转指令。
保护功能（严重故障）生效时，也可以进
行报警复位。

运行模式切换
用于切换PU/外部运行模式。
使用外部运行模式（通过另接的频率设定
电位器和启动信号启动的运行）时请按此
键，使表示运行模式的EXT处于亮灯状态。
　（切换至组合模式时，可同时按
(MODE)（0.5s），或者变更参数Pr.79。）
PU：PU运行模式
EXT：外部运行模式
也可以解除PU停止。

启动指令
通过Pr.40的设定，可以选择旋转方向。

图 10-2　三菱 FR-E700 型变频器操作面板各部分名称和功能

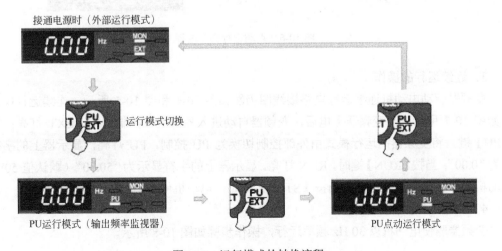

接通电源时（外部运行模式）

运行模式切换

PU运行模式（输出频率监视器）

PU点动运行模式

图 10-3　运行模式的转换流程

2．点动运行操作

变频器驱动电动机点动运行的电路接线如图 10-4 所示，实物接线如图 10-5。

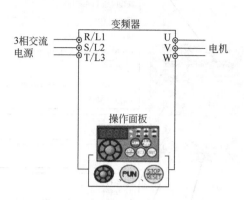

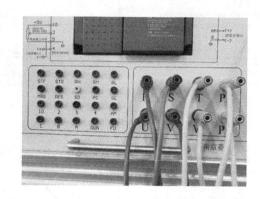

图 10-4　变频器驱动电动机的面板接线图　　　　图 10-5　变频器驱动电动机的实物接线图

点动运行操作过程如图 10-6 所示。首先接通电源，变频器的工作模式自动进入到外部控制状态，EXT 灯亮；按压【PU/EXT】键，将变频器的运行模式由外部控制切换到点动运行模式，PU 灯亮，显示器上的字符显示为"JOG"；当按压【RUN】键时，RUN 灯亮，显示器上的字符显示为"5.00"（默认值 5Hz），电动机以该频率做点动运行；当松脱【RUN】键时，电动机停止运行。

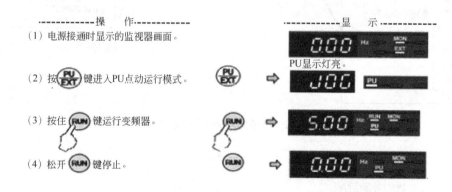

图 10-6　点动运行操作过程

3．连续运行的操作

变频器驱动电动机连续运行电路接线图仍然如图 10-4 和图 10-5 所示。连续运行操作过程如图 10-7 所示。当变频器上电后，变频器自动进入外部运行控制状态，EXT 灯亮；按压【PU】键，将变频器的运行模式由外部控制切换为 PU 控制，PU 灯亮，显示器上的字符显示为"0.00"；当按【RUN】键时，RUN 灯亮，显示器上的字符显示为"50.00"（默认值 50Hz），电动机以该频率做连续运行；当按【STOP】键时，电动机停止运行。

4．调速运行操作

变频器驱使电动机以 30 Hz 频率运行，操作步骤如图 10-8 所示。

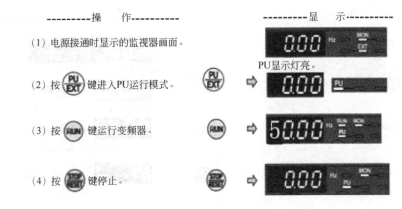

图 10-7 连续运行操作过程

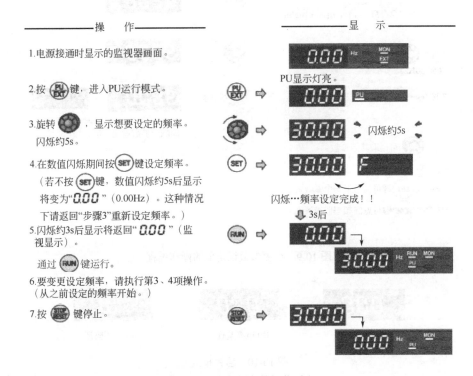

图 10-8 设定频率的操作过程

5. 变更参数的设定值操作

在变频器的使用中经常要变更参数的设定值,下面以变更 Pr.1 上限频率来进行操作举例,操作方法如图 10-9 所示。

6. 变频器监视模式操作

变频器的监视模式用于显示变频器运行时的频率、电流、电压和报警信息,使用户了解变频器的实时工作状态。变频器的监视模式有三种选择,即频率监视、电流监视、电压监视,如图 10-10 所示。

变频器默认的监视模式是频率监视,当系统接通电源后,变频器会自动进入图 10-10(a)的频率监视状态,即 Hz 指示灯亮起。在监视模式下,按【SET】键可以循环显示输出频率、输出电流和输出电压,如图 10-11 所示。

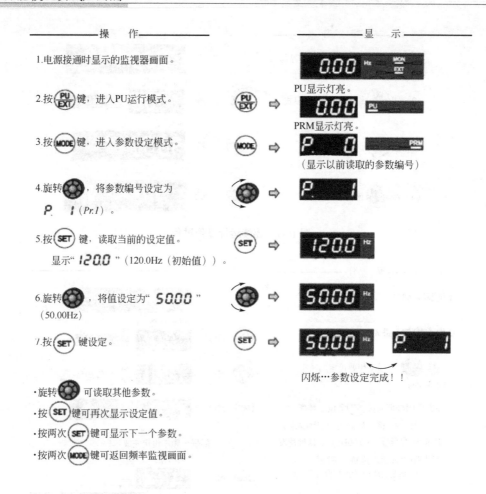

图 10-9　变更参数设定值的操作过程

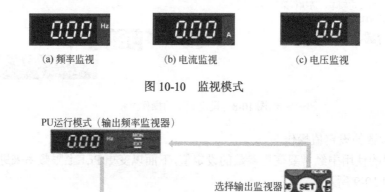

(a) 频率监视　　　　(b) 电流监视　　　　(c) 电压监视

图 10-10　监视模式

PU运行模式（输出频率监视器）

选择输出监视器　　选择输出监视器　　选择输出监视器

输出电流监视器　　输出电压监视器

图 10-11　监视模式转换操作

第三节　变频器多段调速控制的实训

一、变频器的简单外部控制实训

1. 实训要求

要求手动控制电机正转低速运行。

2. 实训设备

实训设备如图 10-12 所示。

① 变频器 1 台；

② 运动执行机构 1 台。

3. 系统接线

变频器的电气接线如图 10-13 所示。按图 10-14 的实物接线图，手动接通低速端子 RL，再接通正转端子 STF，观察电机低速运行时的情况。RL 的初始值是 10Hz。运行时注意左右极限，看图 10-17。

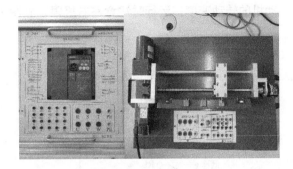

图 10-12　实训设备

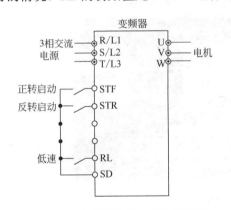

图 10-13　变频器的外部电气接线图

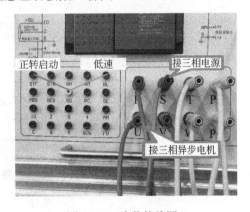

图 10-14　实物接线图

二、手动控制电机三段速的运行实训

1. 实训要求

要求手动控制电机正转低速、中速、高速运行；反转低速、中速、高速运行。

2. 实训设备

实训设备如图 10-12 所示。

3. 参数设置

按本章第二节中二、5."变更参数的设定值操作"步骤设置参数，设置低速 RL、中速 RM、高速 RH 的值，参数如表 10-2 所示。

表 10-2　三段速控制运行参数值

参数编号	参数设置值	RH	RM	RL（接线值）
Pr.4	35	1	0	0
Pr.5	30	0	1	0
Pr.6	25	0	0	1

4. 系统接线及手动操作

电气接线图和实物接线如图 10-15 和图 10-16 所示。手动接通正转端子，按照表 10-2 中的接线值，接线值为 1 表示接入输入公共端 "SD"，"0" 表示不接入输入公共端 "SD"。分别将输入公共端 "SD" 接到低速端子 "RL"，中速端子 "RM"，高速端子 "RH"，观察电动机的转动速度。运行时注意左右极限，看图 10-17。

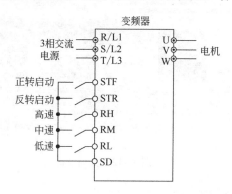

图 10-15 变频器的外部电气接线图

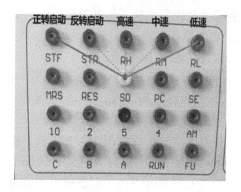

图 10-16 实物接线图

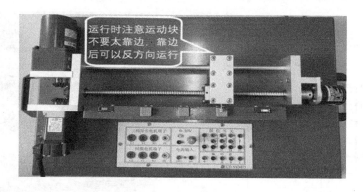

图 10-17 注意事项

三、PLC、变频器控制电机自动往复运行

1. 实训要求

用 PLC、变频器和运动执行机构组成系统，利用运动执行机构两侧的限位开关，使电机在中速下实现自动正反转往复运行。

2. 实训设备

实训设备如图 10-18 所示。

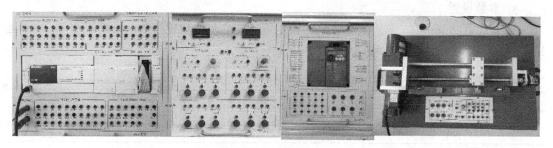

图 10-18 实训设备

① 三菱可编程控制器 FX$_{3U}$-48M 主机 1 台；

② FR-E700 变频器 1 台；

③ 运动执行机构 1 台；

④ 按钮模块 1 块；

⑤ 计算机 1 台；

⑥ 连接导线 1 套。

3. I/O 分配和系统接线

根据控制要求，控制系统硬件接线如图 10-19 所示；PLC 的 I/O 地址分配表如表 10-3 所示。

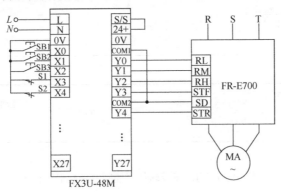

图 10-19　控制系统硬件接线图

表 10-3　PLC 的 I/O 地址分配

输　入			输　出		
设备名称	代　号	PLC 输入点编号	设备名称	代　号	PLC 输出点编号
启动按钮	SB2	X001	低速端子	RL	Y000
停止按钮	SB3	X002	中速端子	RM	Y001
左限位（常闭）	S1	X003	高速端子	RH	Y002
右限位（常闭）	S5	X004	正转端子	STF	Y003
			反转端子	STR	Y004

4. 程序设计

PLC、变频器、运动执行机构控制电机自动往复运行梯形图，如图 10-20 所示。

四、PLC 控制变频器使电机三段速运行

1. 控制要求

PLC 控制变频器实现电机三段速运行的控制，按 SB1 启动按钮后，电机以低速、中速、高速在三个频率段运行，每个频段运行 2.5s 停止运行。

2. 实训设备

实训设备如图 10-18 所示。

3. I/O 分配和系统接线

根据控制要求，PLC 的 I/O 地址分配表如表 10-3 所示；控制系统硬件接线图，如图 10-19 所示。

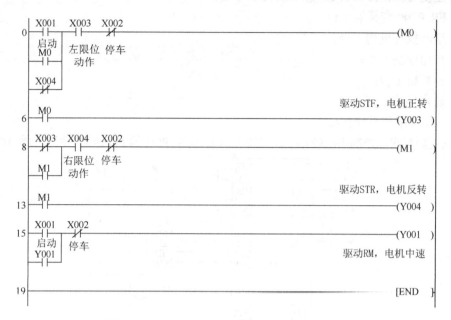

图 10-20　自动正反转往复控制系统梯形图程序

4. 变频器三段速参数设置

按第二节中二、5."变更参数的设定值操作"步骤设置参数，参数如表 10-4 所示。

表 10-4　变频器三段速运行参数值

参数编号	参数设置值
Pr.1	100
Pr.4	35
Pr.5	30
Pr.6	25

5. 程序设计

PLC 控制变频器实现电机三段速运行的梯形图，如图 10-21 所示。

五、PLC 控制变频器七段速运行

1. 实训要求

用 PLC 及变频器构成七段速电机调速系统。要求按下启动按钮后，电机正转，其频率以每 2.5s/5Hz 的时间递增六次，完成七段调速。为了防止碰到运动机构的左右极限，可加入手动的反转。

2. 实训设备

实训设备如图 10-18 所示。

3. I/O 分配和系统接线

根据控制要求，PLC 的 I/O 地址分配表如表 10-5 所示；控制系统硬件接线图，如图 10-19 所示。

表 10-5 PLC 的 I/O 地址分配

输 入			输 出		
设备名称	代 号	输入点编号	设备名称	代 号	输出点编号
手动反转	SB1	X0	低速端子	RL	Y000
启动按钮	SB2	X1	中速端子	RM	Y001
停止按钮	SB3	X2	高速端子	RH	Y002
左限位（常闭）	S1	X3	正转端子	STF	Y003
右限位（常闭）	S5	X4	反转端子	STR	Y004

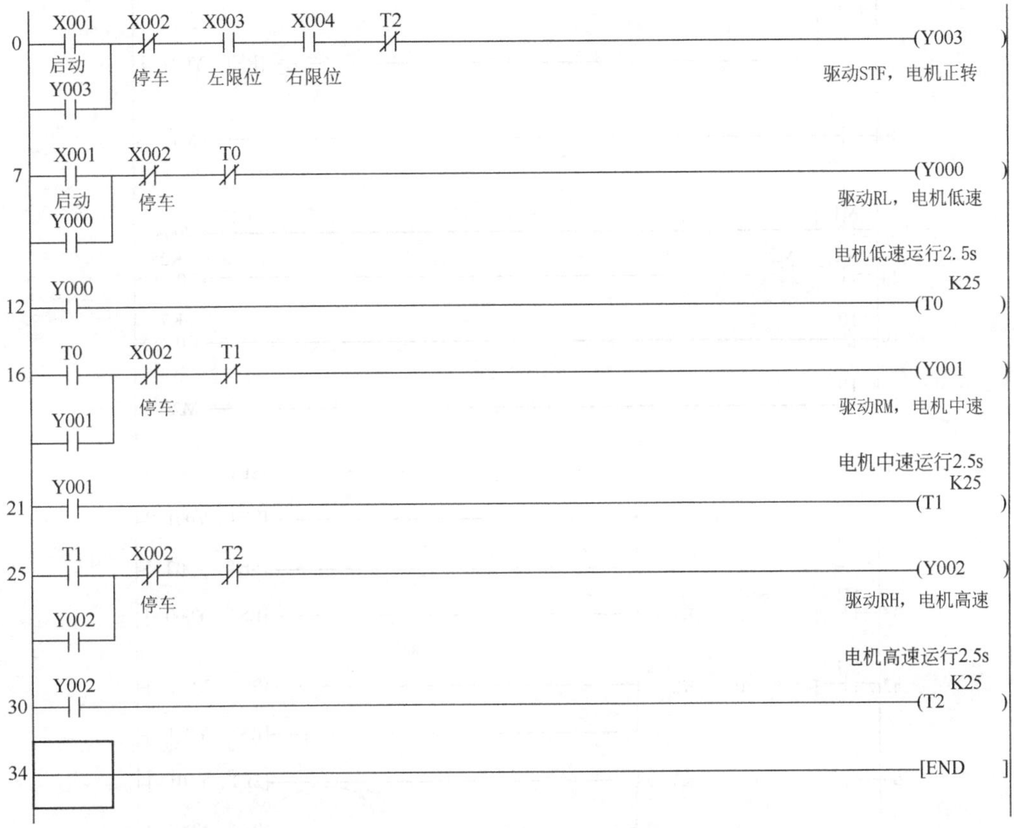

图 10-21 PLC 控制变频器实现电机三段速运行梯形图程序

4. 参数设置

按第二节中二、5."变更参数的设定值操作"步骤设置参数，参数如表 10-6 所示。

表 10-6 七段速运行参数值

参数编号	参数设置值	参数编号	参数设置值
Pr.1	100	Pr.24	20
Pr.4	35	Pr.25	15
Pr.5	30	Pr.26	10
Pr.6	25	Pr.27	5

5. 程序设计

控制系统程序梯形图如图 10-22 所示。

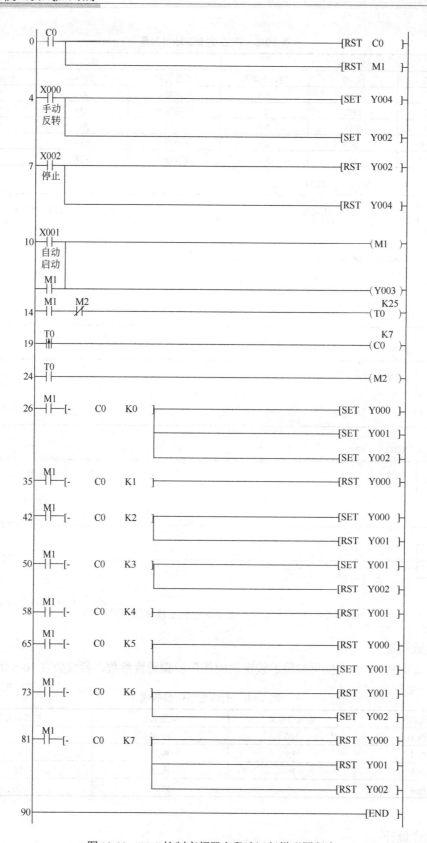

图10-22　PLC控制变频器七段速运行梯形图程序

第四节 变频器模拟量调速控制实训

一、简单模拟量调速运行

1. 实训要求

实现变频器的模拟量调速控制。通过手动调节电位器，来改变变频器的频率，进而实现电机调速。

2. 实训设备

实训设备如图 10-23 所示。

① 变频器 1 台；

② 运动执行机构 1 台。

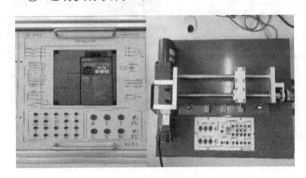

图 10-23 实训设备

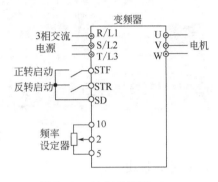

图 10-24 电气接线图

3. 系统接线

电气接线图和实物接线如图 10-24 和图 10-25 所示。

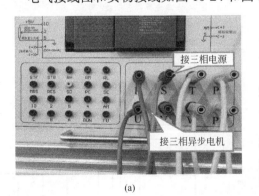

(a)

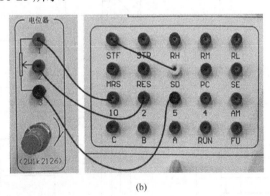

(b)

图 10-25 简单模拟量控制运行实物接线图

① 按图 10-24 和图 10-25 接线。

② 可调电位器旋钮旋至最左端。接通电源后，缓慢向右旋转，观察电机的运行速度。

③ 运行时注意左右极限，看图 10-17。靠近限位开关时，反向运行。

二、利用 D/A 调速控制

1. 实训要求

用 PLC、D/A 模块、变频器和运动执行机构组成系统，利用 D/A 实现电机的无级调速。

2. 实训设备

实训设备如图 10-26 所示。

① 三菱可编程控制器 FX$_{3U}$-48M 主机 1 台，含 A/D、D/A 模块；

② FR-E700 变频器 1 台；

③ 运动执行机构 1 台；

④ 电压源电流源模块 1 块；

⑤ 计算机 1 台；

⑥ 连接导线 1 套。

图 10-26　实训设备

3. 系统接线

控制系统硬件接线图如图 10-27 所示。 PLC 主机模块上已经安装有 A/D、D/A 模块，将 D/A 模块的 CH1 通道连接到变频器的 2、5 端子上。

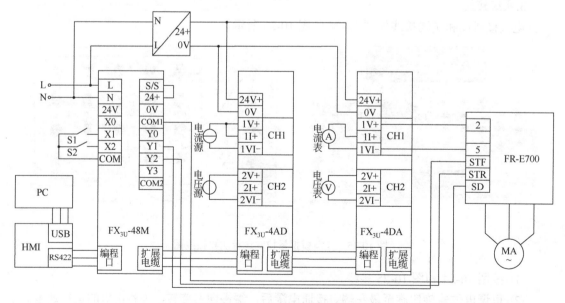

图 10-27　D/A 调速控制接线图

4. 参数设置

参数设置如表 10-7 所示。

表 10-7 参数设置

Pr.1	100	上限频率
Pr.73	10	端子 2 的输入为 0～10V，有可逆运行
Pr.125	60	最大模拟量输入时的频率

5. 梯形图程序

利用第八章 A/D、D/A 转换程序，如图 10-28，改变 A/D 模块 CH1 连接的电压源的值，观察电机的运行速度。

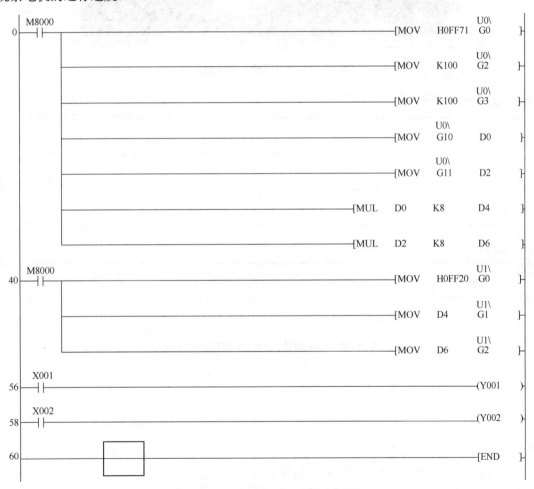

图 10-28 D/A 调速控制梯形图程序

6. 由触摸屏输入 D/A 值调速

① 通过 GT Designer3 软件绘制触摸屏界面，如图 10-29 所示。

② 梯形图程序

由触摸屏输入 D/A 值调速的梯形图程序如图 10-30 所示。

③ 在触摸屏上输入修改 D10 的值，按 M0 键，观察电机的运行速度。

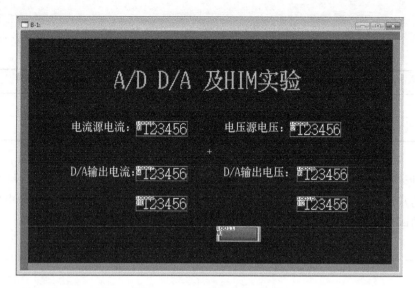

图 10-29 触摸屏输入 D/A 值调速

```
       M0                                              U1\
 0     ─┤├─┬──────────────────────────[MOV   H0FF02    G0    ]
        │  │                                           U1\
        │  ├──────────────────────[MOV   D10           G1    ]
        │  │                                           U1\
        │  └──────────────────────[MOV   D12           G2    ]
       X001
16     ─┤├──────────────────────────────────────────(Y001   )
       X002
18     ─┤├──────────────────────────────────────────(Y002   )

20                                                    [END    ]
```

图 10-30 触摸屏输入 D/A 值调速梯形图程序

第十一章　伺服控制器及其实践应用

第一节　伺服控制器的接线和输入输出信号

一、伺服控制系统主电路的接线

本章以三菱 MR-J4-10A 伺服控制器为例进行介绍，伺服控制系统主电路接线如图 11-1 所示，伺服控制器和伺服电机执行机构实物图如图 11-2 所示。本章实训中 PLC 输入端采用漏型接线方式。

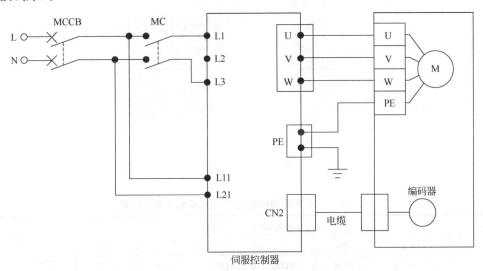

图 11-1　电源系统主电路接线图

图 11-2　伺服控制器和伺服电机执行机构实物图

二、CN1 连接器和输入、输出信号

1. CN1 连接器

CN1 连接器如图 11-3 所示。CN1 连接器的引脚根据控制模式不同，其软元件分配也不同，如表 11-1 所示。相关参数栏中对应参数的引脚可以通过该参数进行软元件变更。

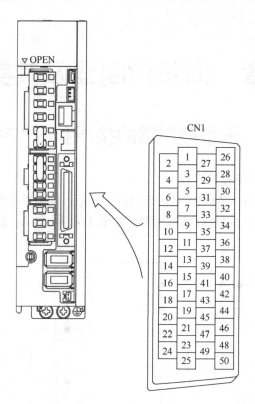

图 11-3　CN1 接线器

表 11-1　不同控制模式时的输入输出信号一览表

引脚编号	I/O[①]	不同控制模式时的输入输出信号[②]						相关参数
		P	P/S	S	S/T	T	T/P	
1		P15R	P15R	P15R	P15R	P15R	P15R	
2	I		-/VC	VC	VC/VLA	VLA	VLA/-	
3		LG	LG	LG	LG	LG	LG	
4	O	LA	LA	LA	LA	LA	LA	
5	O	LAR	LAR	LAR	LAR	LAR	LAR	
6	O	LB	LB	LB	LB	LB	LB	
7	O	LBR	LBR	LBR	LBR	LBR	LBR	
8	O	LZ	LZ	LZ	LZ	LZ	LZ	
9	O	LZR	LZR	LZR	LZR	LZR	LZR	
10	I	PP	PP/-	⑥	⑥	⑥	-/PP	Pr.PD43/Pr.PD44[⑤]
11	I	PG	PG/-				-/PG	
12		OPC	OPC/-				-/OPC	
13	O	④	④	④	④	④	④	Pr.PD47[⑧]
14	O	④	④	④	④	④	④	Pr.PD47[⑧]
15	I	SON	SON	SON	SON	SON	SON	Pr.PD03/Pr.PD04
16	I		-/SP2	SP2	SP2/SP2	SP2	SP2/-	Pr. PD05/Pr. PD06
17	I	PC	PC/ST1	ST1	ST1/RS2	RS2	RS2/PC	Pr. PD07/Pr. PD08
18	I	TL	TL/ST2	ST2	ST2/RS1	RS1	RS1/TL	Pr. PD09/Pr. PD10

续表

引脚编号	I/O①	不同控制模式时的输入输出信号②						相关参数
		P	P/S	S	S/T	T	T/P	
19	I	RES	RES	RES	RES	RES	RES	Pr. PD11/Pr. PD12
20		DICOM	DICOM	DICOM	DICOM	DICOM	DICOM	
21		DICOM	DICOM	DICOM	DICOM	DICOM	DICOM	
22	O	INP	INP/SA	SA	SA/–		–/INP	Pr. PD23
23	O	ZSP	ZSP	ZSP	ZSP	ZSP	ZSP	Pr. PD24
24	O	INP	INP/SA	SA	SA/–		–/INP	Pr. PD25
25	O	TLC	TLC	TLC	TLC/VLC	VLC	VLC/TLC	Pr. PD26
26								
27	I	TLA	TLA③	TLA③	TLA/TC③	TC	TC/TLA	
28		LG	LG	LG	LG	LG	LG	
29								
30		LG	LG	LG	LG	LG	LG	
31								
32								
33	O	OP	OP	OP	OP	OP	OP	
34		LG	LG	LG	LG	LG	LG	
35	I	NP	NP/–	⑥	⑥	⑥	–/NP	Pr. PD45/Pr. PD46⑤
36	I	NG	NG/–				–/NG	
37⑧	I	PP2	PP2/–	⑦	⑦	⑦	–/PP2	Pr. PD43/Pr. PD44⑤
38⑧	I	NP2	NP2/–	⑦	⑦	⑦	–/NP2	Pr. PD45/Pr. PD46⑤
39								
40								
41	I	CR	CR/SP1	SP1	SP1/SP1	SP1	SP1/CR	Pr. PD13/Pr. PD14
42	I	EM2	EM2	EM2	EM2	EM2	EM2	
43	I	LSP	LSP	LSP	LSP/–		–/LSP	Pr. PD17/Pr. PD18
44	I	LSN	LSN	LSN	LSN/–		–/LSN	Pr. PD19/Pr. PD20
45	I	LOP	LOP	LOP	LOP	LOP	LOP	Pr. PD21/Pr. PD22
46		DOCOM	DOCOM	DOCOM	DOCOM	DOCOM	DOCOM	
47		DOCOM	DOCOM	DOCOM	DOCOM	DOCOM	DOCOM	
48	O	ALM	ALM	ALM	ALM	ALM	ALM	
49	O	RD	RD	RD	RD	RD	RD	Pr. PD28
50								

① I：输入信号、O：输出信号

② P：位置控制模式，S：速度控制模式，T：转矩控制模式，P/S：位置/速度控制切换模式，S/T：速度/转矩控制切换模式，T/P：转矩/位置控制切换模式。

③ 通过[Pr. PD03]~[Pr. PD22]设定可使用 TL（外部转矩限制选择）信号，即可使用 TLA。

④ 初始状态下没有分配输出软元件。请根据需要通过[Pr. PD47]分配输出软元件。

⑤ 可在软件版本 B3 以上的 MR-J4-A（-RJ）伺服放大器中使用。

⑥ 可作为漏型接口的输入软元件使用。初始状态下没有分配输入软元件。使用时，请根据需要通过[Pr. PD43]~[Pr. PD46]分配软元件。此时，请对 CN1-12 引脚提供 DC 24V 的+极。此外，可在软件版本 B3 以上的伺服放大器中使用。

⑦ 可作为源型接口的输入软元件使用。初始状态下没有分配输入软元件。使用时，请根据需要通过[Pr. PD43]~[Pr. PD46]分配软元件。

⑧ 这些引脚可在软件版本为 B7 以上，并且是 2015 年 1 月以后生产的 MR-J4-A-RJ 伺服放大器中使用。

2.输入输出信号

输入信号 I/O 一览表见表 11-2，输出信号 I/O 一览表见表 11-3。

表 11-2　输入信号 I/O 一览表

名称	信号简称	接头引脚 No.	控制模式		
			P	S	T
伺服 ON	SON	CN1-15	○	○	○
复位	RES	CN1-19	○	○	○
正转行程末端	LSP	CN1-43	○	○	—
反转行程末端	LSN	CN1-44	○	○	—
外部转矩限制选择	TL	CN1-18	○	△	—
内部转矩限制选择	TL1	—	△	△	△
正转启动	ST1	CN1-17	—	○	—
反转启动	ST2	CN1-18	—	○	—
正转选择	RS1	CN1-18	—	—	○
反转选择	RS2	CN1-17	—	—	○
速度选择 1	SP1	CN1-41	—	○	○
速度选择 2	SP2	CN1-16	—	○	○
速度选择 3	SP3	—	—	△	△
比例控制	PC	CN1-17	○	△	—
紧急停止	EMG	CN1-42	○	○	○
清除	CR	CN1-41	○	—	—
电子齿轮选择 1	CM1	—	△	—	—
电子齿轮选择 2	CM2	—	△	—	—
增益切换	CDP	—	△	△	△
控制切换	LOP	CN1-45			
第 2 加减速选择	STAB2	—	—	△	△
ABS 传送模式	ABSM	CN1-17	○	—	—
ABS 请求	ABSR	CN1-18	○	—	—
模拟转矩限制	TLA	CN1-27	○	△	—
模拟转矩指令	TC	CN1-27	—	—	○
模拟速度指令	VC	CN1-2	—	○	—
模拟速度限制	VLA	CN1-2	—	—	○
正转脉冲列/反转脉冲列	PP	CN1-10	○	—	—
	NP	CN1-35			
	PG	CN1-11			
	NG	CN1-36			

表 11-3　输出信号 I/O 一览表

名称	信号简称	接头引脚 No.	控制模式		
			P	S	T
故障	ALM	CN1-48	○	○	○
动态制动互锁	DB	—	○	○	○
准备就绪	RD	CN1-49	○	○	○

续表

名称	信号简称	接头引脚 No.	控制模式		
			P	S	T
定位完成	INP	CN1-24	○	—	—
速度到达	SA	CN1-24	—	○	—
速度限制中	VLC	CN1-25	—	—	○
转矩限制中	TLC	CN1-25	○	○	—
零速度检测	ZSP	CN1-23	○	○	○
电磁制动互锁	MBR	—	△	△	△
警告	WNG	—	△	△	△
电池警告	BWNG	—	△	△	△
报警代码	ACD0 ACD1 ACD2	CN1-24 CN1-23 CN1-22	△	△	△
可变增益选择	CDPS	—	△	△	△
绝对位置丢失中	ABSV	—	△		
ABS 发送数据 bit0	ABSB0	CN1-22	○		
ABS 发送数据 bit1	ABSB1	CN1-23	○		
ABS 发送数据准备就绪	ABST	CN1-25	○		
检测器 Z 相脉冲（集电极开路）	OP	CN1-33	○	○	○
编码器 A 相脉冲（差动驱动）	LA LAR	CN1-4 CN1-5	○	○	○
编码器 B 相脉冲（差动驱动）	LB LBR	CN1-6 CN1-7	○	○	○
编码器 Z 相脉冲（差动驱动）	LZ LZR	CN1-8 CN1-9	○	○	○
模拟监视 1	MO1	CN6-3	○	○	○
模拟监视 2	MO2	CN6-2	○	○	○

注：P：位置控制模式，S：速度控制模式，T：转矩控制模式，○：出厂状态下可使用的信号，△：参数 PD07～09 的设置中可使用的信号，—：未使用、接头引脚 No.为初始值状态时。

第二节　伺服控制的测试运行

MR Configurator2 是用于伺服控制器参数设置和调试的软件，其主要功能有伺服控制器参数的设置、参数的写入或读取、数据监视、JOG 运行、定位运行、参数调整、诊断和故障处理等。伺服控制器与计算机可以通过 USB 连接。

一、伺服控制器设置

按照图 11-1 电源系统主电路接线图接线，将伺服控制器与电源、伺服电机连接。打开 MR Configurator2 软件，点击新建，机种选择 MR-J4-A，点击确定，如图 11-4 所示。双击左侧工程栏的参数，显示参数设置窗口，点击参数设置窗口左侧的"运行模式"，选择"标准控制模式"，如图 11-5 所示。点击"通用-基本设置"，选择"位置控制模式"，如图 11-6。点击"通用-扩展设置 2"，选择 EM2 有效，如图 11-7。

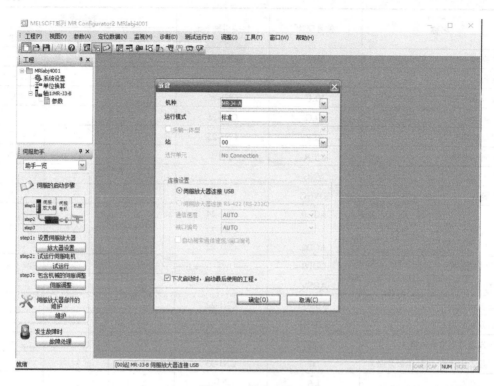

图 11-4　新建工程

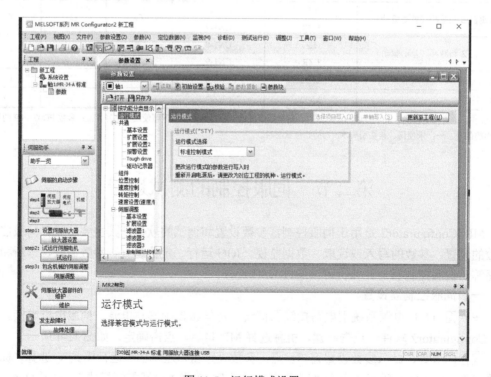

图 11-5　运行模式设置

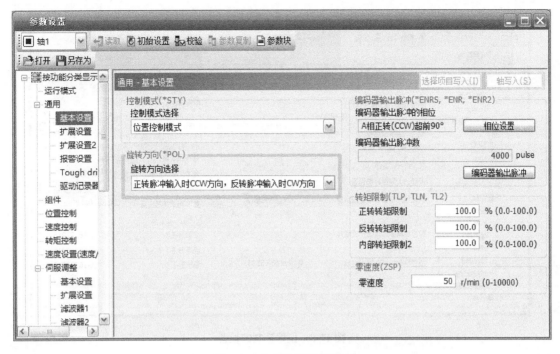

图 11-6　选择位置控制模式

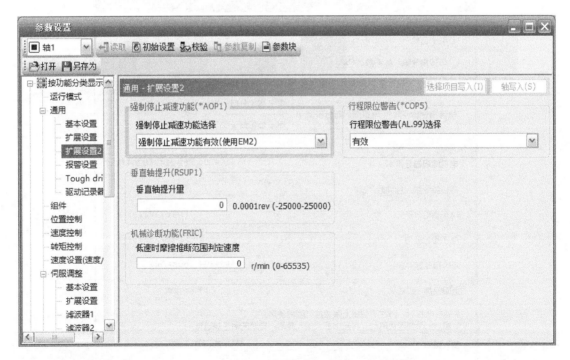

图 11-7　设置 EM2 有效

　　点击左侧的"位置控制"，弹出如图 11-8 界面，点击该界面右侧的"电子齿轮"，可以进行电子齿轮的设置，弹出如图 11-9（a）界面。MR-J4-10A 伺服控制器，其默认每转指令输入脉冲数是 4194304pulse/rev，电子齿轮比是 1，可以不做修改，观察其运行情况。点击图 11-8 右侧"指令脉冲输入形式"，如图 11-9（b），可以设置脉冲的正负逻辑和脉冲形式。

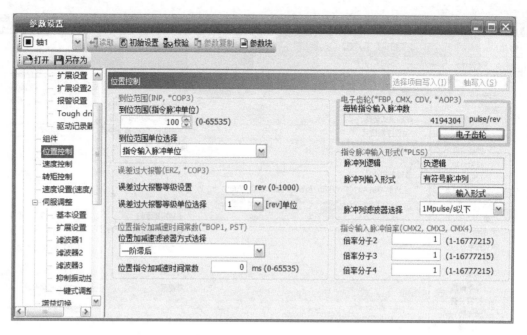

图 11-8 位置控制的设置

（a）

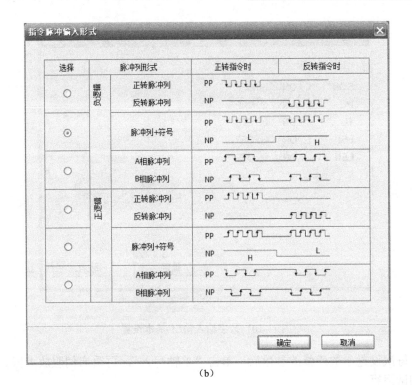

（b）

图 11-9　电子齿轮及指令脉冲形式设置

　　点击左侧的"数字输入输出-基本设置"，弹出界面如图 11-10（a），再点击右侧输入信号中的"自动 ON 分配"，弹出如图 11-10（b）所示进行设置，可以使某些信号不用外部接线而自动 ON，便于进行测试运行。

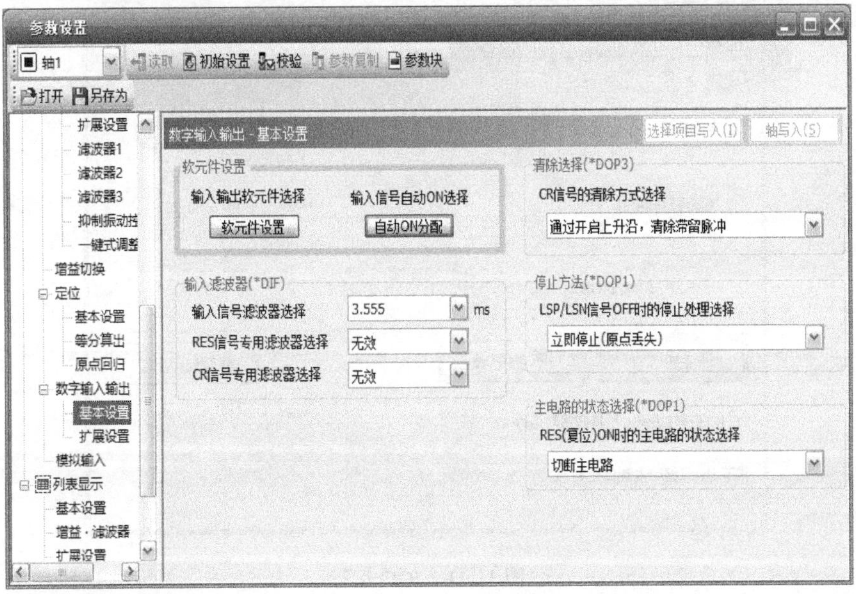

（a）

图 11-10

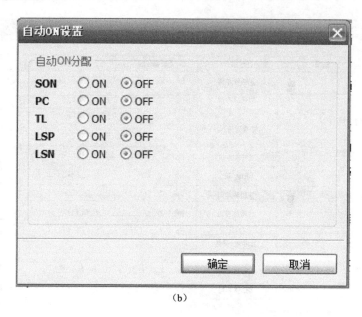

（b）

图 11-10　数字输入输出-基本设置

注意：每次设置参数或修改参数后，单击"单轴写入"，再重启伺服放大器。

二、测试运行

1. JOG 运行

JOG 运行可以测试伺服控制器和伺服电机是否能正常工作，是系统调试重要的步骤。在图 11-4 的菜单"测试运行"中选择"JOG 运行"，弹出如图 11-11 窗口，点动"正转"或"反转"，观察伺服控制器和伺服电机是否能正常运行，电机速度可以调整。

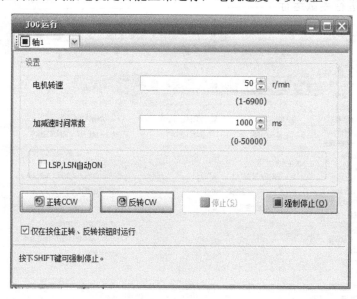

图 11-11　JOG 运行

2. 定位运行

测试伺服控制系统连续运行情况，可在图 11-4 的菜单"测试运行"中选择"定位运行"，弹出如图 11-12 所示窗口。在该界面的"移动量单位选择"中，点击"检测器脉冲单位（电子齿轮无效）"，默认的移动量是 4194304pulse，点击正转或反转，可以观察到伺服电机转动一周。

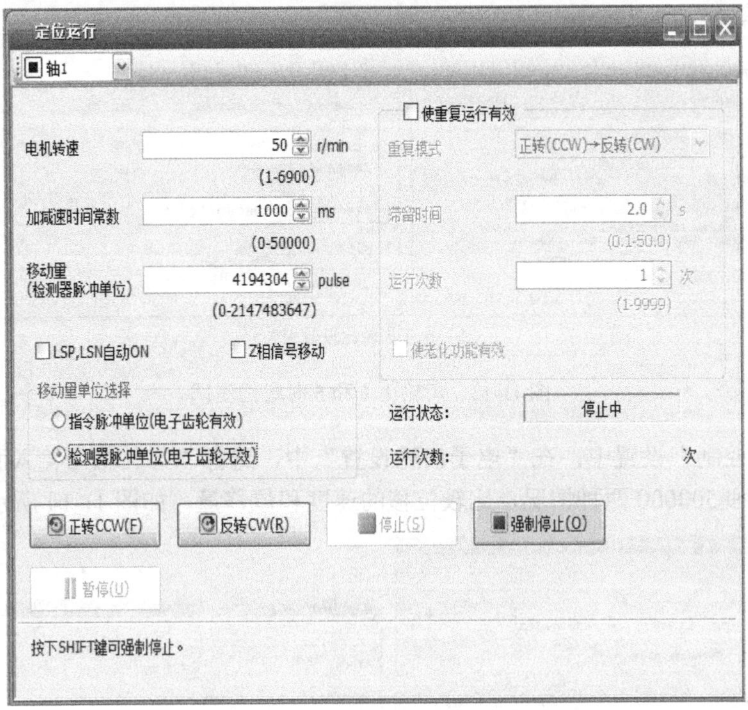

图 11-12　定位运行

利用定位运行测试体会电子齿轮比的作用时，在"位置控制"设置中，将电子齿轮比分别设置为 1 和 5 两种情况，在定位运行界面的"移动量单位选择"中，点击"指令脉冲单位（电子齿轮有效）"，如图 11-13 所示。电子齿轮比分别设置为 1 和 5 两种情况时，比较位移的速度和位移量，电子齿轮比设置为 5 时，位移量和速度扩大 5 倍。

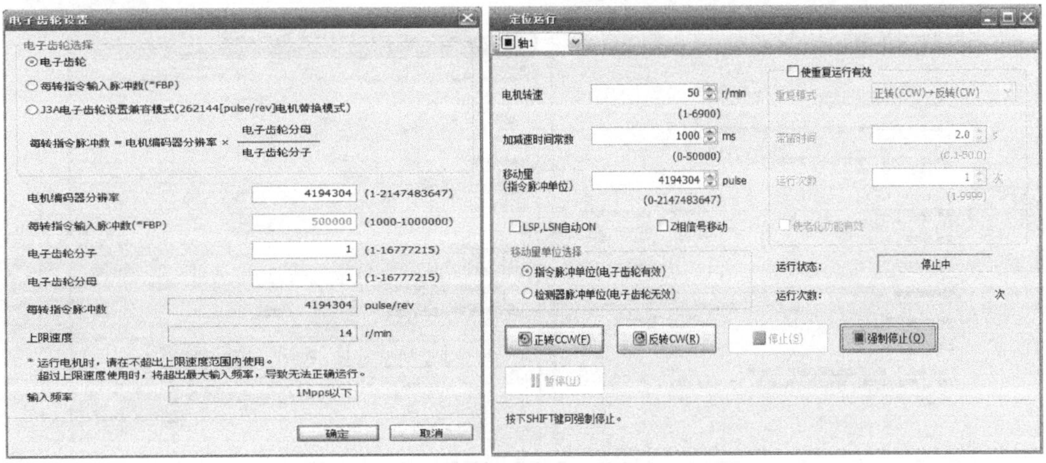

（a）电子齿轮比设置为 1

图 11-13

（b）电子齿轮比设置为 5

图 11-13　齿轮比 1 和 5 时定位测试

在"位置控制"设置中，在"电子齿轮设置"中，选择"每转指令输入脉冲数"，分别输入 1000000 和 500000 两种情况，比较位移的速度和位移量，如图 11-14 所示。

（a）每转指令输入脉冲 1000000

（b）每转指令输入脉冲 500000

图 11-14　每转指令输入脉冲数改变时的定位测试

第三节　伺服控制中的位置控制实训

一、位置控制实训一

位置控制是伺服控制中最常用的控制模式，由 PLC 或定位模块产生脉冲来控制电机转动。通过外部输入脉冲的频率来确定转动速度的大小，通过脉冲的个数来确定转动的角度，所以一般应用于定位装置。

1. 实训要求

应用三菱 PLC 基本单元及伺服驱动系统构成伺服位置控制系统，由 PLC 产生给定输入的脉冲，实现伺服控制的定位控制。脉冲个数决定伺服电机转动的角度，脉冲频率决定转动的速度。MR-J4-10A 伺服控制器，其默认每转指令输入脉冲数是 4194304pulse/rev，控制定位运行 1 转和 5 转，同时，触摸屏显示伺服电机编码器的值。

2. 实训设备

所用到的实训设备如图 11-15 所示。

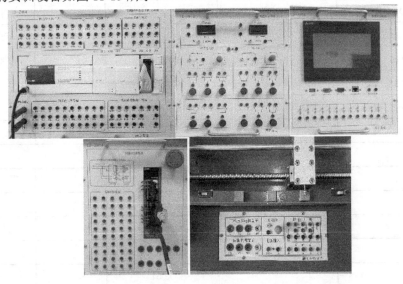

图 11-15　实训设备

① 三菱可编程控制器 FX_{3U}-48M 主机 1 台；

② MR-J4-10A 伺服控制器 1 台；

③ 触摸屏 1 台；

④ 运动执行机构 1 台；

⑤ 按钮模块 1 块；

⑥ 计算机 1 台；

⑦ 连接导线 1 套。

3. 位置控制系统接线

位置控制系统中各个部分的连接如表 11-4 和图 11-16 所示。本章实训中 PLC 的输入接线方式采用漏型接法，S/S 接+24V，输入信号的公共端接 0V。

表 11-4　MR-J4-10A 伺服位置控制实验电气连接

伺服控制模块	电机试验台端子	PLC 端子	电源端子	备注
1.伺服				
L1			L	
L3			N	
L11—L1				
L21—L3				
U，V，W，PE	U2，V2，W2，PE			
DICOM 20			24V+	
DOCOM 46			0V	
EM2 42—DOCOM 47				
SON 15—DOCOM 47				可以内部设置
LSP 43—DOCOM 47				可以内部设置
LSN 44—DOCOM 47				可以内部设置
PP 10		Y000		脉冲发生端
NP 35		Y001		1 正转，0 反转
DOCOM　47		COM1（输出的）		
OPC 12--DICOM 20				
2.PLC				
	编码器 A 相	X000		
		X001		脉冲开始按钮
		X002		脉冲结束按钮
		X003		正转按钮
		X004		反转按钮
		0V（输入的）		按钮的公共端
		S/S—24V（输入的）		
	限位开关，蓝色接 X，红色接 24V，棕色接 0V			
3.编码器				
	+		24V+	
	－		0V	
	A 相	X000		
4.触摸屏				
		触摸屏电源 24V+	24V+	
		触摸屏电源 0V	0V	

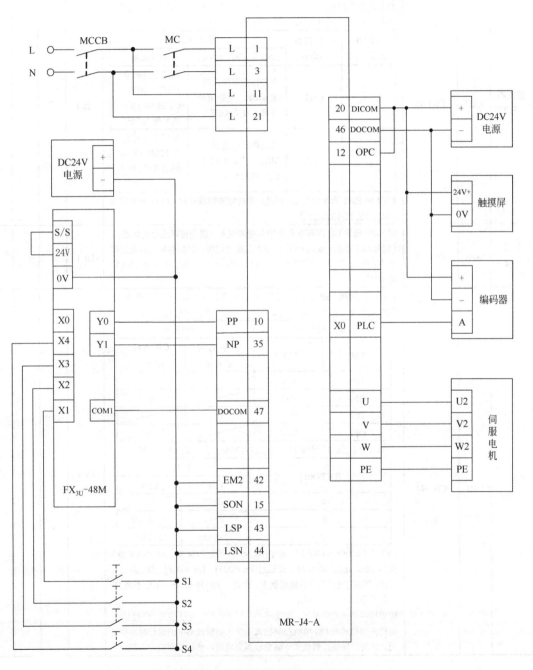

图 11-16 位置控制实训一接线图

4. 相关信号使用说明

相关信号的功能和使用说明如表 11-5 所示。

表 11-5　信号使用说明

软元件名称	简称	连接器引脚编号	功能和用途				I/O分类	控制模式		
								P	S	T
强制停止2	EM2	CN1-42	将 EM2 设为 OFF（与公共端开路），可以通过指令使伺服电机减速停止。从强制停止状态将 EM2 设为 ON（短接公共端）即可解除强制停止状态。[Pr.PA04] 的设定内容如下所示。 EM2 和 EM1 为互斥功能。但是，在转矩控制模式时，EM2 会变成与 EM1 功能相同的软元件				DI-1	○	○	○
伺服ON	SON	CN1-15	将 SON 设为 ON 时基本电路中有电源进入，成为可以运行的状态。（伺服 ON 状态）设为 OFF 时基本电路被切断，伺服电机呈自由运行状态。将 [Pr. PD01] 设定为 "＿＿＿4" 后可以在内部变更为自动 ON（常时 ON）				DI-1			
正转行程末端	LSP	CN1-43	运行时，请将 LSP 及 LSN 设为 ON。否则伺服将紧急停止并保持伺服锁定状态。将 [Pr.PD30] 设定为 "＿＿＿1" 时，伺服将减速停止。							
反转行程末端	LSN	CN1-44	LSP 或 LSN 变为 OFF 时，发生 [AL.99 行程限制警告]，WNG（警告）变为 ON。使用 WNG 时，请通过 [Pr. PD23]～[Pr. PD26]、[Pr. PD28] 及 [Pr. PD47] 设定为可以使用状态。但是，MR-J4-03A6 (-RJ) 伺服放大器不能使用 [Pr.PD47]。 转矩控制模式的情况下，该软元件在正常运行时无法使用。线性伺服电机控制模式及 DD 电机控制模式下仅在磁极检测中的运行时可使用。此外，转矩控制模式下磁极检测完成后，该信号即变为无效				DI-1	○	○	△

EM2 信号格内表格：

[Pr.PA04]的设定值	EM2/EM1的选择	减速方法	
		EM2 或 EM1 为 OFF	发生报警
0＿＿＿	EM1	不进行强制停止减速 MBR（电磁制动互锁）变为 OFF	不进行强制停止减速 MBR（电磁制动互锁）变为 OFF
2＿＿＿	EM2	强制停止减速后 MBR（电磁制动互锁）变为 OFF	强制停止减速后 MBR（电磁制动互锁）变为 OFF

LSN 信号格内表格：

输入软元件		运行	
LSP	LSN	CCW 方向 正方向	CW 方向 反方向
ON	ON	○	○
OFF	ON		○
ON	OFF	○	
OFF	OFF		

将 [Pr. PD01] 做如下设定时，可以在内部变更为自动 ON（常闭）。

[Pr. PD01]	状态	
	LSP	LSN
＿4＿＿	自动 ON	
＿8＿＿		自动 ON
＿C＿＿	自动 ON	自动 ON

5. 脉冲输入 PP、NP

（1）输入脉冲的波形

选择指令脉冲可以 3 种形式进行输入，并可以选择正逻辑或负逻辑。指令脉冲串的形式通过 [Pr.PA13] 进行设定，如表 11-6 所示。

表 11-6　指令输入脉冲串形态选择

设定值 [Pr.PA13]		脉冲串形态	正转（正方向）指令时	反转（反方向）指令时
__10h	负逻辑	正转脉冲串 （正方向脉冲串） 反转脉冲串 （反方向脉冲串）	PP NP	
__11h		脉冲串+符号	PP NP　L　H	
__12h		A 相脉冲串 B 相脉冲串	PP NP	
__00h	正逻辑	正转脉冲串 （正方向脉冲串） 反转脉冲串 （反方向脉冲串）	PP NP	
__01h		脉冲串+符号	PP NP　H　L	
__02h		A 相脉冲串 B 相脉冲串	PP NP	

（2）接线方式和波形

① 集电极开路方式　以漏型输入接口为例，按图 11-17 进行连接。

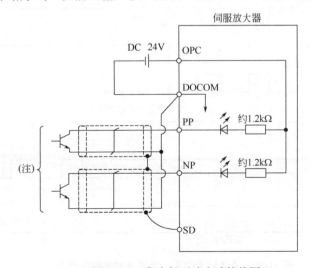

图 11-17　集电极开路方式接线图

将[Pr. PA13]设定为"＿＿1 0"后，把输入波形设定为负逻辑，正转脉冲串及反转脉冲串的波形如图 11-18 所示。

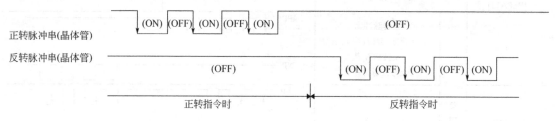

图 11-18　负逻辑下的正、反转脉冲串的波形图

② 差动线驱动器方式　以漏型输入接口为例，按图 11-19 进行连接。

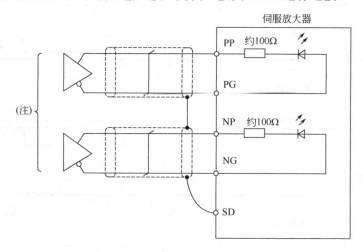

图 11-19　差动线驱动器方式接线图

将[Pr. PA13]设定为"＿＿1 0"后，把输入波形设定为负逻辑，正转脉冲串及反转脉冲串的波形如图 11-20 所示。PP、PG、NP 及 NG 的波形是以 LG 为基准的波形，LG 是公共端。

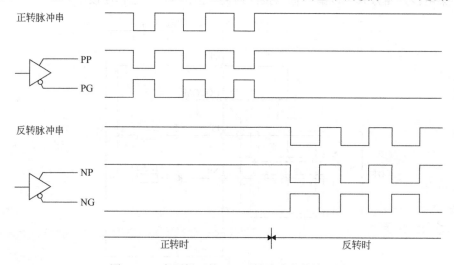

图 11-20　负逻辑下的正、反转脉冲串的波形图

6. 梯形图设计

梯形图程序如图 11-21 所示，其中的指令 DPLSY、SPD 的功能及使用方法（参见教材 P254）说明如下。

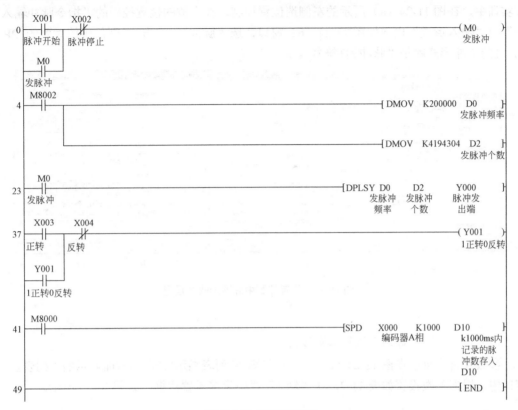

图 11-21　梯形图程序

（1）32 位脉冲输出指令（DPLSY）

32 位脉冲输出指令的梯形图和时序图如图 11-22。指令中目标操作数 $\overline{D\cdot}$ 只能指定 Y0 或 Y1 为输出脉冲端，输出脉冲的频率由[$\overline{S_1\cdot}$+1、$\overline{S_1\cdot}$]指定，允许设定范围为：1～200,000（Hz）；输出的脉冲数由[$\overline{S_2\cdot}$+1、$\overline{S_2\cdot}$]指定，允许设定范围为：1～2147483647（PLS）。

图 11-22　梯形图和时序图

（2）16 位测频指令（SPD）

该指令的梯形图如图 11-23，其功能是在 $\overline{S_2\cdot}$ 指定的时间（单位为 ms）内，对 $\overline{S_1\cdot}$ 指定的输入（只允许指定 X0～X5）脉冲进行计数，测定值保存到 $\overline{D\cdot}$ 指定的三连号的首字元件中。

图 11-23　梯形图

7.伺服控制器设置

（1）脉冲形式设置

打开 MR Configurator2 软件，进行参数设置和测试运行，步骤参考第二节的内容。在本节实训中，在图 11-24（a）所示的左侧选位置控制，在右侧的位置控制的"指令脉冲输入形式"点"输入形式"出现如图 11-24（b）窗口，选"脉冲列+符号"，则伺服放大器的 PP 和 NP 端的脉冲形式就是"脉冲列+符号"。

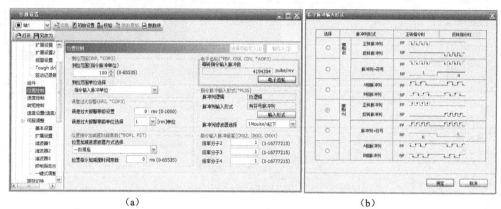

（a） （b）

图 11-24　位置控制中脉冲形式的设置

注意：每次设置参数或修改参数后，单击"单轴写入"，再重启伺服放大器。

（2）采用"列表显示"进行参数设置

参数设置也可以在图 11-24（a）所示的左侧选"列表显示"，在其右面显示的"列表显示"窗口中，根据参数设置如表 11-7，在"轴 1"栏中直接设置数据，如图 11-25 所示。

表 11-7　参数设置表

参数	设置值	备注	参数	设置值	备注
PA01	1000	位置模式	PA13	0111	脉冲模式
PA04	2000	EM2 强制停止	PA21	0001	电子齿轮选择
PA06	1	设置 CMX	PD01	0C00	关闭末端限位
PA07	1	设置 CDV			

（3）电子齿轮比

电子齿轮比的作用也是用于对脉冲指令的调节，可以实现机械以任意电子齿轮比倍率的输入脉冲进行移动，电子齿轮比图解如图 11-26 所示。编码器反馈脉冲数与电子齿轮比、指令脉冲的关系为：指令脉冲串*电子齿轮比=编码器的反馈脉冲，即：

$$Pc1=Pc*（CMX/CDV）$$

式中，Pc1 为编码器反馈脉冲数；Pc 为指令脉冲数；CMX/CDV 为电子齿轮比。

电子齿轮比的分子参数 PA06 和分母参数 PA07 的设置应在 1/10＜CMX/CDV＜4000 之间，通常以电机旋转一周来计算，例如，一周 5000 个脉冲共 1 秒钟，如果电子齿轮比为 10，则每周每秒 50000 个脉冲，频率和脉冲数都增大 10 倍。

本例中控制要求定位旋转 1 转，将 CMX/CDV 设置为 1，如图 11-27（a）；若旋转 5 转，将 CMX/CDV 设置为 5，如图 11-27（b）。

No.	简称	名称	单位	设置范围	轴1
PA01	*STY	运行模式		1000-1268	1000
PA02	*REG	再生选件		0000-73FF	0000
PA03	*ABS	绝对位置检测系统		0000-0002	0000
PA04	*AOP1	功能选择A-1		0000-2000	2000
PA05	*FBP	每转指令输入脉冲数		1000-1000000	10000
PA06	CMX	电子齿轮分子(指令脉冲倍率分子)		1-16777215	4
PA07	CDV	电子齿轮分母(指令脉冲倍率分母)		1-16777215	1
PA08	ATU	自动调谐模式		0000-0004	0001
PA09	RSP	自动调谐响应性		1-40	16
PA10	INP	到位范围		0-65535	100
PA11	TLP	正转转矩限制	%	0.0-100.0	100.0
PA12	TLN	反转转矩限制	%	0.0-100.0	100.0
PA13	*PLSS	指令脉冲输入形式		0000-0412	0111
PA14	*POL	旋转方向选择		0-1	0
PA15	*ENR	编码器输出脉冲	pulse/rev	1-4194304	4000
PA16	*ENR2	编码器输出脉冲2		1-4194304	1
PA17	*MSR	伺服电机系列设置		0000-FFFF	0000
PA18	*MTY	伺服电机类型设置		0000-FFFF	0000
PA19	*BLK	参数写入禁止		0000-FFFF	00AA
PA20	*TDS	Tough drive设置		0000-1110	0000
PA21	*AOP3	功能选择A-3		0000-3001	0001
PA22	*PCS	位置控制配置选择		0000-0020	0000
PA23	DRAT	驱动记录器任意报警触发设置		0000-FFFF	0000
PA24	AOP4	功能选择A-4		0000-0002	0000
PA25	OTHOV	一键式调整 过冲允许等级	%	0-100	0
PA26	*AOP5	功能选择A-5		0000-00A1	0000
PA27		制造商设置用		0000-0000	0000
PA28	*AOP6	制造商设置用		0000-0000	0000
PA29		制造商设置用		0000-0000	0000
PA30		制造商设置用		0000-0000	0000
PA31		制造商设置用		0000-0000	0000
PA32		制造商设置用		0000-0000	0000
PB01	FILT	自适应调谐(自适应滤波器Ⅱ)		0000-1002	0000
PB02	VRFT	抑制振动控制调谐(高级抑制振动控制Ⅱ)		0000-0022	0000
PB03	PST	位置指令加减速时间常数(位置平滑)	ms	0-65535	0
PB04	FFC	前馈增益	%	0-100	0
PB05	FFCF	制造商设置用		10-4500	500
PB06	GD2	负载惯量比	倍	0.00-300.00	7.00
PB07	PG1	模型环增益	rad/s	1.0-2000.0	15.0

图 11-25　列表显示

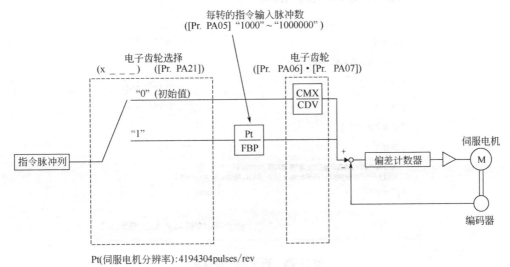

图 11-26　电子齿轮比图解

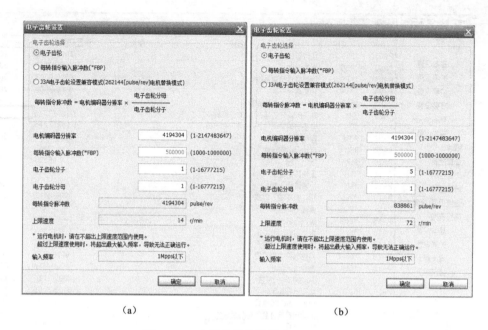

图 11-27　电子齿轮比设置为 1 和 5

（4）直接指定脉冲数进行位置控制

若不用电子齿轮比，可以直接指定脉冲数输入到如图 11-26 中的下侧，进行位置控制。在电子齿轮设置窗口选择"每转指令输入脉冲数"，如图 11-28，参数设置可按表 11-8，在列表显示中进行数据修改。

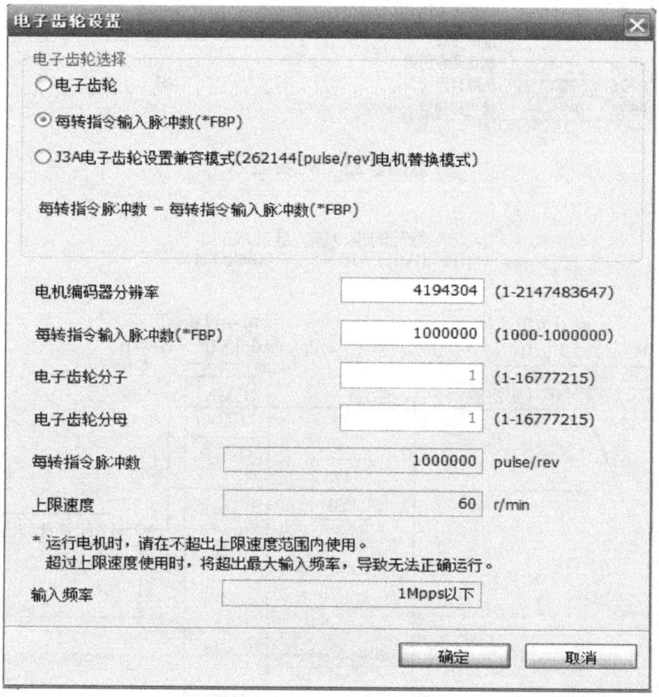

图 11-28　指定脉冲数设置

表 11-8　参数设置

参数	设置值	备注	参数	设置值	备注
PA01	1000	位置模式	PA13	0111	脉冲模式
PA04	2000	EM2 强制停止	PA21	1001	PA05 作用
PA05	10000	每转指令脉冲数	PD01	0C00	关闭末端限位

8. 编码器

编码器是安装在伺服电机上的，其结构原理图如图 11-29，由码盘、发光管、光电接受管和放大整形电路组成，输出脉冲有 A、B、Z 三相，A 相和 B 相相差 90°，Z 相一圈只有一个脉冲。

可以将 A、B、Z 相连接到 PLC 的输入端进行计数，反馈伺服控制的位置情况。本例将 A 相引到 PLC 的 X0 端。

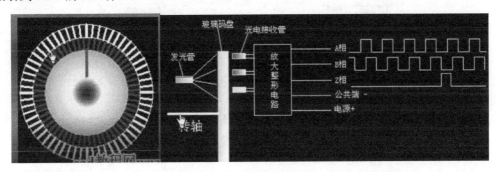

图 11-29　编码器组成

9. 触摸屏界面设计

GT Designer3 软件的使用参见第九章的内容，设计步骤如下。

（1）创建工程

创建工程，根据系统的控制要求及触摸屏的软元件分配，触摸屏的画面设计方案如图 11-30 所示。

（2）文本对象的设置

单击工具栏中 **A** 按钮，点击画面编辑器，弹出如图 11-31 所示的属性设置窗口，然后按图进行设置。首先在字符串栏中输入显示的文字，在下面选择颜色和尺寸，设置完毕，点"确定"键，再将文本拖到画面编辑器合适的位置即可。图 11-30 中"编码器测速"的操作方法与此相同。

（3）指示灯设置

以"左限位开关"为例，单击工具栏 按钮，在画面编辑器上画出指示灯，如图 11-32 所示，双击指示灯，弹出如图 11-33 所示属性设置窗口。点击 … 按钮，弹出软元件设置窗口，选择"X001"，点击"文本"，进行文本设置，其他设置保持默认，点击"确定"，如图 11-34。"1 号传感器""2 号传感器""3 号传感器""右限位开关"的指示灯设置方法和"左限位开关"相同。

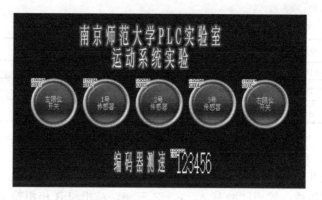

图 11-30　触摸屏画面

图 11-31　文本对象的设置

图 11-32　画出指示灯

图 11-33　指示灯软元件/样式设置

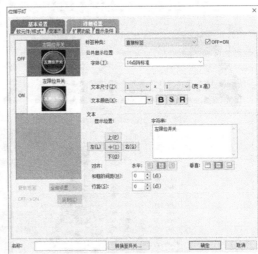

图 11-34　指示灯文本设置

（4）数据显示设置

单击工具栏 **123** 按钮，在画面编辑器上画出数值输入，如图 11-35 所示，双击数值输入，弹出如图 11-36 所示属性设置窗口。点击 ... 按钮，弹出软元件设置窗口，选择 D10，点击确定。

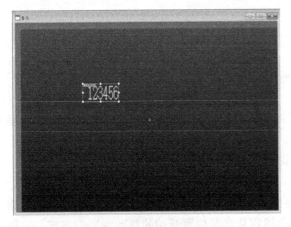

图 11-35　画出数值输入

图 11-36　数据显示设置

二、位置控制实训二

1. 实训要求

应用三菱 PLC 基本单元及伺服驱动系统构成伺服位置控制系统，实现伺服电机的手动正反转、增量方式单速定位以及回原点功能。

2. 实训设备

实训设备如图 11-37 所示。

① 三菱可编程控制器 FX$_{3U}$-48M 主机 1 台；

② MR-J4-10A 伺服控制器 1 台；

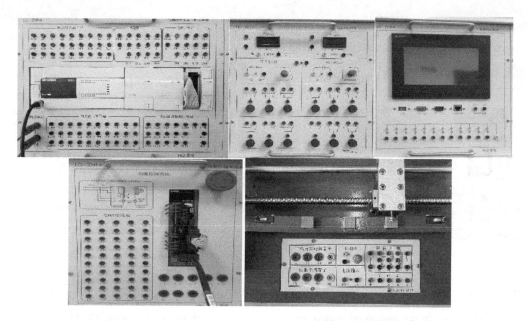

图 11-37　实训设备

③ 触摸屏 1 台；

④ 运动执行机构 1 台；

⑤ 按钮模块 1 块；

⑥ 计算机 1 台；

⑦ 连接导线 1 套。

3. 位置控制系统接线

PLC 及伺服驱动系统接线图如图 11-38 所示。

4. 梯形图程序

梯形图程序如图 11-39，程序功能分为手动正反转及正反转限位控制、原点回归、单速增量方式定位和相关软元件设定，说明如下。

（1）手动正反转及正反转限位控制程序说明

这部分的梯形图如图 11-40 所示。

① 相对定位指令（DRVI）。相对定位指令（DRVI）以相对驱动方式执行单速定位的指令，所谓相对驱动方式，是指用带正/负的符号指定从当前位置开始的移动距离的方式，也称为增量（相对）驱动方式（见教材 P334）。指令说明如图 11-41。

在[$S_1 \cdot$]中指定输出脉冲，32 位运算时，允许设定范围：$-999999 \sim +999999$。当指定的输出脉冲数的值为正数时正转，反之为负数时反转。在[$S_2 \cdot$]中指定输出脉冲频率，32 位运算时允许设定范围：$10 \sim 100000$（Hz）。在[$D_1 \cdot$]中指定输出脉冲的输出口编号（晶体管输出的指定口只能为 Y0～Y2）。在[$D_2 \cdot$]中指定旋转方向信号的位输出元件编号。

② 手动正反转。图 11-40 中的第一、二支路是相对定位指令梯形图，输出脉冲个数设置为正负最大值，由于是手动控制，可以随时停止，任意调节位置。当指定 Y000 为脉冲输出端时，旋转方向信号输出端应指定为 Y004。

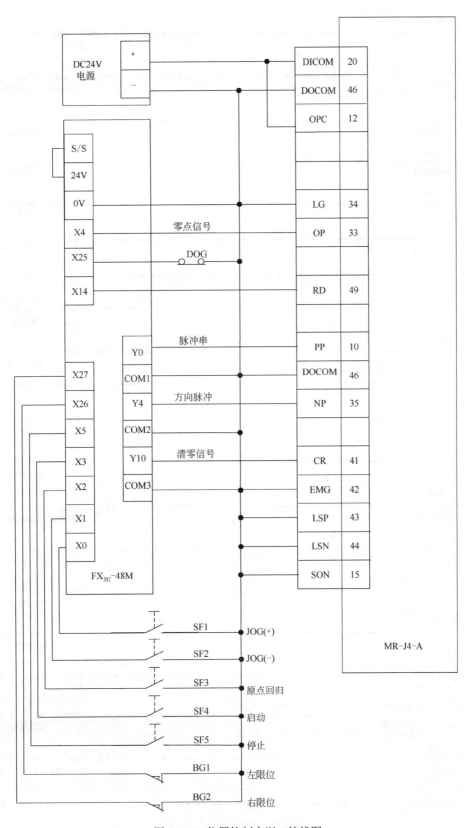

图 11-38　位置控制实训二接线图

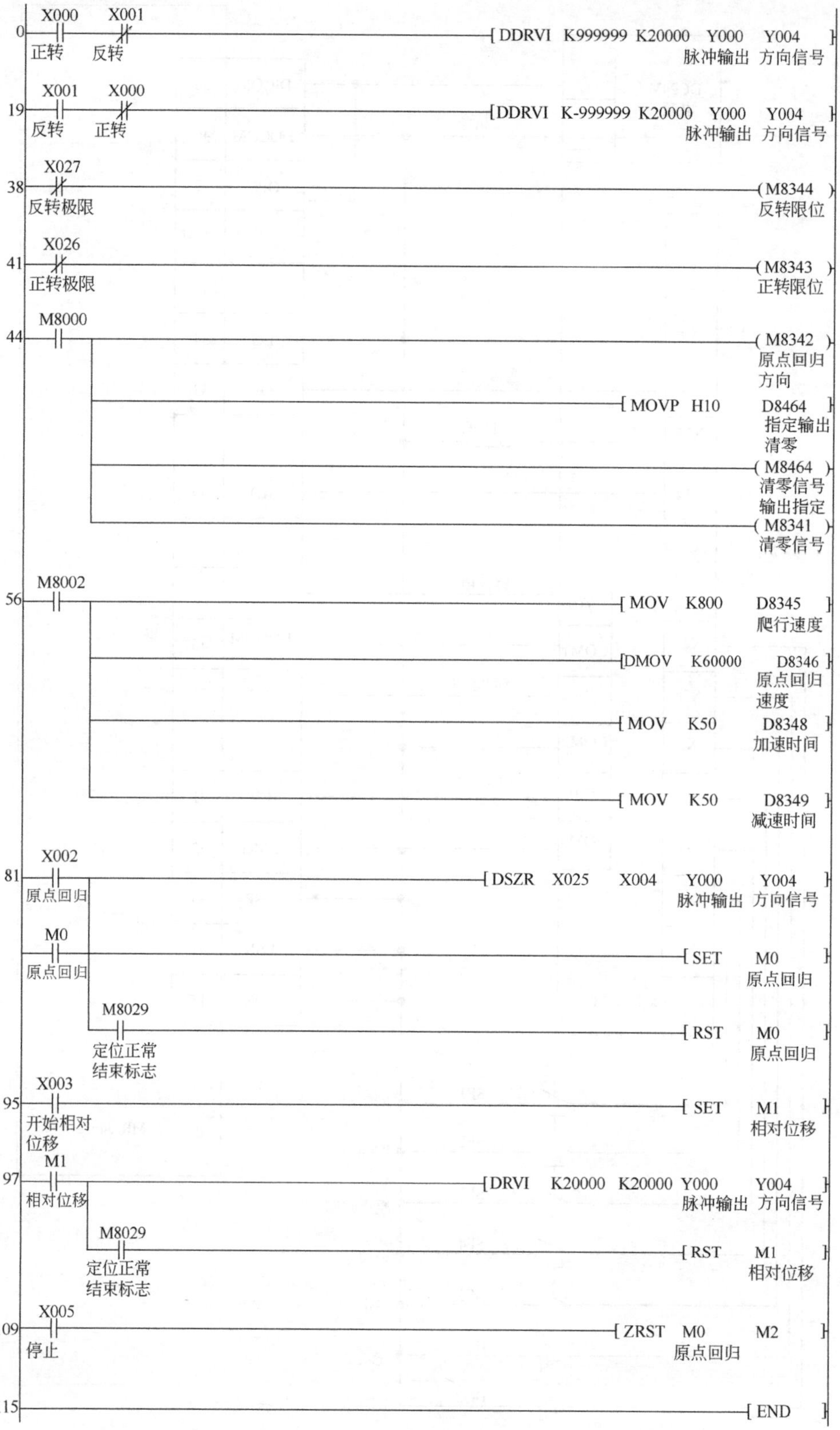

```
      X000  X001
0 ─┤├──┤/├────────────────────────────[ DDRVI  K999999  K20000  Y000    Y004 ]
   正转  反转                                            脉冲输出 方向信号

      X001  X000
19 ─┤├──┤/├───────────────────────────[ DDRVI  K-999999 K20000  Y000    Y004 ]
   反转  正转                                            脉冲输出 方向信号

      X027
38 ─┤/├─────────────────────────────────────────────────────────( M8344 )
   反转极限                                                        反转限位

      X026
41 ─┤/├─────────────────────────────────────────────────────────( M8343 )
   正转极限                                                        正转限位

      M8000
44 ─┤├──┬─────────────────────────────────────────────────────( M8342 )
        │                                                        原点回归
        │                                                        方向
        │
        ├──────────────────────────────[ MOVP  H10    D8464 ]
        │                                                指定输出
        │                                                清零
        │
        ├─────────────────────────────────────────────────────( M8464 )
        │                                                        清零信号
        │                                                        输出指定
        └─────────────────────────────────────────────────────( M8341 )
                                                                 清零信号

      M8002
56 ─┤├──┬──────────────────────────────[ MOV   K800   D8345 ]
        │                                               爬行速度
        │
        ├──────────────────────────────[ DMOV  K60000  D8346 ]
        │                                               原点回归
        │                                               速度
        │
        ├──────────────────────────────[ MOV   K50    D8348 ]
        │                                               加速时间
        │
        └──────────────────────────────[ MOV   K50    D8349 ]
                                                        减速时间

      X002
81 ─┤├──┬──────────────────────────[ DSZR  X025   X004   Y000    Y004 ]
   原点回归│                                        脉冲输出 方向信号
      M0  │
   ─┤├────┤
   原点回归│                               ─────────────────[ SET   M0 ]
           │                                                     原点回归
        M8029
        ─┤├──────────────────────────────────────────────[ RST   M0 ]
        定位正常                                                 原点回归
        结束标志

      X003
95 ─┤├──────────────────────────────────────────────────[ SET   M1 ]
   开始相对                                                     相对位移
   位移
      M1
97 ─┤├──┬──────────────────────────[ DRVI  K20000  K20000  Y000    Y004 ]
   相对位移│                                          脉冲输出 方向信号
        M8029
        ─┤├──────────────────────────────────────────────[ RST   M1 ]
        定位正常                                                 相对位移
        结束标志

      X005
109 ─┤├─────────────────────────────────────────────[ ZRST  M0    M2 ]
   停止                                                      原点回归

115 ────────────────────────────────────────────────────────[ END ]
```

图 11-39　梯形图程序

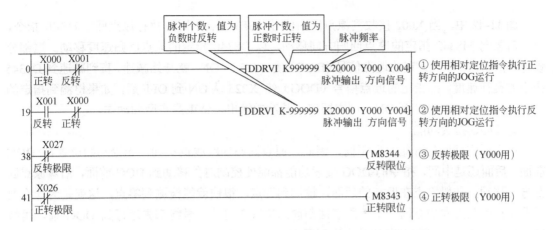

图 11-40 手动正反转及正反转限位控制

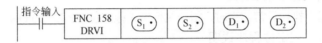

图 11-41 DRVI 指令梯形图

③ 正反转极限。图 11-40 中的第三、四支路通过限位开关设置正反转极限标志位 M8343、M8344 的梯形图。特殊辅助继电器 M8343、M8344 分别是 FX$_{3U}$PLC 的正、反转极限标志位，如果旋转方向的极限标志位为 ON，则减速停止。

（2）原点回归程序说明

这部分的梯形图如图 11-42 所示。

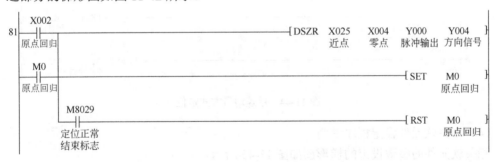

图 11-42 原点回归

① 带 DOG 搜索的原点回归指令（DSZR）

该指令的功能是执行原点回归，使机械位置与可编程控制器内的当前值寄存器一致的指令（见配套教材 P330），指令梯形图如图 11-43。

图 11-43 DSZR 指令梯形图

该指令中，[S$_1$·]中指定输入近点信号（DOG）的位软元件编号，[S$_2$·]中指定输入零点信号的输入软元件编号（只能指定 X0～X7），[D$_1$·]中指定输出脉冲的输出端编号（晶体管输出只能指定为 Y0～Y2），[D$_2$·]中指定旋转方向信号的位输出元件编号。

图 11-42 中，当 X002 接收到原点回归信号（SF3 闭合）时，执行原点回归 DSZR 指令，控制对象向 M8342 指定的原点回归方向移动，以 D8346 指定的原点回归速度移动。这部分设置稍后讲解。一旦指定的近点信号（DOG）使 X025 为 ON，就开始减速，直到减速到 D8345 指定的爬行速度。当指定的近点信号（DOG）使 X025 从 ON 到 OFF 后，如果检测到指定的零点信号 X004 从 OFF 到 ON，则立即停止脉冲的输出，结束原点回归动作。

② DOG 搜索功能

由于原点回归的开始位置不同，因此，原点回归的路线也不同。无论起始位置在 DOG 前面、后面还是中间，指令的 DOG 搜索功能都能使控制对象移动到 DOG 前面，沿着原点回归方向移动，一般零点在近点的后面，检测到近点，很快就能检测到零点，这就是为什么要设置原点回归方向的原因。不管原点回归前的位置在何处，最终都先运行到 DOG 前，再按 M8342 指定的原点回归方向移动，进行原点回归。

③ 指令执行结束标志位 M8029

当原点回归，指令执行正常结束时，指令执行结束标志位 M8029 为 ON，结束原点回归动作。

（3）单速增量方式定位程序说明

单速增量方式定位是以当前停止的位置作为起点，指定移动方向和移动量（相对地址）进行定位。程序如图 11-44 所示。

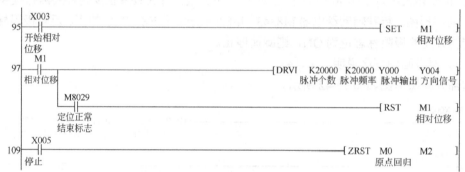

图 11-44　单速增量方式定位

（4）相关软元件设定程序说明

相关软元件的参数设定的梯形图如图 11-45 所示。

① M8342 原点回归方向设置

对使用带 DOG 近点信号搜索的原点回归（DSZR）指令，可用 FX$_{3U}$ 基本单元中的 M8342 进行原点回归时的动作方向进行指定，即最初开始动作的方向。当 M8342 为 ON，在正转方向进行原点回归，当 M8342 为 OFF，在反转方向进行原点回归。

② 清零信号设定

M8341 是 FX$_{3U}$ 基本单元中清零信号输出有效标志位，具有回归原点位置停止后，输出清零信号有效的功能。M8464 是对指定输出清零信号软元件功能有效的标志位，当 M8341= M8464=ON 时，利用数据寄存器（D8464）=10H 的数据，对指定软元件 Y010 输出清零信号。

③ 各种速度的设定

D8345 中可设置爬行速度。在原点回归指令（DSZR）中，当检测到 DOG 近点信号时，将以 D8345 中爬行速度移动到零点。D8346 可设置原点回归速度，作为开始执行原点回归指令（DSZR）时的速度。D8348、D8349 可分别设置加、减速时间。

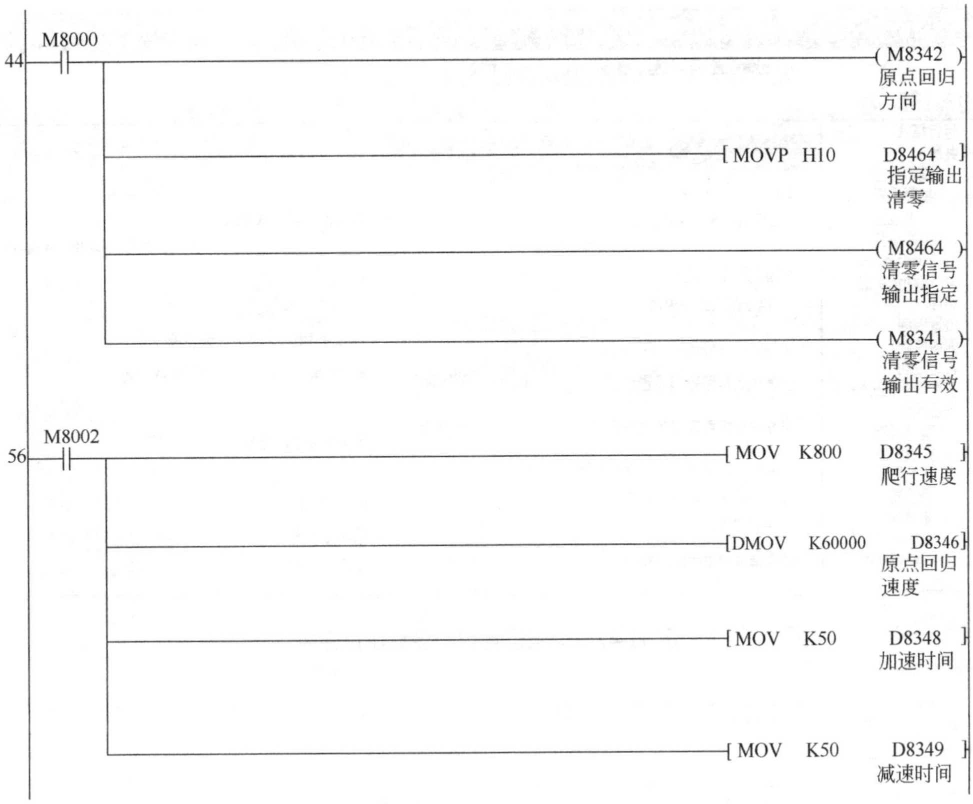

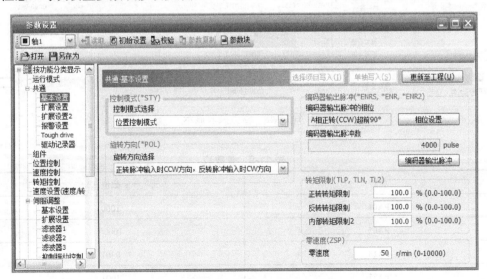

图 11-45　相关软元件参数设定梯形图

5. 伺服控制器参数设置

打开 MR Configurator2 软件,工程新建步骤和参数设置页面打开步骤同位置控制实训一。伺服控制器基本参数设置如图 11-46,伺服位置控制参数设置如图 11-47 ,参数列表显示如图 11-48,参数表如表 11-9。

注意:每次设置参数或修改参数后,单击"单轴写入",再重启伺服放大器。

图 11-46　伺服基本参数设置界面

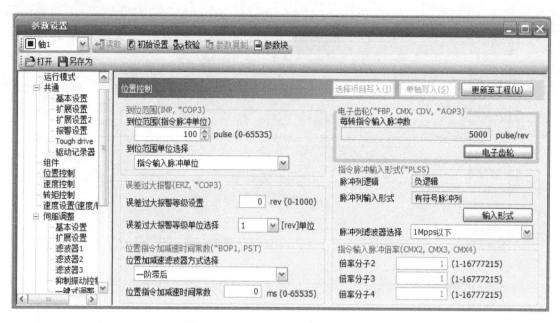

图 11-47　伺服位置控制参数设置界面

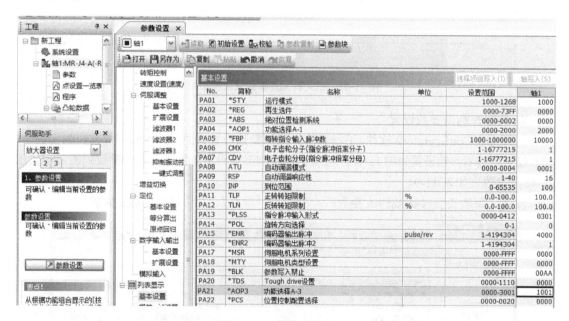

图 11-48　参数列表显示

表 11-9　参数表

参数	数值
PA01	1000
PA05	10000
PA13	0301
PA21	1001

三、位置控制实训三

1. 实训目的

应用三菱 PLC 基本单元及伺服驱动系统构成伺服位置控制系统，实现伺服电机的手动正反转、增量方式可变速运行及回原点功能。

2. 实训设备

实训设备如图 11-49 所示。

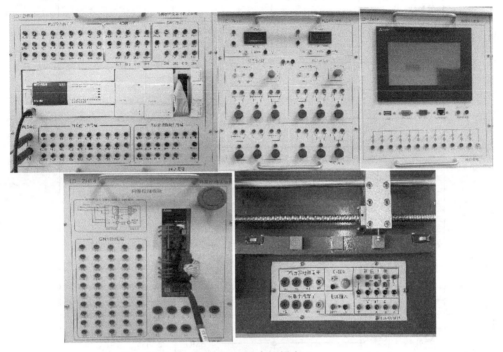

图 11-49　实训设备

① 三菱可编程控制器 FX3U-48M 主机 1 台；

② MR-J4-10A 伺服控制器 1 台；

③ 触摸屏 1 台；

④ 运动执行机构 1 台；

⑤ 按钮模块 1 块；

⑥ 计算机 1 台；

⑦ 连接导线 1 套。

3. 位置控制系统接线

PLC 及伺服驱动系统接线图如图 11-50 所示。

4. 梯形图程序

梯形图程序如图 11-51，程序中使用了输出带旋转方向的可变速脉冲的指令（PLSV）（见教材 P333），其梯形图格式说明如图 11-52 所示。

在该指令中，[$S_1 \cdot$]中指定的是输出脉冲频率，可为常数或软元件编号，[$D_1 \cdot$]中指定的是输出脉冲端口编号，[$D_2 \cdot$]中指定的是旋转方向信号的输出端口编号。

该指令在图 11-51 程序中的功能是，通过改变 D10 中的脉冲频率来实现变速运行，每间隔 2s 改变 D10 中的值，使 Y000 输出的脉冲频率变化，达到运行速度改变的目的。

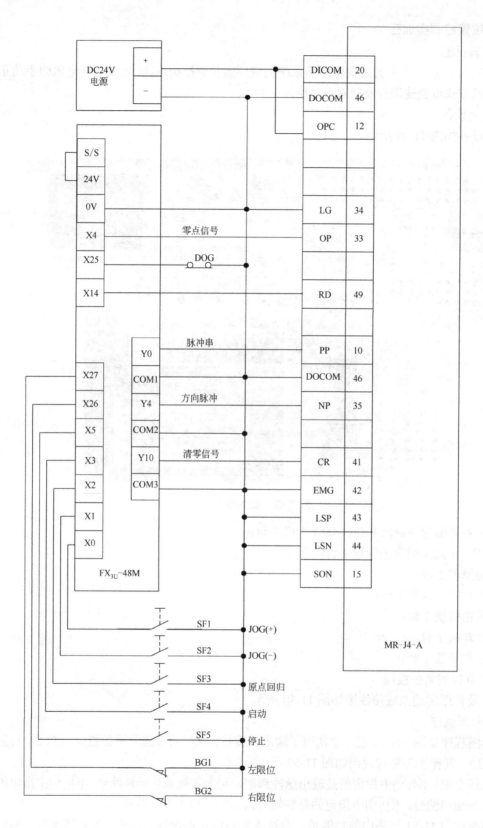

图 11-50 位置控制实训三接线图

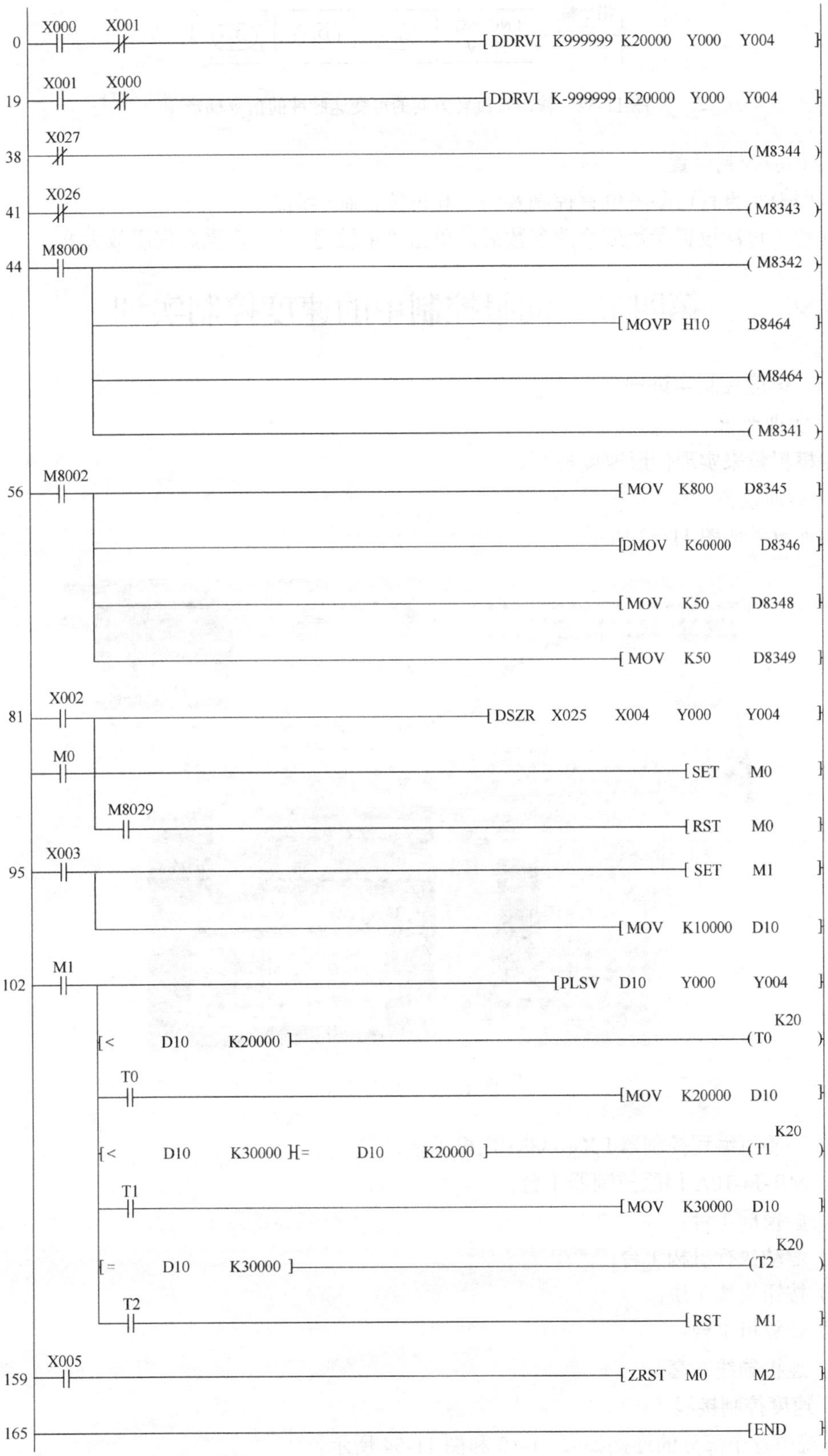

```
      X000   X001
0     ─┤├────┤/├─────────────────────────────[DDRVI  K999999  K20000  Y000   Y004 ]

      X001   X000
19    ─┤├────┤/├─────────────────────────────[DDRVI  K-999999 K20000  Y000   Y004 ]

      X027
38    ─┤/├────────────────────────────────────────────────────────────( M8344 )

      X026
41    ─┤/├────────────────────────────────────────────────────────────( M8343 )

      M8000
44    ─┤├──┬─────────────────────────────────────────────────────────( M8342 )
          │
          ├──────────────────────────────────────────[ MOVP  H10    D8464 ]
          │
          ├──────────────────────────────────────────────────────────( M8464 )
          │
          └──────────────────────────────────────────────────────────( M8341 )

      M8002
56    ─┤├──┬─────────────────────────────────────────────[ MOV  K800    D8345 ]
          │
          ├─────────────────────────────────────────────[ DMOV K60000   D8346 ]
          │
          ├─────────────────────────────────────────────[ MOV  K50     D8348 ]
          │
          └─────────────────────────────────────────────[ MOV  K50     D8349 ]

      X002
81    ─┤├──┬──────────────────────────────[ DSZR  X025   X004   Y000   Y004 ]
          │
      M0  │
      ─┤├──┼──────────────────────────────────────────────────────[ SET   M0 ]
          │  M8029
          └──┤├──────────────────────────────────────────────────[ RST   M0 ]

      X003
95    ─┤├──┬───────────────────────────────────────────────────[ SET   M1 ]
          │
          └─────────────────────────────────────────[ MOV  K10000   D10 ]

      M1
102   ─┤├──┬──────────────────────────────────────[ PLSV  D10    Y000   Y004 ]
          │                                                              K20
          ├─[< D10   K20000 ]───────────────────────────────────( T0 )
          │
          │  T0
          ├──┤├─────────────────────────────────────[ MOV  K20000   D10 ]
          │                                                              K20
          ├─[< D10   K30000 ]─[= D10   K20000 ]────────────────( T1 )
          │
          │  T1
          ├──┤├─────────────────────────────────────[ MOV  K30000   D10 ]
          │                                                              K20
          ├─[= D10   K30000 ]───────────────────────────────────( T2 )
          │
          │  T2
          └──┤├──────────────────────────────────────────────────[ RST   M1 ]

      X005
159   ─┤├────────────────────────────────────────────────[ ZRST  M0    M2 ]

165   ────────────────────────────────────────────────────────────[ END ]
```

图 11-51 梯形图程序

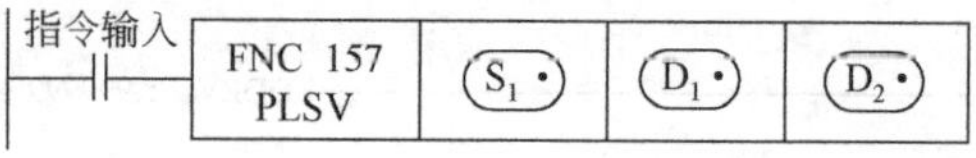

指令输入 | FNC 157 PLSV | $S_1 \cdot$ | $D_1 \cdot$ | $D_2 \cdot$

图 11-52　输出带旋转方向的可变速脉冲的指令梯形图

5. 伺服控制设置

伺服控制设置可参考位置控制实训一和位置控制实训二。

注意：每次设置参数或修改参数后，单击"单轴写入"，再重启伺服放大器。

第四节　伺服控制中的速度控制实训

一、速度控制实训一

1. 实训要求

用模拟量来实现伺服速度控制。

2. 实训设备

实训设备如图 11-53 所示。

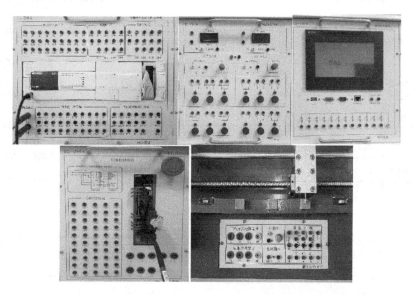

图 11-53　实训设备

① 三菱可编程控制器 FX$_{3U}$-48M 主机 1 台；

② MR-J4-10A 伺服控制器 1 台；

③ 触摸屏 1 台；

④ 运动执行机构 1 台；

⑤ 按钮模块 1 块；

⑥ 计算机 1 台；

⑦ 连接导线 1 套。

3. 速度控制接线

系统中各个部分的连接如表 11-10 和图 11-54 所示。

表 11-10　MR-J4-10A 伺服速度控制实验电气连接

伺服控制模块	电机试验台端子	PLC 端子	电源端子	备注
伺服				
L1			L	
L3			N	
L11—L1				
L21—L3				
DICOM 20			24V+	
DOCOM 46				
EM2 42—DOCOM 47			0V	
SON 15—DOCOM 47				
LSP 43—DOCOM 47				
LSN 44—DOCOM 47				
U，V，W，PE		U2，V2，W2，PE		
P15R 1		电位器 1		
VC 2		电位器 2		两点之间电压取 0.5V
LG 28		电位器 3		两点之间电压取 0.5V
ST2 18		Y0		
ST1 17		Y2		
PLC				
	A 相	X0		
	S1	X1		
	S2	X2		
	S3	X3		
	S4	X4		
	S5	X5		
	COM	0V		
		S/S—24V		
限位开关，蓝色接 X，红色接 24V，黑色接 0V				
编码器				
	+		24V+	
	-		0V	
	A	X0		
触摸屏				
		触摸屏电源 24V+	24V+	
		触摸屏电源 0V	0V	

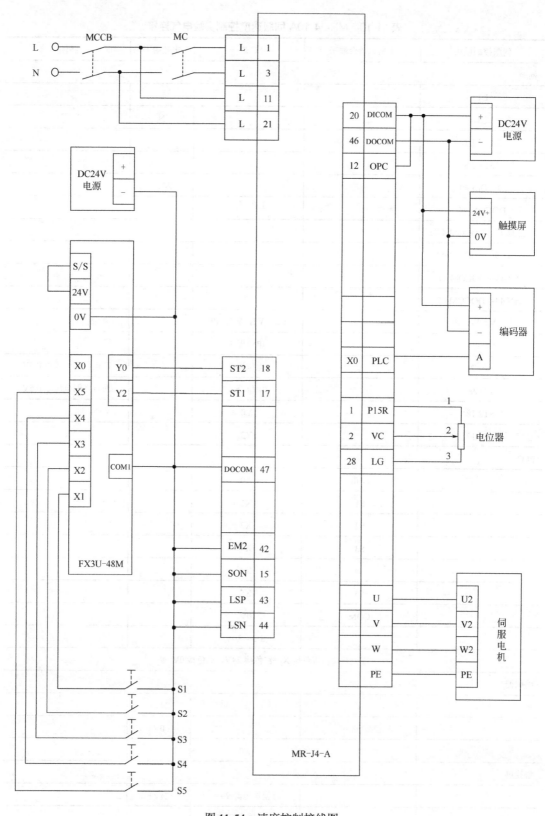

图 11-54　速度控制接线图

4. 相关信号说明

相关信号的功能和使用说明如表 11-11 所示。

表 11-11　信号使用说明

软元件名称	简称	连接器引脚编号	功能和用途	I/O分类	控制模式 P	S	T
DC 15V 电源输出	P15R	CN1-1	在 P15R 和 LG 间输出 DC 15V 电压。可作为 TC/TLA/VC/VLA 用的电源使用。允许电流 30mA		○	○	○
控制电源公共端	LG	CN1-3 CN1-28 CN1-30 CN1-34 CN3-1 CN3-7 CN6-1	是 TLA/TC/VC/VLA/OP/MO1/MO2/P15R 的公共端子。各引脚在内部已连接。				
模拟速度指令	VC	CN1-2	请在 VC 和 LG 间施加 DC 0V～±10V 电压。±10V 时变为通过[Pr. PC12]设定的转速。在 VC 中输入允许转速以上的指令值时，将被限制为允许转速。分辨率：相当于 14 位。 此外，MR-J4-_A_-RJ 100W 以上的伺服放大器时，[Pr. PC60]设定为"＿＿1＿"后，模拟输入的分辨率可以提高到 16 位。此功能在 2014 年 11 月以后生产的伺服放大器中可以使用	模拟量输入		○	
正转启动 反转启动	ST1 ST2	CN1-17 CN1-18	启动伺服电机，旋转方向如下。 	输入软元件		伺服电机
ST2	ST1	启动方向
OFF	OFF	停止（伺服锁定）
OFF	ON	CCW
ON	OFF	CW
ON	ON	停止（伺服锁定）	 运行中将 ST1 和 ST2 同时设位 ON 或 OFF 时，根据[Pr. PC02]中的设定值减速停止后维持伺服锁定状态。 将[Pr. PC23]设定为"＿＿＿1"后，在减速停止后不会伺服锁定		○	○	○

5. 梯形图设计

梯形图程序如图 11-55 所示。

6. 伺服控制器设置

（1）设置步骤

打开 MR Configurator2 软件，工程新建步骤和参数设置页面打开步骤同位置控制实训。在出现图 11-56 的参数设置界面，点击左侧的"通用-基本设置"，在右侧的窗口选择"速度控制模式"。

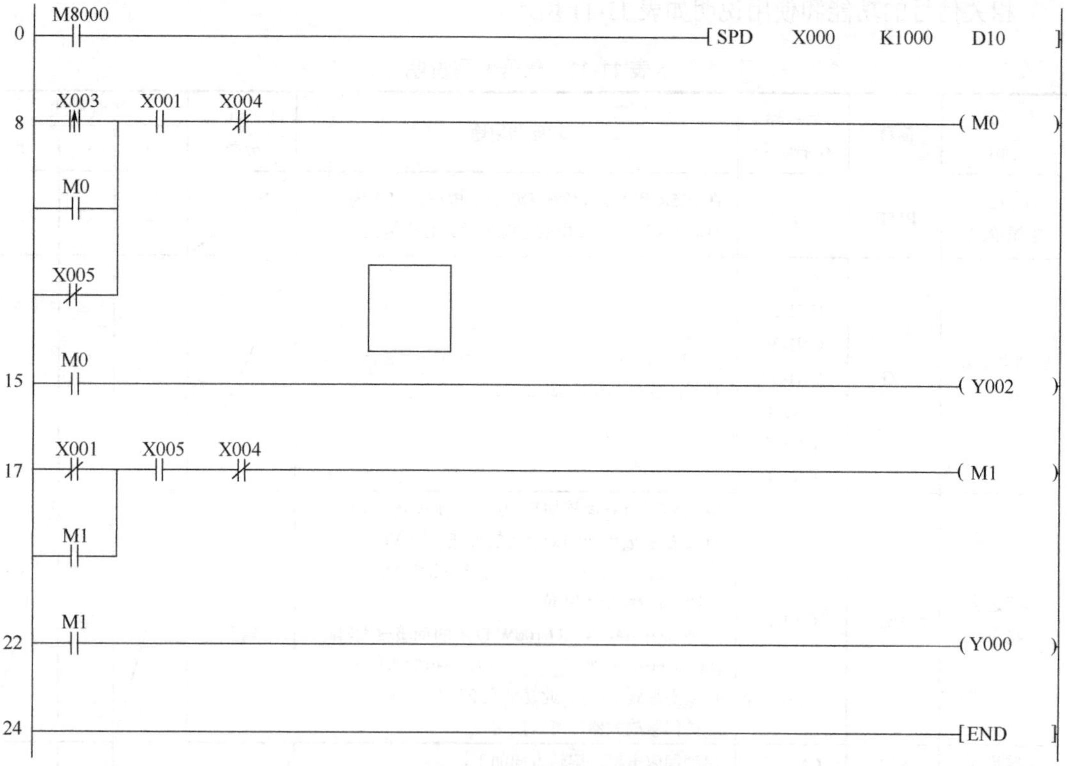

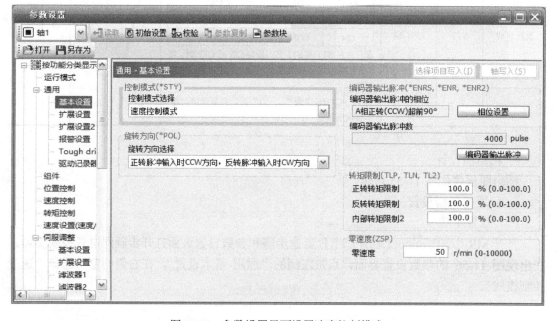

图 11-55　模拟量速度控制梯形图程序

图 11-56　参数设置界面设置速度控制模式

（2）列表显示

前面设置步骤中的内容也可以在列表显示中直接设置数据，如图11-57所示。

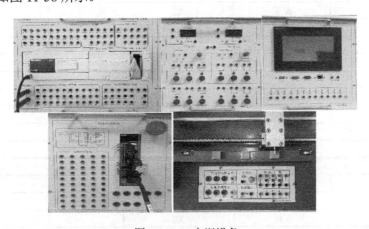

No.	简称	名称	单位	设置范围	轴1
PA01	*STY	运行模式		1000-1268	1002
PA02	*REG	再生选件		0000-73FF	0000
PA03	*ABS	绝对位置检测系统		0000-0002	0000
PA04	*AOP1	功能选择A-1		0000-2000	2000
PA05	*FBP	每转指令输入脉冲数		1000-1000000	10000
PA06	CMX	电子齿轮分子（指令脉冲倍率分子）		1-16777215	1
PA07	CDV	电子齿轮分母（指令脉冲倍率分母）		1-16777215	1
PA08	ATU	自动调谐模式		0000-0004	0001
PA09	RSP	自动调谐响应性		1-40	16
PA10	INP	到位范围		0-65535	100
PA11	TLP	正转转矩限制	%	0.0-100.0	100.0
PA12	TLN	反转转矩限制	%	0.0-100.0	100.0
PA13	*PLSS	指令脉冲输入形式		0000-0412	0100
PA14	*POL	旋转方向选择		0-1	0
PA15	*ENR	编码器输出脉冲	pulse/rev	1-4194304	4000
PA16	*ENR2	编码器输出脉冲2		1-4194304	1
PA17	*MSR	伺服电机系列设置		0000-FFFF	0000
PA18	*MTY	伺服电机类型设置		0000-FFFF	0000
PA19	*BLK	参数写入禁止		0000-FFFF	00AA
PA20	*TDS	Tough drive设置		0000-1110	0000

图11-57　列表显示

注意：每次设置参数或修改参数后，单击"单轴写入"，再重启伺服放大器。

运行时，先将电位器旋到最小，再逐步增加，观察电机的速度变化。端口2与28之间的电压在0.5V以内，以防速度过高。

二、速度控制实训二

1. 实训要求

用SP1、SP2来实现速度控制。

2. 实训设备

实训设备如图11-58所示。

图11-58　实训设备

① 三菱可编程控制器 FX$_{3U}$-48M 主机1台；

② MR-J4-10A 伺服控制器1台；

③ 触摸屏 1 台；

④ 运动执行机构 1 台；

⑤ 按钮模块 1 块；

⑥ 计算机 1 台；

⑦ 连接导线 1 套。

3. 速度控制接线

系统中各个部分的连接如表 11-12 和图 11-59 所示。

表 11-12　MR-J4-10A 伺服速度控制实验电气连接

伺服控制模块	电机试验台端子	PLC 端子	电源端子	备注
伺服				
L1			L	
L3			N	
L11—L1				
L21—L3				
DICOM 20				
DOCOM 46			24V+	
EM2 42—DOCOM 47			0V	
SON 15—DOCOM 47				
LSP 43—DOCOM 47				
LSN 44—DOCOM 47				
U，V，W，PE		U2，V2，W2，PE		
P15R 1		电位器 1		
VC　2		电位器 2		两点之间电压取 0.5V
LG 28		电位器 3		两点之间电压取 0.5V
ST2 18		Y0		
ST1 17		Y1		
SP1 41		Y2		
SP2 16		Y3		
PLC				
	A 相	X0		
	S1	X1		
	S2	X2		
	S3	X3		
	S4	X4		
	S5	X5		
	COM	0V		
		S/S—24V		
限位开关，蓝色接 X，红色接 24V，黑色接 0V				
编码器				
	+		24V+	
	−		0V	
	A 相	X0		
触摸屏				
		触摸屏电源 24V+	24V+	
		触摸屏电源 0V	0V	

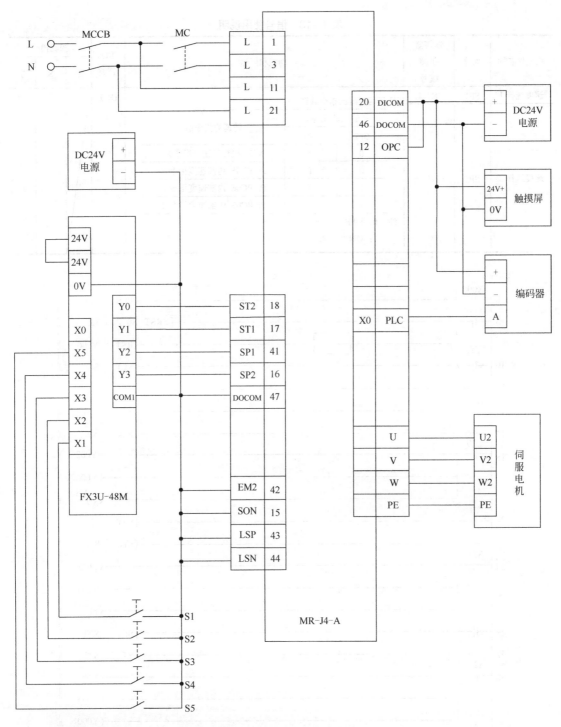

图 11-59　速度控制接线图

4. 相关信号说明

相关信号的功能和使用说明如表 11-13 所示。

5. 梯形图设计

梯形图程序如图 11-60 所示。

表 11-13　信号使用说明

软元件名称	简称	连接器引脚编号	功能和用途			I/O分类	控制模式		
							P	S	T
速度选择 1	SP1	CN1-41	选择运行时的指令转速。			DI-1		○	○
速度选择 2	SP2	CN1-16	输入软元件		转速的指令值				
			SP2	SP1					
			0	0	VC（模拟量速度指令）				
			0	1	Pr. PC05　内部速度指令 1				
			1	0	Pr. PC06　内部速度指令 2				
			1	1	Pr. PC07　内部速度指令 3				
			注：0：OFF 　　1：ON						

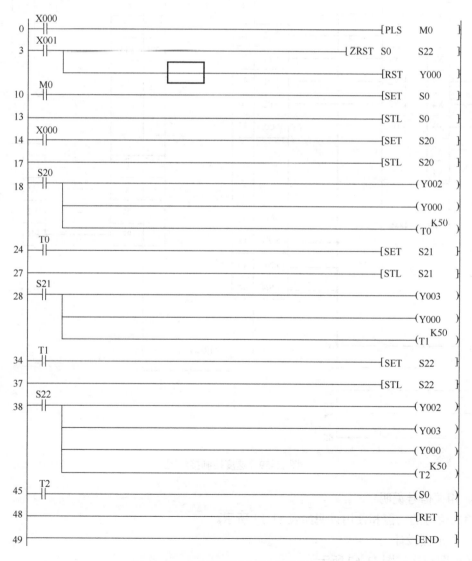

图 11-60　内部速度指令控制梯形图程序

6. 伺服控制器三段速的设置

打开 MR Configurator2 软件，伺服控制设置可参考前面的速度控制实训一，在出现图 11-61 所示的参数设置界面中，在左侧选择"速度设置（速度/转矩控制）"，在右边出现的窗口中，在内部速度框中对内部速度指令 1、内部速度指令 2、内部速度指令 3 分别设置为 30r/min、60 r /min、100 r /min，运行程序观察伺服电机运转速度的变化。

图 11-61 三段速设置

注意：每次设置参数或修改参数后，单击"单轴写入"，再重启伺服放大器。

参考文献

[1] 盖超会，阳胜峰. 三菱 PLC 与变频器触摸屏综合培训教程. 北京：中国电力出版社，2011.

[2] 杨龙兴，李尚荣，孙松丽. 电气控制与 PLC 应用. 西安：西安电子科技大学出版社，2017.

[3] 许连阁，石敬波，马宏骞. 三菱 FX$_{3U}$PLC 应用实例教程. 北京：电子工业出版社，2018.

[4] 钱厚亮，田会峰. 电气控制与 PLC 原理、应用实践. 北京：机械工业出版社，2018.

[5] 龚仲华等.三菱 FX/Q 系统 PLC 应用技术. 北京：人民邮电出版社，2006.

[6] 史国生.电气控制与可编程控制器技术（第四版）. 北京：化学工业出版社，2019.

[7] 三菱公司.FX3U 可编程控制器编程手册，2011.

[8] 三菱公司.FX3U 可编程控制器硬件手册，2011.

[9] 三菱公司. 三菱驱动产品培训教材-变频器实践篇，2011.

[10] 三菱公司. 三菱驱动产品培训教材-AC 伺服实践篇，2011.

[11] 三菱公司. 三菱图形操作终端培训资料-可编程显示器（GOT1000 系列）应用篇，2011.